KATALOG ZUR AUSSTELLUNG

DEUTSCHES MUSEUM / 6. MAI BIS 29. OKTOBER 2006

...

BAYERNS WEG IN DIE MODERNE
BAYERISCHES HANDWERK 1806 BIS 2006

Veröffentlichungen zur Bayerischen Geschichte und Kultur 53/2006
Herausgegeben vom Haus der Bayerischen Geschichte

KATALOG ZUR AUSSTELLUNG

DEUTSCHES MUSEUM / 6. MAI BIS 29. OKTOBER 2006

...

BAYERNS WEG IN DIE MODERNE
BAYERISCHES HANDWERK 1806 BIS 2006

Herausgegeben von
Josef Kirmeier, Ferdinand Kramer, Christian Lankes
und Evamaria Brockhoff

Haus der Bayerischen Geschichte

Deutsches Museum

BAYERISCHER HANDWERKSTAG

BIBLIOGRAFISCHE INFORMATION DER DEUTSCHEN BIBLIOTHEK

Die Deutsche Bibliothek verzeichnet diese Publikation in der Deutschen Nationalbibliografie; detaillierte bibliografische Daten sind im Internet über »http://dnb.ddb.de« abrufbar.

Haus der Bayerischen Geschichte, Augsburg
www.hdbg.de

Gestaltung und Typografie: Sonner, Vallée u. Partner, München
Lithografie: Echtzeitmedien, GbR, Nürnberg
Gesamtherstellung: Evamaria Brockhoff, Christof Hangkofer
Druck: Kessler Druck + Medien, Bobingen

Gedruckt auf Symbol Freelife Satin von Fedrigoni Deutschland GmbH, Unterhaching

ISBN: 3-937974-11-3

Haus der
Bayerischen
Geschichte

INHALT

VORWORTE

...

Heinrich Traublinger, MdL

Präsident des Bayerischen Handwerkstages

Das Handwerk präsentiert sich zur Ausstellung »Bayerns Weg in die Moderne – Bayerisches Handwerk 1806 bis 2006« als stabiles Rückgrat der gewerblichen Wirtschaft in Bayern. Im Freistaat gibt es aktuell rund 176000 Handwerksbetriebe, die im Jahr 2005 einen Gesamtumsatz von mehr als 84 Milliarden Euro erwirtschaftet haben. Das bayerische Handwerk ist dabei unverzichtbar für die Bereitstellung von Arbeits- und Ausbildungsplätzen. Rund 850000 Menschen finden in bayerischen Handwerksbetrieben eine Beschäftigung und rund 88400 Jugendliche erlernen einen der zahlreichen interessanten und zukunftssicheren Handwerksberufe.

Auf dem Weg durch die Jahrhunderte hat das Handwerk seinen bedeutenden Beitrag für Wachstum, Wohlstand und Beschäftigung immer wieder auf hohem Niveau geleistet. Die Ausstellung »Bayerns Weg in die Moderne – Bayerisches Handwerk 1806 bis 2006« verdeutlicht die verschiedenen Facetten handwerklicher Meisterleistungen im Wandel der letzten beiden Jahrhunderte. Mit seiner Anpassungsfähigkeit hat das Handwerk Veränderungen und Herausforderungen aktiv angenommen, Neuerungen genutzt bzw. selbst entwickelt und sie mit den traditionellen Kenntnissen und Fertigkeiten verknüpft.

Neben einem Blick in die Historie hebt die Ausstellung auch die ungebrochen große Bedeutung des bayerischen Handwerks für die wirtschaftliche Entwicklung in der Gegenwart eindrucksvoll hervor und gibt darüber hinaus Antworten auf die Frage, wie das Handwerk den Wandel der Wirtschaftswelt als Innovationsmotor entscheidend mitgestalten und voranbringen kann.

In der Ausstellung wird klar: Ob gestern, heute oder morgen – das Handwerk gewinnt durch seine Vielgestaltigkeit und Flexibilität die Stärke und Kraft, um dynamisch und erfolgreich seinen Weg durch die Jahrhunderte zu gehen.

Im Namen des bayerischen Handwerks, aber auch ganz persönlich, gratuliere ich den Organisatoren zu ihrem gelungenen Konzept, wünsche der Ausstellung einen erfolgreichen Verlauf und allen Besuchern interessante Eindrücke und viele neue Anregungen.

Prof. Dr. Wolfgang M. Heckl
Generaldirektor des Deutschen Museums

Es wäre etwas gewagt, unserem Museumsgründer Oskar von Miller eine ganz besondere Nähe zum Handwerk andichten zu wollen. Doch er stammt immerhin aus einer Familie, der es gelungen ist, aus dem Handwerk heraus in die vornehme Kammer der Reichsräte aufzusteigen. So übte sein Vater, Ferdinand von Miller, ein durchaus bodenständiges Gewerbe aus, dessen Ursprünge tief im Handwerk verwurzelt sind; er war Leiter der königlichen Erzgießerei und Schöpfer der Bavaria, des damals größten Erzbildes der Welt. Obwohl Ferdinand von Miller für seine Leistungen geadelt wurde, kann sein Betrieb beileibe nicht zu den großen Industrieunternehmen seiner Zeit gerechnet werden. Oskar von Millers eigene politische und unternehmerische Aktivitäten sollten sich denn auch nur indirekt an das Handwerk richten. So betonte er immer wieder ausdrücklich, in welch hohem Maße die Arbeit des Handwerkers durch die von ihm betriebene Elektrifizierung des Landes erleichtert werden kann. Zwar galt auch die Gründung des Deutschen Museums oberflächlich betrachtet in erster Linie der Darstellung von Industrie, Technik und Naturwissenschaft, doch konnten sich die Handwerksberufe in allen Ausstellungen an den Stellen wiederfinden, an denen es um die Ursprünge und Entstehung aller Technik ging. Das traditionelle Handwerk wurde daher immer in seinem historischen und aktuellen Kontext der Ausstellungen gewürdigt. Oskar von Millers erklärte Absicht war es denn auch, dass sich sein neues Museum über ein didaktisch durchdachtes und lebensnahes Konzept an ein breites Publikum richten sollte, darunter natürlich besonders die Zielgruppe der Handwerker, die in den Ausstellungen Neues erfahren und lernen sollten.

Wir sind dieser Tradition selbstverständlich bis heute treu geblieben und stellen in vielen unserer Ausstellungen das Handwerk in den Mittelpunkt, sodass sich gerade diese Sonderausstellung »Bayerns Weg in die Moderne« nahtlos in unsere bestehenden Abteilungen einfügt und sie sowohl inhaltlich als auch sachlich vertiefen und ergänzen wird. Als bedeutender Kulminationspunkt des bayerischen Handwerks sind einige Projekte König Ludwigs II., der sich mit seinen Bauten als wegweisender Visionär um den technischen Fortschritt verdient gemacht hat in der Sonderausstellung zu sehen. Schließlich wird in dieser Ausstellung auch spürbar, dass der Erfolg des bayerischen Wirtschaftswunders auf dem Boden des Handwerks als Vorläufer der Technologie gewachsen ist.

Die Kooperation, die wir dafür mit dem Haus der Bayerischen Geschichte eingegangen sind, war jederzeit freundschaftlich und besonders angenehm. Nur dank dieser für uns alle Gewinn bringenden Zusammenarbeit können wir uns heute freuen, diese eindrucksvolle und bedeutende Ausstellung in unserem Hause zeigen zu dürfen. Besonders hervorheben möchte ich, dass wir dafür nicht nur auf eine Vielzahl von selten gezeigten Objekten, die für das bayerische Handwerk stehen, aus unseren eigenen Beständen zurückgreifen konnten, sondern auch dass unsere Mitarbeiter, Kuratoren wie Handwerker, fachgebietsübergreifend einen großen wissenschaftlichen und restauratorischen Beitrag zum Gelingen geleistet haben. Besonders dankbar bin ich für die Leihgabe von Geräten aus der Holzwerkstatt im Heimatmuseum meines Geburtsortes Parsberg in der Oberpfalz; auch diese Objekte sind ein weiterer Beweis für die Qualität unseres Handwerks im gesamten Freistaat.

So möchte ich allen Partnern und Mitarbeitern, die am Erfolg dieser einzigartigen Ausstellung beteiligt waren, sehr herzlich für ihre Kooperationsbereitschaft und Unterstützung danken.

Prof. Dr. Claus Grimm
Direktor des Hauses der Bayerischen Geschichte

Die Ausstellung »Bayerns Weg in die Moderne. Bayerisches Handwerk 1806 bis 2006« ist neben der Landesausstellung »200 Jahre Franken in Bayern« im Museum Industriekultur in Nürnberg ein zweiter Beitrag des Hauses der Bayerischen Geschichte zum Jubiläumsjahr 2006. Während in Nürnberg die Geschichte des neuen Staates aus der Perspektive der neubayerischen Gebiete beleuchtet ist, so ist sie in der Münchner Ausstellung anhand der Lebensschicksale und Leistungen einer wichtigen Gruppe der bayerischen Bevölkerung nachvollzogen: des Handwerks. Die hier vorgestellten bayerischen Handwerker und Handwerkerinnen geben Beispiele fantasievoller und innovativer Bewältigung von Problemen, von Erfindergeist und Unternehmertum.

Neben einigen berühmten Persönlichkeiten sind viele Unbekannte vorgestellt, deren Tätigkeiten das Leben ihrer Mitmenschen verschönert, verbessert, erleichtert haben. In der Zusammensicht der Schicksale und der Entwicklungen der verschiedenen Handwerksberufe wird die Geschichte von zweihundert Jahren in vielen Aspekten nahegerückt. Wir wünschen, dass diese Ausstellung Respekt vor den Lebensleistungen der Menschen vor uns vermittelt und dazu ansporn, die Probleme von heute und morgen nach deren Vorbild zu lösen.

Diese Ausstellung geht auf eine Initiative des Präsidenten der Handwerkskammer für München und Oberbayern, Herrn Heinrich Traublinger, MdL, zurück. Er ist der Mitveranstalter dieses Vorhabens, das eine wesentliche Unterstützung durch den Bayerischen Handwerkstag erfahren hat. Wir danken ihm, dem Hauptgeschäftsführer der Handwerkskammer, Herrn Bernd Lenze, und dem stellvertretenden Hauptgeschäftsführer, Herrn Rudolf Herwig, für die tatkräftige Unterstützung in allen Vorbereitungsphasen.

Dem Deutschen Museum, namentlich seinem Generaldirektor Prof. Dr. Wolfgang M. Heckl, bin ich für die Bereitschaft dankbar, den wichtigen Gastgeber zu spielen und uns an hervorragender Stelle mitten in München einen musealen Ausstellungsraum und eine große Zahl exzellenter Ausstellungsobjekte zur Verfügung zu stellen. Herrn Dr. Alto Brachner, Herrn Dr. Dirk Bühler und allen Mitarbeitern des Deutschen Museums ein herzliches Dankeschön für die gute und vertrauensvolle Zusammenarbeit!

Für die wissenschaftliche Unterstützung danke ich Herrn Prof. Dr. Ferdinand Kramer, assistiert von Frau Dr. Barbara Kink und Wolfgang Schuster; für die didaktische Unterstützung bin ich Herrn Prof. Dr. Manfred Treml und Herrn Dr. Peter Kolb dankbar.

Herrn Shahram Valamehr danke ich für seine Unterstützung bei der Lokalbaukommission und für die unbürokratische Beschleunigung der Baugenehmigung.

Besonders verpflichtet sind wir allen, die Zuwendungen zu dem Projekt dieser Ausstellung geleistet oder vermittelt haben, insbesondere dem Bayerischen Staatsministerium für Wirtschaft, Infrastruktur, Verkehr und Technologie, namentlich Frau Dr. Erika Wahl und Herrn Dr. Gert Bruckner, der E.ON Bayern, vertreten durch Herrn Roland Schilhab, dem Sparkassenverband Bayern, namentlich Herrn Dr. Ingo Krüger, der Firma Carl Stahl, insbesondere Herrn Rupert Hutterer, dem Münchener Verein, namentlich den Herren Dr. Rainer Reitzler und Dr. Wolfgang Betz, sowie Herrn Maximilian Lörzel von Schöter Modellbau und der Firma ODAV, insbesondere Herrn Karl Zollner.

Für die grafische Umsetzung der Ausstellung und aller Publikationen danke ich Frau Carolin Sonner und Herrn Patrick Vallée. Geplant und realisiert wurde die Ausstellung von Herrn Dr. Josef Kirmeier, assistiert von Herrn Dr. Christian Lankes und unterstützt von den Referaten unseres Hauses, insbesondere der Verwaltung unter Herrn Clemens Menter, der Katalogherstellung unter Frau Evamaria Brockhoff und der Öffentlichkeitsarbeit, verantwortet von Herrn Dr. Michael Henker. Die Ausstellungsgestaltung und Bauleitung lagen in den Händen unseres bewährten Gestalters Herrn Fritz Armbruster.

Alle Beteiligten haben sich außerordentlich engagiert und wünschen sich ein neugieriges Publikum.

IMPRESSUM

...

AUSSTELLUNGSIMPRESSUM

Veranstalter:

Haus der Bayerischen Geschichte / Direktor Prof. Dr. Claus Grimm
Bayerischer Handwerkstag / Präsident Heinrich Traublinger, MdL, Hauptgeschäftsführer Bernd Lenze
Deutsches Museum / Generaldirektor Prof. Dr. Wolfgang M. Heckl

In Zusammenarbeit mit dem Institut für bayerische Geschichte der Ludwig-Maximilians-Universität München
und dem Museums-Pädagogischen Zentrum München (MPZ)

Projektleitung: Haus der Bayerischen Geschichte / Dr. Josef Kirmeier

Wissenschaftliche Mitarbeit:
Dr. Christian Lankes, Dr. Wolfgang Jahn
Unterstützt von
Philipp Bernhard, Christiana Kaiser,
Alexander Lawrence, Michael Neißendorfer,
Anna Rutzmoser, Barbara Scholze,
Florian Wirth

Projektteam Institut für bayerische Geschichte:
Prof. Dr. Ferdinand Kramer, Dr. Barbara Kink,
Wolfgang Schuster M.A.

Projektteam Deutsches Museum:
Dr. Alto Brachner, Dr. Dirk Bühler,
Manfred Spachtholz

Projektteam Bayerischer Handwerkstag:
Rudolf Herwig, Wolfgang Lösche M.A.,
Dr. Angela Böck, Dr. Titus Kockel

Didaktik und Museumspädagogik:
Museums-Pädagogisches Zentrum München (MPZ)
Prof. Dr. Manfred Treml, Dr. Peter Kolb,
Tobias Schönauer M.A., Andrea Feuchtmayr M.A.,
Dr. Silke Stähler-Schöpf

Wissenschaftliche Konzeption:
Dr. Barbara Kink, Dr. Josef Kirmeier,
Prof. Dr. Ferdinand Kramer, Dr. Christian Lankes,
Wolfgang Schuster M.A.

Gestaltung und Bauleitung:
Fritz Armbruster

Objekt- und Fotoverwaltung:
Dr. Christian Lankes

Grafik:
Sonner, Vallée u. Partner

Videoarbeiten:
Georg Schmidbauer M.A.

Hörstationen:
Dr. Josef Focht

Restaurierung:
Alfred Stemp, Stefan Klein
und Mitarbeiter der Werkstätten des Deutschen Museums

Öffentlichkeitsarbeit:
Dr. Michael Henker, Dr. Verena Schäfer,
Annette Lein, Julia Degmair, Rudolf Baier

Katalog:
Evamaria Brockhoff, Dr. Christof Hangkofer,
Helga Wiedmann

Verwaltung:
Clemens Menter, Kurt Lange,
Wolfgang Schaile

AUFSÄTZE

…

Zeit ein insgesamt niedrigeres wirtschaftliches Entwicklungsniveau aufwies als manch andere Länder.
Das Handwerk war bei aller Vielfalt doch lange Zeit überwiegend in Familienbetrieben mit wenigen Beschäftigten verankert. Es eignet sich deswegen auch als Seismograf für die Auswirkungen der großen Entwicklungen des 19. und 20. Jahrhunderts auf die Lebenswelten der Menschen. Folgerichtig versucht die Ausstellung die Geschichte des bayerischen Handwerks stets im größeren Zusammenhang allgemeiner politischer, gesellschaftlicher und ökonomischer Entwicklungen zu sehen. Herausgefordert durch die Ambivalenzen der Moderne, fanden die Handwerksbetriebe und die Handwerkerfamilien vielfältige Anpassungs- und Transformationsstrategien. Dabei gaben die Industrialisierung, wirtschaftliche Trends, wissenschaftliche und technologische Innovationen, die Liberalisierung sowie Vereinheitlichung von Märkten genauso Anstöße wie staatliche und territoriale Umwälzungen, politische und ökonomische Krisen oder gar Kriege. Außerdem verlangte der Wandel gesellschaftlicher Leitbilder, von Moden und Konsumgewohnheiten immer wieder Antworten des Handwerks. Erkennbar ist vor allem, dass neben die Produktion stärker die Reparatur und der Handel mit produktionsverwandten Industrieerzeugnissen sowie handwerkliche Dienstleistungen traten. Viele Gewerke wie die handwerkliche Weberei oder die Färberei wurden durch die Industrialisierung vom Markt verdrängt, neue entstanden im Zuge des technischen Fortschritts, etwa im Bereich der Elektronik oder des Maschinenbaus. Bei allem Wandel wird man nicht verkennen, dass manche Gewerke, so im Nahrungsmittelbereich, eine große Kontinuität auszeichnete. Gerade in den ländlichen Regionen Bayerns stabilisierte das lange Fortwirken der agrarischen Strukturen auch das damit verbundene Handwerk. Am Ort ansässige Müller, Bäcker, Metzger, Schmiede, Maurer, Tischler und Wagner sicherten bis in die 1960er-Jahre die lokale Grundversorgung, bevor der allgemeine Strukturwandel und der Siegeszug des Autos auch die Märkte für diese Handwerksbetriebe maßgeblich veränderten.
In der Erinnerungslandschaft des Jahres 2006 erscheint es trotz manch verklärendem Blick auf die Annahme der Königswürde 1806 und auf die Könige doch wichtig, das Interesse auch auf die gesellschaftlichen Entwicklungen des zu richten. Die Menschen in der gewerblichen Wirtschaft, in Handwerk und Industrie, haben das moderne Bayern ganz entscheidend mitgeprägt, stärker als manche klischeehaften Bilder Bayerns oft zu erkennen geben. Sie haben das Auskommen für immer mehr Arbeitnehmer und ihre Familien gesichert. Mit der sukzessiven und von Rückschlägen nicht freien Demokratisierung des politischen Systems und im Zuge der Organisation ihrer Interessen in Verbänden haben Handwerk und Industrie vor allem seit der Mitte des 19. Jahrhunderts auch das politische und öffentliche Leben stark beeinflusst.
Schließlich verdient das Handwerk vor dem Hintergrund der Entwicklung des Selbstverständnisses und der Mentalitäten in Bayern Beachtung. Schon in der frühen Neuzeit war eine differenzierte Handwerkerschaft nicht nur in Städten angesiedelt, sondern relativ breit auch in den Dörfern des Landes vertreten. Die Historiker sprechen von der Territorialisierung des Gewerbes, gekennzeichnet von vielen Handwerkern, die meist in der Kombination mit einem landwirtschaftlichen Kleinanwesen ein Auskommen im Dorf fanden. Bayern war demnach in vielen Regionen ein Agrar- und Handwerkerland, die Siedlungen nicht nur Bauern- sondern auch Handwerkerdörfer. Mit den zahlreichen selbstständigen Betrieben in Landwirtschaft und Handwerk, aber auch durch eine große Zahl eigenständiger Gemeinden mit zahlreichen Mandatsträgern noch bis in die 1970er-Jahre geprägt, war Bayern von selbstständigen Existenzen und großer Eigenverantwortlichkeit der Menschen vor Ort gekennzeichnet. Zu Beginn des 21. Jahrhunderts lag die Selbstständigenquote freilich nur noch knapp über dem Durchschnitt in der Bundesrepublik Deutschland. Obwohl die Industrialisierung spätestens seit den 1890er-Jahren das Land in der Breite erfasste, galt »In-die-Fabrik-Gehen« in den ländlichen Regionen Bayerns vielfach noch in den 1960er-Jahren geradezu als Makel, bevor diesbezüglich ein weitreichender Wandel der Einstellungen eintrat. Man wird fragen können, inwieweit nach dem gravierenden Rückgang der landwirtschaftlichen Betriebe sich am ehesten im Handwerk das oft propagierte Selbstverständnis Bayerns als ein »Land der Selbstständigen« modifiziert und erhalten hat. Eine gezielte Mittelstandspolitik versuchte in Bayern möglichst viele selbstständige Betriebe zu erhalten oder ihre Gründung bzw. Ansiedlung zu erleichtern.

Der Blick auf die Entwicklung im Handwerk zeigt freilich, dass die Selbstständigkeit nicht nur Ausdruck eines positiv belegten gesellschaftlichen Leitbildes und einer guten ökonomischen Entwicklung war und ist, sondern umgekehrt auch Indikator einer wirtschaftlichen Krisensituation sein konnte, wie dies mit übersetzten Gewerken im 19. Jahrhundert oder in den unmittelbaren Nachkriegsjahren ab 1945 der Fall war, als eine große Zahl von Kleinstbetrieben in einer »Notselbstständigkeit« zumindest einen Beitrag zum Auskommen der Familien erbringen sollte. Auch die Selbstständigkeit in der vom Bund zwischen 2003 und 2006 geförderten »Ich-AG« war Ausdruck einer Krise am Arbeitsmarkt und nicht einer günstigen wirtschaftlichen und gesellschaftlichen Entwicklung. Doch blieb die Selbstständigkeit weiter ein positives Leitbild. Wer die Geschichte des Handwerks in Bayern wirklich verstehen will, wird sich auf zahlreiche regionale und lokale Spezifika, sehr viele unterschiedliche Produktionsweisen und Betriebsformen und auf vielfältige Lebensläufe und Lebensformen von Meistern und Meisterinnen, ihren Familienangehörigen, Gesellen und Lehrlingen einlassen müssen. Eine der wichtigsten individuellen und betrieblichen Voraussetzungen, um den vielfältigen Anforderungen des beschleunigten Wandels in der Moderne gerecht werden zu können, haben Handwerker und ihre Betriebe in der Regel durch ihre Ausbildungsleistung erbracht. Das Handwerk erwirtschaftete 2005 in rund 159 000 Betrieben ca. 11 Prozent des bayerischen Bruttoinlandsprodukts. Es beschäftigte mit gut einer Million Menschen aber ca. 18 Prozent aller Erwerbstätigen im Land und es stellte für 107 000 Lehrlinge 41 Prozent aller Ausbildungsplätze in Bayern zur Verfügung. Mit einer Lehrstelle im Handwerk einem jungen Menschen Perspektiven zu eröffnen, das galt ganz offensichtlich 1806 und 2006.

BAYERISCHES HANDWERK AUF DEM WEG IN DIE MODERNE. 1806 BIS 2006

von Rainer S. Elkar

Wie sah sie wohl aus, die Werkstatt, in der jener Weg in die Moderne seinen Anfang nahm? Es gibt ein Bild: Rauch steigt auf aus den Hütten, die dicht an die Stadtmauer gedrängt sind. Schon seit dem Mittelalter waren sie hier am südlichen Rand der Nürnberger Altstadt zu Hause, die Hornpresser, ein ordentliches Handwerk mit geschworenen Meistern, Hersteller von Halbfertigprodukten, Zulieferer für die Kammmacher.[1] Durch das Fenster schimmert Feuer. Drinnen arbeiten fünf Menschen. Der alte Meister mit krummem Rücken schwingt das Beil. An der Werkbank schabt der Lehrjunge ein Kuhhorn, ein Geselle spaltet es; hinten vor offenem Feuer arbeiten ein Mann und eine Frau. Die Menschen schaffen in wohlbemessenem Abstand zueinander, Durchblicke nach hinten bleiben frei. Die Werkzeuge liegen wie zur Schau bereit. Die hochgekrempelten Ärmel, sie gehören zum eindrücklichen Bild des Handwerkers. Der Meister trägt ein makellos weißes Hemd. Ebenso weiß und fleckenlos, wenngleich ein wenig zerrissen sind die Hemden seiner Mitarbeiter, das unterscheidet sie vom Meister; doch wirken diese Löcher fast wie eine Dekoration, wie ein sinnfälliger Hinweis auf die soziale Ordnung im Betrieb und das unterschiedliche Einkommen.

So wurde 1838 ein Handwerk zur Schau gestellt: ordentlich, sauber, aufgeräumt, die Menschen einander nahe, die Frau in der zweiten Reihe. Natürliche Rohstoffe werden verwendet, Handarbeit ist zu sehen mit erprobtem Werkzeug, keine Maschine – eine kleine Idealwelt »handwerksmäßiger« Arbeit. Liegt hier der Ausgangspunkt für die Moderne im bayerischen Handwerk?

Bilder solchen Typs waren nicht neu. So hatten schon im 18. Jahrhundert die Tafeln der berühmten französischen Enzyklopädie das Bild der Gewerbe arrangiert.[2] Die einzelnen Arbeitsprozesse, die nötigen Materialien, Einrichtungen, Werkzeuge, Arbeitsschritte und Endprodukte wurden auf diese Weise vorgeführt. Daraus sollte man lernen. Das lag gewiss auch in der Absicht des Nürnberger Verlegers Friedrich Campe, der mit diesem Kupferstich nicht nur illustrieren sondern aufklären und belehren wollte. Vielleicht diente die Darstellung sogar als Anschauungsmaterial in der ersten technischen Lehranstalt Bayerns, die 1823 auf Initiative Johannes Scharrers in Nürnberg gegründet wurde, eine Einrichtung, die Campe tatkräftig unterstützte und die zunächst von den Handwerkern als vermeintliche Konkurrenz zur eigenen Ausbildung aufs Heftigste abgelehnt wurde, ehe sie ihren Nutzen schließlich erkannten.[3]

Dieses Bild aber, dessen pädagogische Absicht so deutlich ist, lässt sich mit den Realitäten konfrontieren: Es ist heiß und es ist eng. Nur wenn es erhitzt wird, kann Horn zu Platten gepresst werden; und heißes Horn stinkt, der üble Geruch haftet fest im Raum und an der Arbeitskleidung. Der Frau aber fällt nicht eine Haarsträhne in die schweißnasse Stirn. Wie nur hält es der Geselle in dieser Hitze aus mit einer Mütze auf dem Kopf und hochgeschlossenem Hemd? Weder Lehrling noch Geselle haben ihre Werkstücke im Blick. Wie können sie so arbeiten? Auffällig oft sind Konflikte zwischen den Kammmachern überliefert. Hitze und Gestank können Stress auslösen, auch damals schon. Gute Rohstoffe waren knapp, um sie gab es viel Streit ebenso wie über die ordentlich zünftige Ausbildung.[4] 1870, als Campe schon gestorben war, als die fabrikmäßige Kammherstellung auch in Nürnberg längst begonnen hatte, arbeiteten immer noch vier von insgesamt 22 Nürnberger Hornpressern an der Frauentormauer. Die Gegend galt als anrüchig, weniger wegen des Gestanks, als vielmehr wegen der Huren, die dort schon seit dem Mittelalter ihrem Gewerbe nachgingen – eine wenig respektable Nachbarschaft für ein ehrbares Handwerk. Heute gibt es übrigens keinen gelernten Kammmacher oder Hornpresser mehr in Deutschland.

Verlief der Weg in die Moderne so: heraus aus den engen mittelalterlichen Mauern, heraus aus Schmutz und Gestank und hinein in moderne Werkstätten mit modernen Werkmaschinen zu modernen Rohstoffen, weg von veralteten Produktionsweisen und Organisationsformen, die traditionsreiche Handwerke untergehen ließen, weil sie nicht mehr gebraucht wurden oder nicht wettbewerbsfähig waren? War so der Weg vorgezeichnet vom »zünftigen« Handwerk in Bayern zu den »kleinen und mittleren Unternehmen« im Europa der Gegenwart?

Es hat genügend Versuche gegeben die Moderne zu beschreiben und begrifflich zu fassen.[5] Manches davon ist gut zu wissen, um die Veränderungen des Handwerks in Bayern zwischen 1806 und 2006 einordnen zu können: Meist verbindet sich mit dem Weg in die Moderne die Vorstellung eines wie an der Linie gezogenen stetigen Fortschritts. Dieser Fortschritt war in den letzten beiden Jahrhunderten wesentlich durch den Prozess der Industrialisierung bestimmt; ihm liegt ein Prinzip zugrunde, das von einer umfassenden Beherrschbarkeit der Natur durch die Wissenschaft ausgeht und die Ausbeutung der natürlichen Rohstoffe in vollem Umfang hinnimmt – bis zur Nutzung der Atomkraft. Gleichzeitig werden die gesellschaftlichen Wissenssysteme hierarchisiert; das wissenschaftliche rangiert vor dem praktischen Wissen und Können – der Ingenieur vor dem Meister. Der Kapitalismus siegt; in den beiden letzten Jahrzehnten des 20. Jahrhunderts erreicht dieser Sieg nahezu globale Ausmaße. Marktwirtschaft und Liberalismus befördern die Gewerbefreiheit. Wachstum und Vollbeschäftigung werden vorrangige gesellschaftliche Ziele. Der Rang, den jemand in der Gesellschaft einnimmt, ergibt sich zunehmend aus dem Erfolg, den man im Erwerbsleben erreicht. Im 19. Jahrhundert waren die alten Feudalverhältnisse untergegangen; Nationalstaaten bestimmen seither die politische Weltbühne, das ist auch im 20. Jahrhundert noch so, als die USA Europa ablösen und an die erste Stelle rücken. Technische Neuerungen überwinden die nationalstaatlichen Grenzen, dennoch entwickeln sich die Volkswirtschaften auch im 20. Jahrhundert noch in nationalstaatlichen Dimensionen. Im Nationalstaat werden manche kapitalistischen Entwicklungen abgebremst: So behaupten sich soziale Rang- und Prestigesysteme, die nicht ausschließlich den wirtschaftlichen Erfolg im Erwerbsleben widerspiegeln, sondern sich aus einem staatlichen Berechtigungswesen ergeben, wie die Wertschätzung des akademischen Diploms und des Meisterbriefs – bei deutlicher Abstufung zwischen beiden. Auch Körperschaften öffentlichen Rechts und Interessenverbände bilden sich und setzen teilweise vormoderne Traditionen fort. Zumal in Deutschland entwickeln sich soziale Sicherungssysteme, die vor allem die älteren familiären und berufsständischen Versorgungssysteme ersetzen. Mehrgenerationen- und Großfamilien schwinden, Kleinfamilien werden zur Regel – in der Stadt wie auf dem Land. Noch im 20. Jahrhundert ist die Arbeit geschlechtsspezifisch verteilt mit dem Vater als Hauptverdiener. Konsummöglichkeiten und soziale Absicherung beschleunigen – durchaus im Zusammenhang der Kleinfamilie – die Neigung zu einer zunehmenden Individualisierung. All dies gehört in den Rahmen des 19. und 20. Jahrhunderts.

All dies betrifft und verändert auch das Handwerk; was aber sind »Handwerk« und »handwerksmäßige« Arbeit? In Deutschland sind Erfahrungen mit dem Handwerk alltäglich und doch beziehen sie sich immer auf eine bestimmte Leistung: das Brot eines Bäckers, den Schnitt einer Frisörin, den Dachstuhl eines Zimmermanns, die Messung einer Schornsteinfegermeisterin, die Reparatur eines Automechanikers. So wird das Handwerk vornehmlich an dem erkannt, was der Vertreter des jeweiligen Berufs, nicht aber was »das« Handwerk leistet. In vielen Sprachen Europas gibt es indessen nicht einmal eine eindeutige Übersetzung für den Begriff Handwerk; deshalb hat sich in den politischen Einrichtungen der Europäischen Union die Bezeichnung »kleine und mittlere Unternehmen«, »Micro, small and medium-sized enterprises (SMEs)«[6] durchgesetzt. Auch die deutschen Handwerker sind darin eingeschlossen, ohne dass man ihnen dort eine besondere Eigenständigkeit beimisst.[7]

Handwerkliches Tun ist oft in der Absicht beschrieben worden, klar zu definieren, was Handwerk sei: Die Arbeit mit der Hand – vornehmlich mit Werkzeug, allenfalls mit Werkzeugmaschinen, die nur zur Unterstützung eingesetzt werden – wird meist als wichtigstes Merkmal hervorgehoben. Eine geringe Arbeitsteilung stellt die Regel dar.

Individuelle Leistungselemente treten hervor. Dazu gehören eine individuelle Ausbildung durch das persönliche Vorbild von selbst handwerklich Ausgebildeten, individuell erlernte Handfertigkeiten und Dienstleistungen (mit Ausnahme der Verkehrs- und Bewirtungsleistungen) sowie eine umfassende Werkstoffbeherrschung (unter Ausschluss der Urproduktion wie der des Bergbaus und der Landwirtschaft). Selbstständigkeit ist das Grundprinzip handwerklicher Unternehmensführung, sie ist mit der Person des Trägers der selbstständigen gewerblichen Tätigkeit unlösbar verbunden. Auftragsannahme, Entwurf des Werkstücks oder Beschreibung der Dienstleistung, Kalkulation, Ein- und Verkauf liegen in der Hand des Betriebsleiters. Er trägt das unternehmerische Risiko und haftet persönlich. Echtes Handwerk ist Meisterhandwerk, seit Jahrhunderten schon, und müsse das auch bleiben, lautet ein oft geäußertes Selbstverständnis, mit dem häufig ein ausdrückliches Qualitätsbewusstsein der Produzenten und eine besondere Leistungserwartung der Kunden einhergehen. Das persönliche Verhältnis zwischen Auftraggeber und Auftragnehmer in einem meist lokal oder regional begrenzten Markt entspricht solchen Vorstellungen.[8] Qualitätsurteile verbreiten sich in derart strukturierten Märkten sehr rasch und wirken sich – selbstverständlich neben anderen Faktoren – deutlich auf den Erfolg des Unternehmens aus: Der persönliche Ruf eines Handwerkers, das Bild, das er macht und das man sich von ihm macht, ist von großer Bedeutung.

Handwerk war immer ein Sammelbegriff für zum Teil höchst verschiedene Verrichtungen, die sich leichter von der Landwirtschaft, dem Handel und der Fabrikarbeit unterscheiden lassen, als auf eine klare Gemeinsamkeit zu bringen sind. So kam es 1953 letztlich auch zu jener nach wie vor gültigen Bestimmung in der deutschen bis 1915 eine Zunahme um rund 1242 Prozent. Es verwundert nicht, dass in besagtem Jahr 1915 die Motorenzahl in den mechanischen Werkstätten mit 364 (965,51 PS) am höchsten war, es folgten Bäckereien und Konditoreien mit 180 (351,65 PS), Schreinereien und Holzzerkleinerungsbetriebe mit 167 (611,53 PS), Metzgereien mit 165 (578,75 PS), Drechslereien mit 69 (124,30 PS) sowie Schleifereien und Poliereeien mit 58 (178,48 PS).[17] Während bei den Schreinereien die durchschnittliche Motorleistung mit 3,66 PS relativ hoch war, belief sie sich in den Bäckereien auf durchschnittlich 1,95 PS und in den Drechslereien nur auf 1,80 PS.

Freilich – Fortschritt war auch mit Dampfkraft möglich. So verbesserte 1887 die vielfach prämiierte fränkische Möbelfirma Johann Adam Eysser, deren Inhaber zuerst Königlich Rumänischer, dann auch Königlich Bayerischer Hoflieferant war, ihre Anlage dadurch, dass sie alle Transmissionen unter den Fußboden verlegen ließ und dadurch mehr Raum sowie einen besseren Lärmschutz in der Produktionsstätte gewann. Auch dies war ein Stück Modernisierung. 1895 wurde in den deutschen Schreinereien noch ein Drittel aller Werkzeugmaschinen durch menschliche Kraft betrieben. Kreis- und Bandsägen, Fräsen, Hobel- und Bohrmaschinen konnten mit Fußpedal oder Handkurbel bedient werden. Die Elektrifizierung der Schreinereien lässt sich durchaus als Gradmesser für die Entwicklung in Deutschland wie auch in Bayern betrachten. 1907 gab es in Bayern insgesamt 453 Möbelschreinereien, die Motoren einsetzten, 164 davon mit elektrischem Antrieb. Dies wirkt wenig fortschrittlich, wenn man bedenkt, dass sich in Nürnberg bereits 1905 die Überlegenheit des Elektromotors abzeichnete; der Rückstand wird aber im Vergleich zu Berlin ungleich deutlicher: Dort arbeiteten 1907 schon 446 Möbelschreinereien mit Motorkraft, wobei 409, also 91,7 Prozent, über Elektroantrieb verfügten. Genauere Angaben liegen für Unterfranken vor: 1906 standen in großen Schreinereien noch Dampfmaschinen, so in Würzburg bei einer Betriebsgröße von 70 bzw. 50 Beschäftigten, in Reistenhausen (45 Beschäftigte), Aschaffenburg (30) und Bad Kissingen (15); es gab sogar noch fünf Kleinstunternehmen mit Wasserantrieb. Im Jahr 1898 wurden auch in Würzburg Werkstätten und Büros mit Strom versorgt, was die beschriebenen Auswirkungen auf das Handwerk zeigen sollte. Die anfängliche Bilanz im Hinblick auf die Elektrifizierung ist gerade im Schreinerhandwerk zwiespältig: Nicht wenige Betriebe wurden dadurch gestärkt; jene Unternehmen aber, die aus Kapitalgründen oder mangels Netzversorgung ohne Strom arbeiteten, verspürten deutliche Wettbewerbsnachteile – und dies waren vor allem die Schreinereien auf dem Land.[18]

Nicht nur für das Schreinerhandwerk, sondern ganz grundsätzlich gilt: Die Elektrifizierung, genauer die elektrischen Antriebsmotoren und Werkzeugmaschinen, führt das Handwerk in die Moderne. Werkzeugmaschinen formen um und fügen zusammen; sie trennen, indem sie zerteilen, spanen und abtragen. Die deutsche Internet-Enzyklopädie Wikipedia listete am 26. Januar 2006 68 unterschiedliche Werkzeugmaschinen auf. Geht man davon aus, dass viele dieser Maschinen zudem in unterschiedlichen Spezialausfertigungen auf den Markt kommen, so ist das Angebot an solchen Hilfsmaschinen noch deutlich größer.

Zunächst waren es die stationären, also die in der Werkstatt aufgestellten Werkzeugmaschinen, die neue handwerkliche Produktionsverfahren ermöglichten. Wie weit die Entwicklung fortgeschritten ist, lässt sich an CNC-Maschinen zeigen. Die Bezeichnung »computerized numerical control« besagt, dass Bearbeitungsinformationen in einen Steuerungsspeicher eingelesen und einmalig oder wiederholt für die Herstellung von Werkstücken eingesetzt werden können. Das Optikerhandwerk nutzt CNC-Maschinen, die Linsen passend für das jeweilige Brillengestell bis 5 / 100 mm exakt zuschleifen. Die optische Industrie verwendet Ultrapräzisionsmaschinen, die bei der Bearbeitung von Laseroptik eine Genauigkeit von 1 / 1000 000 mm erreichen. Die CNC-Technik nähert Herstellungsprozesse in Handwerk und Industrie einander an, vor allem, was die Automatisierung nach der Dateneingabe betrifft. Umgekehrt gibt es auch in der Industrie – freilich stark automatisierte – Einzelanfertigungen. Diese sind allerdings nach wie vor im Handwerk die Regel, sodass hier die individuelle Leistung für den Kunden erhalten bleibt – denn welcher Optiker vertreibt schon Hunderte oder gar Tausende völlig gleicher Brillen?

Im nicht-stationären Einsatz gingen große Folgewirkungen vor allem von den netzunabhängigen Werkzeugmaschinen aus, die mit einem Akku versorgt werden. Elektrische Schrauber, Bohrer, Schleifmaschinen, Stichsägen verbesserten die Arbeitsbedingungen außerhalb der Werkstätten, schufen aber im »Hobbyhandwerk« eine zum Teil unliebsame Konkurrenz – auch dies ist eine »moderne« Erscheinung.

Zur Modernisierungsgeschichte des Handwerks im Zeitalter der Industrialisierung gehören herausragende Unternehmer wie Johann Wilhelm Spaeth (1786–1845)[19] und Johann Sigmund Schuckert (1846–1895)[20].

Spaeth nutzte seine Wanderjahre als Müller, um sich mit englischen Maschinen vertraut zu machen. Das qualifizierte ihn zum »Maschinenmeister« und, da er auch den Mühlenbau beherrschte, zum »Mühlenarzt«. Aus den Anfängen einer Mechanikerwerkstatt 1822 erwuchs schließlich die 1825 gegründete erste Nürnberger Maschinenfabrik Spaeth & Co. 1835 wurde hier der in England in Einzelteilen gefertigte »Adler«, die erste deutsche Eisenbahn, montiert. Spaeth war erfinderisch, versorgte zahlreiche süddeutsche Firmen mit Maschinen, baute Bagger, Schleusenteile, Kräne für den Ludwig-Donau-Main-Kanal, blieb aber lange zurückhaltend bei der Aufnahme von Fremdkapital, eine für Handwerker nicht untypische Haltung. Als er schließlich seine Meinung änderte, um kräftiger expandieren zu können, gewährte ihm der bayerische Staat keine Fördermittel. Dennoch behauptete sich das Unternehmen, das im Jahr 1860 400 Arbeiter beschäftigte und erfolgreich die Hochkonjunkturphase des Kaiserreichs nutzte.

Welchen Vorteil eine gründliche Ausbildung, gepaart mit der Bereitschaft zur Mobilität haben konnte, zeigt die Biografie Johann Sigmund Schuckerts. Nach einer vierjährigen Lehre als Feinmechaniker arbeitete er während seiner Wanderschaft unter anderem als Geselle in Berlin bei Siemens & Halske, kehrte für einige Zeit nach Nürnberg zurück, um für vier Jahre in die USA zu gehen. Mit einem Startkapital von 800 Dollar gründete er 1873 in Nürnberg eine Reparaturwerkstatt für kleine Maschinen, Nähmaschinen, physikalische Instrumente und Haustelegrafen. 1874 entwickelte er, wie zuvor schon Werner Siemens, einen Dynamo. Sein Unternehmen stellte Bogenlampen, Schaltgeräte, Zähler, Beleuchtungszubehör, elektrische Bahnen, Scheinwerfer her. Schuckert leitete bis 1893 seine Firma, die aber betriebsrechtlich moderner strukturiert war als jene Spaeths: 1885 als oHG und seit 1888 als Kommanditgesellschaft. Nach seinem Ausscheiden aus gesundheitlichen Gründen bildete sich rasch die Elektricitäts-Aktiengesellschaft vormals Schuckert & Co (EAG), die sich 1903 mit Siemens & Halske zusammenschloss. Die Unternehmensgeschichte ist ein herausragendes Beispiel für eine dreifache innovatorische Leistung: erstens für technische Neuerungen, zweitens für die angemessene Unternehmensform und drittens für soziales Handeln, gab es doch bei Schuckert schon früh eine Kranken- und Pensionskasse, Weihnachtsgeld und den Zehn-Stunden-Tag.

Der Vergleich von Spaeth mit Schuckert zeigt Gemeinsamkeiten wie Unterschiede: Beide Unternehmer sind im Handwerk ausgebildet, Spaeth in einem eher traditionellen, Schuckert in einem, das erst neu entstanden war und deshalb keine zünftische Tradition hatte. Schuckert ist der ökonomisch wagemutigere und begründet auch das größere Unternehmen. Beide vertreten den eher neuen Berufstyp des »Mechanikus«, der 1857 von Carl Rehlen als ein »Handwerker« dargestellt wird, der die notwendigen »Instrumente, Apparate und Modelle« für die Naturwissenschaften anfertigt: Diese »... aber sind natürlich nur in dem Grade immer vollkommener gemacht worden, als die betreffenden Wissenschaften es selbst geworden sind, und so ist die Geschichte der Mechaniker auch die Geschichte dieser Wissenschaften selber«.[21] Was in dieser Formulierung zum Ausdruck kommt, ist das idealtypische Bild des damals modernen Handwerkers: wissenschaftsorientiert, doch dem Wissenschaftler nachfolgend. Begeistert preist Rehlen die »Kunst deutscher Mechaniker«, »darin Deutschland keinem andern Land der Welt« nachstehe, mit den Worten: »Wenn wir aber erwägen, wie diese Arbeiten nur durch Handarbeit aus gemeinen Stoffen gefertigt werden müssen, wie aber durch sie erst die Männer der Wissenschaft und ihre Werke verherrlicht und zu ihren geistigen Arbeiten befähigt werden, womit sie eindringen in die Tiefen und Höhen göttlicher Allmacht: so dürfen wir wohl diesem Handwerk der Mechaniker gegenüber sagen: Nichts ist so gemein auf dieser Erde, daß es gering geschätzt oder verachtet werden dürfte, denn Alles strebt zum Höchsten, Nichts darf sich vor Anderm allein rühmen, denn das Höchste ist vom Niedrigsten bedingt.«[22]

Beide Unternehmen, jenes von Spaeth wie jenes von Schuckert, entstanden aus Grenzkarrieren herausragender Persönlichkeiten. Das Handwerk, das sie erlernt hatten, war bereits eines, das den modernen Zeiten, das heißt den Anforderungen der Industrialisierung, in hohem Maße entgegenkam. Zugleich passten die Gründer ihr Können so an, dass es neuen Herausforderungen des Marktes entsprach. Unter solchen Voraussetzungen wuchsen beide Betriebe aus dem Handwerk heraus und wurden schließlich zu Großunternehmen, die nicht wenige im Handwerk ausgebildete Fachkräfte aufnahmen, auch handwerkliche Ausbildungskompetenz bewahrten, sich letztlich aber zu Industrieunternehmen wandelten.

Die unsichere Zukunft des Handwerks angesichts der voranschreitenden Industrialisierung war ein Thema, das die wirtschaftswissenschaftliche Debatte seit den 70er-Jahren des 19. Jahrhunderts bis etwa zur Jahrhundertwende durchtönte. Erste Untergangsbefürchtungen äußerte Gustav Schmoller bereits 1870.[23] Im Auftrag des »Vereins für Socialpolitik«, in dem sich die bedeutenden Ökonomen des Kaiserreichs zusammenfanden, gab Karl Bücher, Professor und Handwerkersohn, die »Untersuchungen zur Lage des Handwerks in Deutschland mit besonderer Rücksicht auf seine Konkurrenzfähigkeit gegenüber der Großindustrie« zwischen 1895 und 1897 heraus. Zwar behandeln die Einzeluntersuchungen kaum Bayern, sondern vor allem Preußen und Sachsen, die industriellen Vorreiterstaaten also, doch hätte das Urteil unter Einbeziehung Bayerns vermutlich kaum anders ausgesehen. Paul Voigt kam unter Auswertung der auf das ganze Deutsche Reich bezogenen Berufszählung des Jahres 1895 im letzten Beitrag der neunbändigen Serie zu dem Ergebnis: »In welchem Tempo sich der weitere Rückgang des Handwerks vollziehen, in welcher numerischen Stärke und in welchen Teilen seines ehemaligen Produktionsgebietes es sich schließlich behaupten wird, das sind Fragen, die sich heut [!] noch nicht mit Sicherheit beantworten lassen. Aber das steht fest: Als Betriebsform ist es in der großen Mehrzahl der Gewerbe überwunden, und auch seine alte Bedeutung für die sociale Klassenbildung hat es größtenteils verloren.«[24]

In diesem Urteil verbirgt sich nicht nur das vielfach geäußerte und gleichfalls von sozialistischer Seite vorgetragene Untergangsszenario, sondern auch eine, obschon etwas vage, Möglichkeit der Existenzbehauptung. Voigt hatte eine Gruppe ausgemacht, welcher er Zukunftschancen einräumte: den Bäckern und Metzgern, den – wie er sich ausdrückte – »kleinen« Baugewerben, insbesondere den Malern, Dachdeckern und Schornsteinfegern, sowie den Uhrmachern, Tapezierern und »Barbierern«. In diesen Berufen habe sich der »handwerksmäßige Kleinbetrieb nicht nur gehalten, sondern auch kräftig weiter entwickelt«, sodass sogar »Ansätze zum Groß- und Mittelbetrieb« zu beobachten seien.[25] Längst nicht in all seinen Beurteilungen über untergehende Gewerke lag er richtig, doch ist das Baugewerbe bis zur Gegenwart ein wesentlicher Indikator für die Konjunktur des Handwerks geblieben, zeitweilig und immer wieder sogar als Leitbranche. Die Nahrungsmittelgewerbe haben einen gründlichen Strukturwandel durchlebt; sie behaupten sich ebenfalls. Grundsätzlich aber ist die Bedeutung handwerklicher Dienstleistungen, für die seinerzeit die Frisöre standen, langfristig gesehen gewachsen.

Ein Handwerk, dessen Entwicklungstendenzen Paul Voigt nicht ganz klar schienen, war neben dem Zimmermanns- und Maurerhandwerk unter anderem jenes der Klempner. In Süddeutschland heißen sie Flaschner oder Spengler, ein Beruf, der heute nicht mehr zu den besonders zahlreichen gehört, dennoch aber als Beispiel für eine erfolgreiche Marktanpassung seit Jahrhunderten angeführt werden kann. Als Blechschmiede, welche die Kunst des Lötens beherrschten, haben sie Produkte angefertigt, die den frühneuzeitlichen Übergang vom Holz- zum Blechzeitalter nicht nur in den Haushalten bewirkten: Flaschen, Lampen, Schüssel, Teller, Kannen, Büchsen, Eimer, Badewannen und vieles mehr. Ein Klempner erfand die Konservendose. Flaschner brachten die »modernen Zeiten« ins Haus; sie waren die ersten, die Gas-, Wasser-, Heizungs-, Ventilations- und Kanalisationsleitungen anschlossen und die nötigen Rohre, zum Teil auch die Hähne herstellten.[26] Hieraus haben sich neue Berufe entwickelt, die sich in dem gegenwärtigen Plastikzeitalter, in dem meist nur noch Dachrinnen und Verblechungen von Spenglern hergestellt werden, erfolgreich behaupten: die Installateure und Heizungsbauer sowie die Kälteanlagenbauer. Zur Modernisierung eines Handwerks gehört also auch der Wandel des Berufsbilds.

Sucht man nach weiteren Wegen der Moderne, so führen sie nicht zuletzt in die Werkstätten der Bäcker und Metzger.[27] Die für bayerische Verhältnisse relativ frühe Ausstattung solcher Betriebe mit Strom und Werkzeugmaschinen wie auch Veränderungen in den Betriebsstrukturen brachten sehr erfolgreiche Unternehmen hervor. Anders aber als im Rheinland lässt sich in Bayern nicht die Entwicklung einer Großbäckerei – wie Kamps – zu einem Aktienunternehmen beobachten, das schließlich in einem italienischen Lebensmittelkonzern aufgeht. In Bayern, zumal im Münchner Raum sind es eigentümergeführte Unternehmen, die über Generationen hinweg ein stetiges wirtschaftliches Wachstum verzeichnen. Der Ausbau von großen Filialnetzen, wie sie in modernen Nahrungsmittelgewerben des Handwerks immer häufiger werden, setzt eine nach Produktion und Vertrieb gegliederte Betriebsstruktur voraus, wie sie im alten Handwerk undenkbar war. Man mag es Marken- oder Qualitätsbewusstsein nennen, dass solche Betriebe fest bei der Eintragung in die Handwerksrolle verbleiben und somit dem Status als »meisterliches« Handwerk eine besondere Wertschätzung beimessen.

Für das Handwerk war stets die Selbstfinanzierung, das heißt die Erwirtschaftung von Kapital aus dem eigenen Betrieb, charakteristisch.[28] Sich hierüber eine klare Orientierung zu verschaffen, bereitete zahlreichen Handwerkern große Probleme. Das Handwerkergesetz von 1897 machte Buch- und Rechnungsführung zu einem Gegenstand der Meisterprüfung, was als Beleg dafür gesehen werden kann, dass zu dieser Zeit immer noch ein beträchtlicher Mangel in diesem Bereich zu bemerken war. Häufig waren die Ehefrauen nach dem Grundsatz »Und zusammenhalten soll die Frau, was der Mann erobert hat«[29] mit den lästigen Schreib- und Rechenarbeiten betraut; sie hatten den Blick in die Kasse, mussten zuweilen den Meister zur Rechnungsstellung und Schuldeneintreibung drängen, wobei die »Meisterin« – wie dem Verf. dieses Beitrags aus der großväterlichen Wagnerei zuverlässig berichtet wurde – auf dem Land noch bis in die 50er-Jahre des 20. Jahrhunderts darauf zu achten hatte, dass die Bezahlung, wenn sie denn irgendwann durchgesetzt wurde, nicht ausschließlich in Naturalien erfolgte.

Mit der Einführung des neuen Prüfungsgebiets ging aber keineswegs eine veränderte betriebliche Praxis einher. Grundsätzlich waren Handwerker auch 1896 nicht zu einer Rechnungsführung verpflichtet, die der eines »Vollkaufmanns« vergleichbar gewesen wäre. Insofern genügten weiterhin die herkömmlichen Auftrags- und Kassabücher. Dass ein Wandel vorerst nicht zu bemerken war, lag freilich nicht ausschließlich an den Handwerkern. Technische und betriebliche Wissenschaften bewegten sich hinsichtlich des Handwerks nicht gleichauf. Das technische Verständnis und das Angebot an entsprechenden Neuerungen wie der geschilderten kleinmotorigen Ausstattung waren früher entwickelt als die kaufmännische Lehre für Handwerker. So zielten die ersten Anstrengungen, um die sich die neu gegründeten Handwerkskammern und das seit 1869 bestehende Bayerische Gewerbemuseum, die heutige Landesgewerbeanstalt in Nürnberg[30], mit Kursen mühten, hauptsächlich darauf, den Rechenaufwand überschaubar und einfach zu gestalten, vielleicht sogar mit Blick auf die für die Ausbildungsgänge kaum erreichbaren Kassenführerinnen im Hintergrund. So fiel es den Meistern häufig leichter, ihre Werkstätten mit neuen Maschinen auszustatten, die dem fortgeschrittenen Stand der Technik entsprachen, als zu kalkulieren, ob deren Einsatz überhaupt lohne. Für das Technische besaßen sie zweifellos den Sachverstand, auch Prestigedenken und die Hoffnung auf den großen Durchbruch mochten bei solchen Anschaffungen eine Rolle spielen. Zu einer klaren Kosten-Nutzen-Kalkulation sahen sich die meisten nicht in der Lage, dachten womöglich gar nicht in diese Richtung. Es gab zwar eine ältere Ratgeberliteratur, die jedoch eher für Gesellen auf der Wanderschaft gedacht war; betriebswirtschaftliche Kenntnisse wurden darin nicht vermittelt. Erst 1916 erschien eine – nur 31 Seiten umfassende – Schrift des badischen Regierungsrats Walter Bucerius, die sich als bahnbrechend für eine rationelle Betriebsführung im Handwerk erweisen sollte. Das von Bucerius geleitete Karlsruher Forschungsinstitut und das Berliner »Reichskuratorium für rationelle Betriebsführung im Handwerk« verstärkten in den 20er-Jahren des 20. Jahrhunderts Anstrengungen in derselben Richtung, sodass sich nun eine dem Handwerk angemessene Betriebswirtschaft in Deutschland wie in Bayern entwickeln sollte.[31] Die Vorreiter in der Handwerkswirtschaft traten wiederum in zwei Staaten auf, deren Entwicklungsvorsprünge bereits in der Industria-

> > … …

lisierung zu bemerken waren. Die Bayerische Landesgewerbeanstalt in Nürnberg und die Kammern boten geeignete Foren für die Verbreitung solcher Kenntnisse. Mit Einführung der Erzberger'schen Finanzreform 1920, die eine bis ins Detail nachprüfbare Erklärungspflicht vorschrieb, wurden auch die Handwerker zur betrieblichen Buchführung gezwungen.

Ganz offenkundig folgte die betriebswirtschaftliche der technischen Modernisierung des Handwerks nach – nicht nur in Bayern. Fortan wurde es möglich und erwies sich in den wirtschaftlichen Wechsellagen der Weimarer Republik auch als dringlich, die unternehmerischen Einzelmaßnahmen der Handwerker kalkulatorisch sinnvoll aufeinander abzustimmen: Auftragsannahme und Terminverwaltung, Einkauf, Fertigung, Koordination und Optimierung von Arbeitsabläufen, Lieferung und Transport, Arbeitskräfte- und Maschineneinsatz, Wartung, Lagerhaltung, Rücklagenbildung, Kapitalaufnahme und Betriebsausdehnung. Ohne eine genaue Kenntnis ihrer Finanzlage, das heißt ohne Gewinn- und Verlustrechnung, wäre es den Handwerkern kaum möglich gewesen am Fortschritt der Bankwirtschaft teilzunehmen, was – trotz der Herausbildung von mittelständisch orientierten Instituten, darunter den Genossenschaftsbanken – immer ein mühevolles Unterfangen war und zum Teil noch ist.

Bei der betriebswirtschaftlichen Modernisierung des Handwerks ist der staatliche Einfluss nicht zu übersehen. Nicht ausschließlich, doch in erheblichem Maße wurde »das« Handwerk durch staatliche Regelungen geformt – seit nunmehr zweihundert Jahren. Dabei sind zwei konkurrierende Prinzipien zu erkennen, die sich wie Linien einander zeitweilig annähern und wieder entfernen: eine, die sich im Sinne der Gewerbefreiheit ohne Marktbegrenzungen entwickelt, eine andere, die eher ordnungs- und verbandspolitische Züge trägt. Welche der beiden Linien als die modernere zu bezeichnen ist und ob in einer solchen Modernität ein besonderer Wert steckt, kann freilich nur zeitangemessen und nicht grundsätzlich beurteilt werden.

Die Geschichte des bayerischen Handwerks lässt sich in zwei Phasen einteilen, eine autonom bayerische, die bis 1871 währte, und eine folgende, in der die bayerische Entwicklung von der Gesetzgebung des Deutschen Reichs geprägt wurde.

Neu gebildete Staaten setzen in jeder Hinsicht neue Grenzen: Im Handwerk bemerkten dies früh schon die Gesellen. Ihre Wanderungen wurden regierungsseitig mit einem gewissen Misstrauen beäugt. 1804, zu kurfürstlichen Zeiten noch, befürchtete der Reformer Maximilian Graf Montgelas, dass die jungen Männer im Ausland Werbern für fremde Heere in die Hände fallen würden. Konnten sie keine Pässe der zuständigen Ortsbehörden vorweisen, so sollte man sie an der Grenze aufhalten und nicht ausreisen lassen. 1806 setzte die nunmehr königliche Regierung nochmals nach; sie verbot zwar das Wandern nicht, wies aber doch nachdrücklich darauf hin, dass der bayerische Staat genug Ausdehnung habe, um Aufenthalte im Ausland entbehrlich zu machen. 1807 traf man Maßnahmen, die klar die Staatsinteressen hervorkehrten: »Für die Zukunft soll nur denjenigen Handwerkern in das Ausland zu wandern gestattet seyn, deren Profession a) dem Vaterlande besonders wichtig sind, b) in fremden Staaten auf einem höheren Grade der Vervollkommnung betrieben werden, oder c) von der Art sind, daß sie nach Zeitumständen und Verhältnissen sowohl in der Materie als der Form ihres Bearbeitungs-Gegenstandes wesentliche Veränderungen erleiden, deren Kenntniß der inländischen Betriebsamkeit vortheilhaft seyn kann.«[32]

Diese Maßnahmen gingen weit über eine Neuordnung des Gesellenwanderns hinaus, sie bewirkten tief in die handwerkliche Tradition eingreifende Neuerungen.[33] Die Mobilität der Gesellen – und nicht nur dieser – war im alten Handwerk territorienübergreifend, das heißt weitgehend entgrenzt. Nun wurde die Begrenzung die Regel. Dabei ist von »Handwerkern« insgesamt ist die Rede, nicht nur von Gesellen und nicht von einzelnen Zünften. Das Handwerk als Ganzes sollte fortan dem Staatszweck dienen. Mit Blick auf die Gesellenwanderungen war dies keineswegs liberal, sondern eher merkantilistisch gedacht, gleichwohl waren die Maßnahmen auf die innere Erneuerung des Staates ausgerichtet und mithin für diese Zeit durchaus modern orientiert.

Betrachtet man die beschriebenen Maßnahmen als einen eingrenzenden Vorgang, so sind die Jahre 1799 bis 1806 auch eine Phase merklicher Entgrenzungen in der Wirtschaftspolitik Bayerns: So waren die Bayern seit 1799 mit ihrem Haustrunk nicht mehr auf einen bestimmten Brauer, seit 1801 beim Brot nicht mehr auf einen bestimmten

Bäcker, seit 1802 bei aushäusigen Familienfesten nicht mehr auf einen bestimmten Gastwirt festgelegt. Dies erschütterte zweifellos die Bestandssicherheit etlicher Handwerksunternehmen. Die bayerische Gewerbeverordnung von 1804 hob an Häusern haftende Gewerberechte auf und lockerte so weiter den Zunftzwang; Fabrik- und Brauereikonzessionen konnten sogar ohne besonderen Befähigungsnachweis erworben werden. 1805 wurde die Lehrlings- und Gesellenausbildung vom Staat und nicht etwa durch die Zünfte reformiert. Seit 1806 erfuhren Meistersöhne nicht mehr die Vergünstigung einer abgekürzten Lehrzeit, wie dies zum Teil seit Jahrhunderten der Brauch war. Damit war eine Phase beendet, die sich gegen die Zünfte wandte.

In der Regierungszeit Ludwigs I. (1825–1848) und Maximilians II. (1848–1864) änderte sich die Wirtschaftspolitik deutlich. Ein Grundsatz aus der Reformära aber blieb bestehen: Der Staat bestimmte, wer eine handwerkliche Existenz begründen durfte und auf welche Weise handwerkliche Ausbildung zu erfolgen hatte; dies zu organisieren und auch zu beaufsichtigen übertrug das Gewerbegesetz von 1825 den neu errichteten Gewerbevereinen. Waren jemals in der bayerischen Gewerbepolitik liberale Ansätze zu bemerken, so wurden sie durch die Gewerbeordnung von 1834 und noch entschiedener durch die Gewerbeinstruktion von 1853 ausgeräumt. Angesichts spürbarer Niedergangstendenzen im Handwerk wurden zum Schutz der niedergelassenen Handwerker die Neuzulassungen nun streng begrenzt. Aufnahme und Zulassung zum Gewerbe lagen in der Entscheidungsgewalt der staatlichen Beamten. Die Sicherung des »Nahrungsstandes« der bereits Etablierten und der »erzwungene Gesellenstand« jener, die keine selbstständige Existenz gründen durften, lasteten schwer auf den Entwicklungsmöglichkeiten des bayerischen Handwerks noch um 1860. Zurecht ist bemerkt worden, dass die Industrialisierung die Krise des Handwerks in Bayern nicht erzeugt habe, vielmehr hat sie diese »in ihrer ganzen Tragweite aufgedeckt und zu einer Frage um Sein oder Nichtsein« werden lassen. Durchaus fraglich aber ist, ob die staatlichen Schutzmaßnahmen zwischen 1834 und 1853 nicht mehr geschadet als genützt haben.[34]

Gegen Ende der Regierungszeit Maximilians II. begann sich eine letzte Wende in der bayerischen Wirtschaftspolitik abzuzeichnen: Die Gewerbeinstruktion von 1862 griff weit bis zum Jahr 1825 zurück, hob einen Teil der Bestimmungen von 1834 und 1853 auf, erweiterte die Liste freier Erwerbsarten und vereinfachte die Gewerbezulassungsbestimmungen. Die Berücksichtigung des Nahrungsstandes war nun nicht mehr von Interesse. 1868 führte Bayern als letzter deutscher Staat die Gewerbefreiheit ein, gründete Handels- und Gewerbekammer mit zwei Abteilungen, eine für Handel und Fabriken und eine für die nicht dieser Kategorie zugehörenden Gewerbe.

Begeisterungsstürme löste dies nicht aus – eher im Gegenteil, wie ein Bericht aus dem Schreinerhandwerk zeigt: »Die doppelte Exklusivität, die dem bayerischen Handwerkerstand im 19. Jahrhundert bis zur Einführung der Gewerbefreiheit (1868) eignet, nämlich das Eifern und Wüten gegen die Gewerbsbeeinträchtigung seitens Nichtkonzessionierter einerseits und die Erschwerung der Ansässigmachung und Verehelichung andererseits, ist auch an der Augsburger Handwerkerbevölkerung zu beobachten. ›Die Handwerkspartei‹, sagt ein gründlicher Kenner der neueren Augsburger Industriegeschichte, ›welche in den Jahren 1814 bis 1854 einen zähen, heißen Kampf für die Begünstigung des Zunftwesens und Beschränkung der Gewerbefreiheit führte, zählte im Augsburger Handwerkerstande durchweg unbedingte, energische Anhänger ... Mit neidischer Aufmerksamkeit beobachtete der Handwerker die Handlungsweise der Fabrikanten, wegen jeder wirklichen oder scheinbaren Überschreitung seiner Fabrikkonzession wurde dieser vor die Behörde gebracht, um sein beanspruchtes Recht gegenüber der Innung nachzuweisen.‹«[35]

Sieht man die Beseitigung des Zunftzwangs und die Einführung der Gewerbefreiheit als Leitlinien des Fortschritts an, so war die Zeit ausschließlich bayerischer Gewerbepolitik nicht von einer besonders raschen Vorwärtsbewegung gekennzeichnet. Unter Modernisierungsgesichtspunkten sind im Vergleich zu Preußen (1810), Nassau (1860), Baden, Sachsen und Württemberg (1862) Rückstände zu bemerken, die mit dem späten Anhängen des eigenen, letzten Wagens an den seit der Mitte des 19. Jahrhunderts in Bewegung geratenen Zuges vergleichbar sind, wobei Deutschland im europäischen Vergleich sich ohnehin spät in Gang gesetzt hatte. Die langwährend zähe Verteidigung von Schutzinteressen Besitzender, die Austen Hornpresser, manche kennt man noch nicht so recht, wie die Flexografen[45], und neue werden hinzukommen. Die Abstände zwischen den Menschen in den Betrieben haben sich verändert. Sie arbeiten oft nicht mehr in einer Werkstatt zusammen, sondern verteilt über Filialen wie in den Nahrungsmittelberufen, wo sich auch das Verhältnis zur Kundschaft deutlich verändert hat. Aus zuarbeitenden Frauen sind selbstständige Meisterinnen geworden, wohl noch zu wenige. Wenn man den Menschen im bayerischen Handwerk zuhört, so vernimmt man nicht nur bayerische, fränkische und schwäbische Worte, sondern auch türkische, polnische und viele andere mehr. Alleinmeister gibt es wie früher, Betriebe mit bis zu drei Mitarbeitern sind nach wie vor häufig, manche arbeiten hart an der Grenze ihrer Leistungskraft, manche wachsen nach schweren Anfangsjahren mit einer ungeheuren Dynamik, manche scheitern auch – doch: Immer noch ist die Bestandssicherheit im Handwerk höher als in anderen gewerblichen Bereichen.

Fährt man aber fort mit solchen Beschreibungen, so gerät man leicht in die Gefahr, einen neuen Idealtyp von Handwerk zu beschreiben, der für einen kurzen Moment aus einem bestimmten Blickwinkel als gegenwärtig erscheint – und es doch eigentlich nicht ist, nicht sein kann, denn Handwerk wandelt sich ständig. Keine Frage: Die erste Moderne liegt hinter uns – eine zweite gilt es zu gestalten, gemeinsam mit den Handwerkerinnen und Handwerkern in Bayern.

ANMERKUNGEN

1 Jegel, August: Alt-Nürnberger Handwerksrecht und seine Beziehungen zu anderen, Neustadt a. d. Aisch 1965, S. 518–530; Büschel, Rainer: Von Klauen und Zähnen. Das Ende des Nürnberger Kammacher-Handwerks, in: Centrum Industriekultur (Hg.): Leute vom Fach, Nürnberg 1988, S. 106–111

2 Albert, Claudia: Imitation de la nature? Probleme der Darstellung in der Encyclopédie, in: Eybl, Franz M. u. a. (Hg.): Enzyklopädien in der Frühen Neuzeit, Tübingen 1995, S. 200–214

3 Diefenbacher, Michael / Endres, Rudolf (Hg.): Stadtlexikon Nürnberg, Nürnberg 200, S. 179 und 835

4 Elkar, Rainer S.: Recht, Konflikt und Kommunikation im reichsstädtischen Handwerk des späten 17. Jahrhunderts – oder: Die Geschichte von den drei ungerechten Kammmachern zu Ulm nebst Anmerkungen zu einem fast untergangenen Beruf, in: Bräuer, Helmut / Schlenkrich, Elke (Hg.): Die Stadt als Kommunikationsraum. Festschrift für Karl Czok zum 75. Geburtstag, Leipzig 2001, S. 187–237

5 Wehler, Hans-Ulrich: Modernisierungstheorie und Geschichte, Göttingen 1975; Schildt, Axel: Moderne Zeiten, Hamburg 1995, S. 22–28; Beck, Ulrich / Bonß, Wolfgang: Die Modernisierung der Moderne, Frankfurt am Main 2001

6 Elkar, Rainer S.: Handwerk zwischen Korporatismus und Marktliberalismus, in: Schmidt, Burghart (Hg.): Mittelständische Wirtschaft, Handwerk und Kultur im baltischen Raum – von der Geschichte zu Gegenwart und Zukunft, Hamburg 2006 (Studien zum Ostseeraum 1), im Druck

7 Elkar, Rainer S.: Handwerk in Europa, in: Köpke, Wulf / Schmelz, Bernd (Hg.): Das gemeinsame Haus Europa. Handbuch zur europäischen Kulturgeschichte, München 1999, S. 760–767

8 Tuchtfeld, Egon: Handwerk, in: Staatslexikon, hg. von der Görres-Gesellschaft, Bd. 3, Freiburg i. Br. 1959, Sp. 1207–1222; Kaufhold, Karl Heinrich: Umfang und Gliederung des deutschen Handwerks um 1800, in: Abel, Wilhelm (Hg.): Handwerksgeschichte in neuer Sicht, Göttingen 1978, S. 27–63, hier S. 28; Boyer, Christoph / Schlemmer, Thomas: »Handwerkerland Bayern«? Entwicklung, Organisation und Politik des bayerischen Handwerks 1945 bis 1975, in: Schlemmer, Thomas / Woller, Hans (Hg.): Bayern im Bund, Bd. 2: Gesellschaft im Wandel 1949 bis 1973, München 2002, S. 87 bis 178, hier S. 88

9 Gesetz zur Neuordnung des Handwerks (Handwerksordnung) und ergänzende Vorschriften, bearb. von Franz Klein, 35. Aufl., Bergisch Gladbach 2005; Aberle, Hans-Jürgen (Hg.): Die Deutsche Handwerksordnung. Kommentar, Mustersatzungen und Materialien, Berlin 2005

10 Sczesny, Anke: Zwischen Kontinuität und Wandel. Ländliches Gewerbe und ländliche Gesellschaft im Ostschwaben des 17. und 18. Jahrhunderts, Tübingen 2002

11 Reuter, Ortulf: Die Manufakturen im fränkischen Raum, Stuttgart 1961; Slawinger, G.: Die Manufaktur in Kurbayern. Die Anfänge der großgewerblichen Entwicklung im Zeitalter des Merkantilismus, Nürnberg / Erlangen 1975

12 Sangl, Sigrid: Hofschreiner in Franken, in: Bauer, Ingolf (Red.): Möbel aus Franken. Oberflächen und Hintergründe, hg. vom Bayerischen Nationalmuseum, München 1991, S. 51–56

13 Forberger, Rudolf: Die Manufaktur in Sachsen vom Ende des 16. bis zum Anfang des 19. Jahrhunderts, Berlin 1958; Forberger, Rudolf: Die Industrielle Revolution in Sachsen 1800–1861, 2 Bde., Berlin 1982; Tausendpfund, Alfred: Die Manufaktur im Fürstentum Neuburg. Studien zur Sozial- und Wirtschaftsgeschichte unter besonderer Berücksichtigung der großbetrieblichen Entwicklung im Zeitalter des Merkantilismus, Nürnberg/Erlangen 1975; MacLachlan, Anne J.: Der Übergang vom Handwerker zum Unternehmer in Mainz 1830–1860, in: Engelhardt, Ulrich (Hg.): Handwerker in der Industrialisierung. Lage, Kultur und Politik vom späten 18. bis ins frühe 19. Jahrhundert, Stuttgart 1984, S. 146–164, hier S. 146; MacLachlan, Anne J.: Entrepreneurship in Mainz 1780–1860. The contribution of smaller businessmen to German industrialization, University of California Diss., Irvine 1985

14 Sittauer, Hans L.: Nikolaus August Otto, Rudolf Diesel, 4. Aufl., Leipzig 1990; Klemm, Friedrich: Geschichte der Technik, 4. Aufl., Stuttgart/Leipzig 1999, S. 169

15 Diefenbacher/Endres: Stadtlexikon Nürnberg (wie Anm. 3), S. 324f.

16 Siemens, Werner von: Lebenserinnerungen, 12. überarb. und erw. Aufl. der ersten Aufl. 1892, München 2004; Feldenkirchen, Wilfried/Bartels, Almuth: Werner von Siemens, München 2000

17 Schwarz, Helmut: Werkstatt und Geschäft. Modernisierung im Handwerksbetrieb, in: Centrum Industriekultur (Hg.): Leute vom Fach (wie Anm. 1), S. 227–237, S. 229

18 Schönebeck, Franz von: Die Lage des Kleingewerbes in der Kölner Schreinerei, in: Untersuchungen über die Lage des Handwerks in Deutschland, Bd. 1: Königreich Preußen, 1. Tl., Leipzig 1895, S. 260–309; Voigt, Paul: Das Tischlergewerbe in Berlin, in: Untersuchungen, Bd. 9: Verschiedene Staaten, Leipzig 1897, S. 629–670; Seidel, Joachim: Möbelherstellung und Möbelhandel 1850–1914 mit Ausblicken auf Unterfranken, Würzburg 1986; Elkar, Rainer S.: Schreiner in Franken. Handwerk zwischen Zunft, Kunst und Fabrik, in: Bauer: Möbel aus Franken (wie Anm. 11), S. 28–45; Rawitzer, Barbara: Schreinerwerkstätten in Franken. Eine Übersicht zu ihrer Verteilung im frühen 19. Jahrhundert, in: Bauer: Möbel aus Franken (wie Anm. 11), S. 46–50

19 Diefenbacher/Endres: Stadtlexikon Nürnberg (wie Anm. 3), S. 1002f., S. 50; Gerlach, Walter (Hg.): Das Buch mit alten Firmen der Stadt Nürnberg im Jahre 1959, Prien am Chiemsee 1959; Eibert, Georg: Unternehmenspolitik Nürnberger Maschinenbauer (1835–1914), Stuttgart 1979

20 Diefenbacher/Endres: Stadtlexikon Nürnberg (wie Anm. 3), S. 952, 993f. und 230

21 Rehlen, Carl G.: Geschichte der Handwerke und Gewerbe, 2. Ausg., Leipzig 1856, S. 457–472, hier S. 457

22 Ebd., S. 471f.

23 Schmoller, Gustav: Zur Geschichte der Kleingewerbe im 19. Jahrhundert, Halle 1870

24 Voigt: Tischlergewerbe (wie Anm. 17), S. 670

25 Ebd., S. 667

26 Thieß, Karl: Das Berliner Klempnergewerbe, in: Untersuchungen (wie Anm. 17), Bd. 7: Königreich Preußen, 3. Tl., Leipzig 1896, S. 246–320, hier S. 287

27 Badtke, Walther: Zur Entwickelung des deutschen Bäckereigewerbes. Eine wirtschaftsgeschichtlich-statistische Studie, Jena 1906; Wernet, Karl Friedrich: Wettbewerbs- und Absatzverhältnisse des Handwerks in historischer Sicht. Nahrung, Getränke, Genussmittel, Berlin 1967; Teuteberg, Hans J./Wiegelmann, Günter: Der Wandel der Nahrungsgewohnheiten unter dem Einfluss der Industrialisierung, Göttingen 1972; Bartelmeß, Albert/Lämmermann, Gerd: Chronik des Nürnberger Bäckerhandwerks von 1302–1982, Nürnberg 1982; Salvetti, Françoise/Bührer, Emil M.: Der Metzger. Eine Kulturgeschichte des Metzgerhandwerks, München 1988

28 Beckmann, Liesel: Handwerksbetrieb, in: Staatslexikon (wie Anm. 7), Sp. 1222–1230, hier Sp. 1223

29 Keller, Julius: Das deutsche Handwerk und praktische Vorschläge zur Hebung desselben, Chemnitz 1878, S. 166

30 Kramer, Theodor von: Die Bayerische Landesgewerbeanstalt 1869–1919, Nürnberg 1919; Homepage der LGA www.lga.de/unternehmen/unternehmen_rechtsgrundlage_geschichte.shtml (vom 20. Januar 2006)

31 Bucerius, Walter: Über rationelle Betriebsführung im Handwerk. Die Anwendung von Methoden wissenschaftlicher Betriebsführung (Taylorismus) im Handwerk, Karlsruhe 1919; Bucerius, Walter: Der Rationalisierungsgedanke im Handwerk (wirtschaftliche Betriebsführung), Karlsruhe 1926; Schwarz: Werkstatt und Geschäft (wie Anm. 16), S. 233–237

32 Churpfalzbaierisches Regierungsblatt, 21. Stück vom 23. Mai 1804, Sp. 517f.; Kgl.-Baier. Regierungsbl., 11. Stück vom 12. März 1806, und 45. Stück vom 24. Oktober 1807; Elkar, Rainer S.: Wandernde Gesellen in und aus Oberdeutschland. Quantitative Studien zur Sozialgeschichte des Handwerks vom 17. bis zum 19. Jahrhundert, in: Engelhardt: Handwerker in der Industrialisierung (wie Anm. 12), S. 262–293; Foit, Wolfgang: Durch's Amperland. Bayerische Gesellenwanderungen im 19. Jahrhundert, in: Drexler, Toni (Hg.): Unterwegs aus Lust, aus Not und von Beruf. Dörfliche Mobilität im Wandel der Zeit, Fürstenfeldbruck 1999, S. 26–45

> > … …

33 Elkar, Rainer S.: Schola migrationis. Überlegungen und Thesen zur neuzeitlichen Geschichte der Gesellenwanderungen aus der Perspektive quantitativer Untersuchungen, in: Roth, Klaus (Hg.): Handwerk in Mittel- und Osteuropa, München 1987, S. 87–108

34 Schwarz, Gerard: »Nahrungsstand« und »erzwungener Gesellenstand«. Mentalité und Strukturwandel des bayerischen Handwerks im Industrialisierungsprozeß um 1860, Berlin 1974, S. 67

35 Cohen, Arthur: Das Schreinergewerbe in Augsburg, in: Untersuchungen (wie Anm. 17), 3. Bd., Teil 1: Süddeutschland, Leipzig 1895, S. 499–572, Zitat S. 501

36 Osterhammel, Jürgen / Petersson, Niels P.: Geschichte der Globalisierung. Dimensionen, Prozesse, Epochen, München 2004, S. 57f.

37 Bauernfeind, Martina: 100 Jahre Handwerkskammer für Mittelfranken, hg. von der Handwerkskammer für Mittelfranken, Nürnberg 2000, S. 91

38 Foit, Wolfgang: Identitätskonstruktion des deutschen Handwerks. Perspektiven einer historischen Mittelstandsforschung, St. Katharinen 2003

39 Stremmel, Ralf: Kammern der gewerblichen Wirtschaft im »Dritten Reich«. Allgemeine Entwicklungen und das Fallbeispiel Westfalen-Lippe, Dortmund / Münster 2005, S. 129

40 Elkar, Rainer S. / Mayer, Werner: Handwerk – Eine Karriere. Handwerk an Rhein und Ruhr im 20. Jahrhundert, Düsseldorf 2000, S. 115

41 Handwerkskammer für München und Oberbayern (Hg.): Im Dienst am Ganzen. Hundert Jahre Handwerkskammer für München und Oberbayern, München 1999, S. 83

42 Boyer / Schlemmer: Handwerkerland Bayern (wie Anm. 7), S. 116f.; Elkar / Mayer: Handwerk (wie Anm. 40), S. 122f.

43 Lageman, Bernhard / Dürig, Wolfgang u. a. (Bearb.): Determinanten des Strukturwandels im deutschen Handwerk, hg. vom Rheinisch-Westfälischen Institut für Wirtschaftsforschung e.V., Essen 2004

44 Meyer, Volker: Determinanten des Strukturwandels im bayerischen Handwerk 1975–2003, Diplomarbeit zur Erlangung des akademischen Grades Diplom-Kaufmann, Ms., Universität der Bundeswehr München, Institut für Wirtschaftspolitik und Wirtschaftsgeschichte, Neubiberg 2005

45 Ein Flexograf oder eine Flexografin gestaltet digitale Vorlagen für die Herstellung von Stempeln und flexiblen Druckplatten für ein früher als Anilindruck bezeichnetes Rotationshochdruckverfahren, bei dem flexible Druckplatten schnell trocknende, dünnflüssige Druckfarben verwendet werden. Es handelt sich hierbei um ein Handwerk nach der Anlage B1, also ohne Meisterpflicht, vgl. www.bildung-w.de/ausbildung/flexograph.htm

KATALOG

…

re restriktiven Maßnahmen aber auch großen Druck auf ihre Mitglieder ausübte, wurde von den reformerischen Kräften zunehmend in Frage gestellt. Die Revolutionswirren und die französische Besetzung bedeuteten einen tiefen Einschnitt in die bayerische Handwerksgeschichte. Die staatliche Übernahme ehedem zünftiger Rechte wurde durch den leitenden Minister, Maximilian von Montgelas, in die Wege geleitet. Allerdings gelang es auch Montgelas nicht, einen zufriedenstellenden Kompromiss zwischen Liberalisierung der Wirtschaft und strengen staatlichen Zulassungsbeschränkungen zu finden. Große Veränderungen für das ländliche Handwerk brachte die Säkularisation, wurden doch viele der früheren Klosteruntertanen, die handwerklich und künstlerisch für den Bedarf ihres geistlichen Grundherrn gearbeitet hatten, arbeitslos bzw. zu wirtschaftlich gefährdeten Kleinbauern. Es gab aber auch Gewinner, wie etwa die Nahrungsmittelgewerbe, für die Klosterbrauereien und -bäckereien als Konkurrenz wegfielen.

Nach der Erhebung zum Königreich charakterisierten die vielfältigen wirtschaftlichen und konfessionellen Unterschiede das »neue Bayern«. Zum städtearmen und überwiegend agrarisch geprägten katholischen Altbayern kamen die stärker urbanisierten und früher industrialisierten schwäbischen und fränkischen Gebiete. Eine Sonderrolle nahm die Pfalz ein, in der man die während der französischen Besatzung eingeführte Gewerbefreiheit beibehielt. Der politischen Einigung folgte bald der wirtschaftliche Zusammenschluss. Im Jahr 1807 fielen die zahlreichen Binnenzollschranken im Königreich. Für Politik und Landesplanung in dem territorial enorm gewachsenen Bayern des frühen 19. Jahrhunderts waren Kenntnisse über die Fläche und Beschaffenheit des Staatsgebiets von großer Bedeutung. Bezeichnenderweise entstanden in dieser Umbruchsituation bahnbrechende Leistungen des bayerischen Handwerks auf den Gebieten der Feinmechanik und der Optik, wie sie für die Landesvermessung nötig waren.

Im Zeitalter Napoleons machte dem Handwerk in Bayern neben den wirtschaftlichen Belastungen der Einquartierungen und Kontributionen vor allem der Kaufkraftschwund der Bevölkerung, aber auch bereits die »ausländische« Konkurrenz zu schaffen, die nach dem Wegfall der Kontinentalsperre verstärkt zu spüren war. Aber auch periodisch wiederkehrende Hungerkrisen, wie etwa nach der Missernte von 1816/17, wirkten sich negativ aus.

Auch wenn 1825 die alte Zunftverfassung gesetzlich aufgehoben wurde, so prägte die Mentalität der ehemaligen Zünfte das bayerische Handwerk bis in das 20. Jahrhundert. // Barbara Kink

Lit.: Kaufhold, Karl-Heinrich: Umfang und Gliederung des deutschen Handwerks um 1800, in: Abel, Wilhelm (Hg.): Handwerksgeschichte in neuer Sicht, Göttingen 1978, S. 27–63; Reininghaus, Wilfried: Gewerbe in der Frühen Neuzeit, München 1990; Zorn, Wolfgang: Bayerns Gewerbe, Handel und Verkehr (1806–1970), in: Handbuch der Bayerischen Geschichte, begr. von Max Spindler, hg. von Andreas Kraus, Bd. 4/2, München 1975, S. 782–845; Lenger, Friedrich: Sozialgeschichte der deutschen Handwerker seit 1800, Frankfurt 1988; Reith, Reinhold (Hg.): Praxis der Arbeit. Probleme und Perspektiven der handwerksgeschichtlichen Forschung, Frankfurt am Main u. a. 1998; Stürmer, Michael (Hg.): Herbst des Alten Handwerks. Meister, Gesellen und Obrigkeit im 18. Jahrhundert, 2. Aufl., München 1986; Zorn, Wolfgang: Die wirtschaftliche Entwicklung Bayerns unter Max I. Joseph, 1799–1825, in: Glaser, Hubert (Hg.): Wittelsbach und Bayern, Bd. 3/1, München u. a. 1980, S. 281–289; Schremmer, Eckart: Die Wirtschaft Bayerns. Vom hohen Mittelalter bis zum Beginn der Industrialisierung, München 1970; Götschmann, Dirk: Wirtschaftspolitik und wirtschaftliche Entwicklung im Königreich Bayern, in: Bonk, Sigmund / Schmid, Peter (Hg.): Königreich Bayern. Facetten bayerischer Geschichte 1806–1919, Regensburg 2005, S. 31–48

1. Am Anfang war Napoleon

A) *Einzug Napoleons in München am 24. Oktober 1805*

Nicolas-Antoine Taunay
Paris, 1806
Öl/Leinwand, 182 x 221 (R)
Original: Musée National du Chateau de Versailles et de Trianon
MV 1709, Paris

Das großformatige Gemälde von Nicolas-Antoine Taunay, das Napoleon in den Tuilerien aufhängen ließ, sollte Repräsentationszwecke erfüllen. Es zeigt den triumphalen Einzug Napoleons in München, der sich von der begeisterten Menge und den Würdenträgern der Stadt als Retter vor der österreichischen Besatzung feiern ließ. Kurz zuvor hatte Maximilian von Montgelas den Vertrag von Bogenhausen unterschrieben, der die bayerisch-französische Allianz besiegelte. // B. K.

Lit.: Junkelmann, Marcus: Napoleon und Bayern. Von den Anfängen des Königreiches, Regensburg 1985, S. 109f.; Dufraisse, Roger: Napoleon und Bayern, in: Glaser, Hubert (Hg.): Krone und Verfassung. König Max I. Joseph und der neue Staat, Bd. 3/1, München 1980, S. 221–229

B) *»Napoleon als Königsbäcker«*

Karikatur von James Gillray, veröffentlicht am 23. Januar 1806
von H. Humphrey in St. James's Street London
Kupferstich (R)

Die Karikatur mit dem übersetzten Titel »Tiddy Doll, der große französische Lebkuchenbäcker, zieht einen neuen Schub Könige aus dem Ofen« spielt auf die Rolle Napoleons als Königsmacher in Europa an. Der Karikaturist James Gillray (1757–1815) bediente sich bei der Darstellung des politisch brisanten Themas eines handwerklichen Motivs. Der mit einer Bäckerschürze bekleidete Napoleon befördert auf dem Brotschuber eine ganze Reihe Könige ans Tageslicht. Vorne sind die Könige von Bayern, Württemberg und Baden – letzterer wurde allerdings lediglich Großherzog – zu sehen. Napoleons Geselle Talleyrand ist im linken Bildrand noch mit Teigkneten beschäftigt. Der frisch gebackene bayerische König Max I. Joseph wurde von Napoleon für seine Loyalität mit der

1. B) »Napoleon als Königsbäcker«

Königswürde und beträchtlichem Gebietszuwachs »belohnt«. Die zentrale Rolle, die der französische Kaiser als Königsmacher spielte, versuchte man am Münchner Hof bei der Annahme des Königstitels verständlicherweise unerwähnt zu lassen. // B. K.

Lit.: Junkelmann, Marcus: Napoleon und Bayern. Von den Anfängen des Königreiches, Regensburg 1985, S. 81; Glaser, Hubert (Hg.): Krone und Verfassung. König Max I. Joseph und der neue Staat, München 1980, S. 203f.

C) *Proklamation des Königreichs Bayern*

München, 1. Januar 1806
Druck, 34,2 x 20,5 (R)
Bayerisches Hauptstaatsarchiv, München (Mandatenslg. 1806 I1)

Die territoriale Neugestaltung Bayerns und die Rangerhöhung des bayerischen Kurfürsten wurde in den Friedensschlüssen von Brünn und Pressburg im November und Dezember 1805 beschlossen. Mit der Erhebung zum souveränen Königreich schlug am 1. Januar 1806 die Geburtsstunde des modernen Bayern. Die offizielle Verlautbarung, die im ganzen Königreich verlesen wurde, sollte die Bevölkerung informieren. Die Feierlichkeiten anlässlich der Königserhebung waren relativ schlicht, da man sich der politischen Abhängigkeiten von Frankreich durchaus bewusst war. In der Proklamation berief sich der neue König auf die berechtigten dynastischen Ansprüche der Wittelsbacher und die »Vorsehung Gottes«. Die bayerisch-französische Verbindung wurde zudem bekräftigt

2.A) Handwerkskundschaft der Münchner Buchbinder

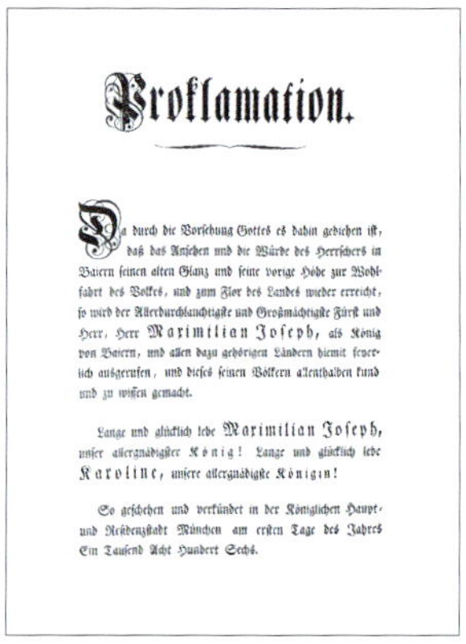

Proklamation.

Da durch die Vorsehung Gottes es dahin gediehen ist, daß das Ansehen und die Würde des Herrschers in Baiern seinen alten Glanz und seine vorige Höhe zur Wohlfahrt des Volkes, und zum Flor des Landes wieder erreicht, so wird der Allerdurchlauchtigste und Großmächtigste Fürst und Herr, Herr Maximilian Joseph, als König von Baiern, und allen dazu gehörigen Ländern hiemit feyerlich ausgerufen, und dieses seinen Völkern allenthalben kund und zu wissen gemacht.

Lange und glücklich lebe Maximilian Joseph, unser allergnädigster König! Lange und glücklich lebe Karoline, unsere allergnädigste Königin!

So geschehen und verkündet in der Königlichen Haupt- und Residenzstadt München am ersten Tage des Jahres Ein Tausend Acht Hundert Sechs.

1.C) Proklamation des Königreichs Bayern

durch die Heirat von Napoleons Stiefsohn Eugène Beauharnais mit Amalie Auguste, der Tochter Max I. Josephs. Das »neue Bayern« war geprägt von konfessionellen und wirtschaftlichen Unterschieden, die es nun durch ein umfassendes Reformwerk und eine straffe staatliche Führung zu überwinden galt. Die kulturelle Vielfalt des heutigen Bayern beruht vor allem auf dieser Integrationsleistung, durch die verschiedene historische Räume zu einem Staatswesen vereint wurden.

Durch den Länderzuwachs wandelte sich das Wirtschaftsleben Bayerns nachhaltig, nicht zuletzt durch die ehemaligen Reichsstädte, darunter bedeutende Gewerbezentren wie Augsburg, Regensburg, Passau und vor allem Nürnberg. Mit dem Zugang zum Main bekam Bayern Anschluss an das rheinische Industriegebiet. Eine Vielzahl wirtschaftsfördernder Maßnahmen sollte die territoriale Kleinräumigkeit überwinden. Dazu gehörte zum Beispiel die Einführung eines einheitlichen Münz-, Maß- und Gewichtssystems. Am 1. Januar 1807 fielen die Zollschranken innerhalb des Königreichs: Das bayerische Staatsgebiet wurde nun ein geschlossener, nach außen durch Zölle geschützter Wirtschaftsraum. Für Teile des Handwerks hatte dies jedoch einen verschärften Konkurrenzdruck zur Folge.

Für das Handwerk bedeutete der gewaltige Umbruch im Zuge der napoleonischen Kriege und ihrer Folgen einen tiefen Einschnitt. Nicht nur die ungelösten Fragen bezüglich der Zukunft der Zunftverfassung und der gesamten wirtschaftlichen Entwicklung des Königreichs riefen große Unsicherheiten bei den Handwerkern hervor. Insbesondere die Meister, die im Besitz der begehrten Handwerksgerechtigkeit waren, mussten um ihren privilegierten Status bangen. Auch kriegsbedingte Folgen wie die zurückgehende Nachfrage trugen zur Krise des Handwerks am Anfang des 19. Jahrhunderts bei. Die Handwerkerlöhne waren bereits seit dem Ende des 18. Jahrhunderts weit hinter dem allgemeinen Preisanstieg für Lebensmittel zurückgeblieben. Die letzte große Hungersnot in Bayern 1816/17 war ein weiterer Faktor, der zur Verarmung großer Bevölkerungsteile führte und auch das Handwerk vor Probleme stellte. // B. K.

Lit.: Weis, Eberhard: Montgelas, Bd. 2, München 2005; Kramer, Ferdinand: Bayerns Erhebung zum Königreich. Das offizielle Protokoll zur Annahme der Königswürde am 1. Januar 1806, in: Zeitschrift für bayerische Landesgeschichte 68 (2005), S. 815–834; Weis, Eberhard: Die Grundlegung des modernen bayerischen Staates in der Ära Montgelas, in: Zeitschrift für bayerische Landesgeschichte 66 (2003), S. 533–540

2. Zünftige und Professionisten

A) *Handwerkskundschaft der Münchner Buchbinder*

München, um 1783
Druck, 50 x 60 (R)
Bayerische Staatsbibliothek, München (Slg. Stopp D 342a)

Die Gesellenwanderung war ein integraler Bestandteil der Handwerkerausbildung. Nach der Lehre und vor der Übernahme eines Meisterbetriebs hatten die Handwerksgesellen die eineinhalb- bis dreijährige Walz anzutreten, die von den Zünften als »Hochschule des Handwerks« (R. Wissell) verklärend dargestellt wurde, vielfach aber verdeckte Arbeitslosigkeit bedeutete. Zünfte und Obrigkeiten waren sich durchaus bewusst, dass viele wandernde Handwerksburschen dem mobilen Armutspotenzial zugerechnet werden mussten, die sich oft nur mit dem so genannten Fechten, also Betteln, durchbringen konnten. Eine Gefahr sah man darin, dass sich fernwandernde Gesellen mit revolutionärem Gedankengut »infizieren« oder zum Militärdienst im Ausland anwerben ließen. Um die Wandergesellen unter Kontrolle zu bringen, wurde eine Vielzahl regulierender Verordnungen erlassen.
So genannte Handwerkskundschaften wurden dem frei gesprochenen Gesellen von seiner Zunft seit dem 17. Jahrhundert als Reise- und Arbeitsnachweis ausgehändigt. Die Reichshandwerksordnung von 1731 legte den Inhalt der Kundschaft genau fest: Name, Heimat, Beruf und die bisherigen Aufenthaltsorte mussten daraus hervorgehen. Kundschaften waren, wie im vorliegenden Fall die der 1596 gegründeten Münchner Buchbinder-Innung, mit einer Ortsansicht der jeweiligen Zunft verziert.
Ab 1804 versuchten staatliche Instanzen die Kontrolle der Gesellenwanderung zu perfektionieren. Das Königreich Bayern führte als erster deutscher Territorialstaat im März 1808 das Wanderbuch ein, das bei den Lokalbehörden gegengezeichnet werden musste, um die relativ einfach zu fälschenden Handwerkskundschaften zu komplettieren. Die Wanderpflicht wurde zwar 1853 formell aufgehoben, die Wandertradition gehörte aber bis in das 20. Jahrhundert hinein, wenn auch branchenabhängig, zu einem wichtigen Bestandteil des Selbstverständnisses vieler Handwerksgesellen. Auch heutzutage gibt es vereinzelt eine Wiederbelebung dieser alten Tradition. // B. K.

Lit.: Elkar, Rainer S.: Die Mühsal der Walz. Selbstzeugnisse wandernder Handwerksgesellen als Quellen für die Sozial- und Bildungsgeschichte des Handwerks im 19. Jahrhundert, in: II. Internationales handwerksgeschichtliches Symposium, hg. von der Ungarischen Akademie der Wissenschaften, Bd. 1, Veszprem 1983, S. 293–314; Elkar, Rainer S.: Wandernde Gesellen in und aus Oberdeutschland. Quantitative Studien zur Sozialgeschichte des Handwerks vom 17. bis zum 19. Jahrhundert, in: Engelhardt, Ulrich (Hg.): Handwerker in der Industrialisierung. Lage, Kultur und Politik vom späten bis ins frühe 19. Jahrhundert, Stuttgart 1984, S. 262–293; Puschner, Uwe: Gesellenwandern um 1800, in: Gewerbliche Migration im Alpenraum, Bozen 1994, S. 83–168; Bade, Klaus J.: Altes Handwerk. Wanderzwang und gute Policey, in: Vierteljahreshefte für Sozial- und Wirtschaftsgeschichte 69 (1982), S. 1–37; Wissell, Rudolf: Des Alten Handwerks Recht und Gewohnheit, hg. von Ernst Schraepler, Berlin 1972 (Erstausgabe Berlin 1929); Stopp, Klaus: Die Handwerkskundschaften mit Ortsansichten. Beschreibender Katalog der Arbeitsattestate wandernder Handwerksgesellen 1731–1830, 17 Bde., Stuttgart 1982 bis 1989; »Verachtet mir die Meister nicht ...« 400 Jahre Buchbinder-Innung München, Festschrift zur Ausstellung in der Bayerischen Staatsbibliothek, München 1996

B) *Ratsresolution vom 27.2.1789*

Bayerisches Hauptstaatsarchiv, München (Mandatenslg. 2786/1178)

Auch in den Vorstädten und Dörfern übten zahlreiche »Professionisten« ihr Handwerk aus. Zu Beginn des 19. Jahrhunderts hatten die wesentlich billiger produzierenden dörflichen Handwerker, die großteils nicht an die strengen Auflagen der Zünfte gebunden waren, die handwerkliche Monopolstellung der Städte und Märkte gebrochen. Handwerk galt als genuin städtisches Phänomen, als Landhandwerke waren lediglich die vier so genannten Ehehaften Wirte, Hufschmiede, Müller und Bader akzeptiert. Diese standen wie auch Freimeister mit Hofschutz außerhalb der Zunft.
Ungeachtet des Protests der »ehrbaren Handwerker« gegen die angeblichen »Pfuscher«, »Stümper«, Juden und Hofschutzverwandten, die nicht an zünftige Vorschriften gebunden waren, bediente sich ihrer der Staat, vor allem um den hohen Bedarf der Heereslieferungen in den napoleonischen Kriegen zu decken. Insbesondere Handwerker jenseits der städtischen Bannmeile, wie in der Münchner Au oder in Haidhausen, waren eine unliebsame Konkurrenz für die zünftigen Münchner Handwerker, die sich dieser unzünftigen Konkurrenz immer wieder mittels Petitionen und Bittschriften an den Kurfürsten zu erwehren versuchten. Hauptargument war dabei der Schutz der

Konsumenten vor minderwertiger Ware, da die Sicherung der Qualitätsstandards als eine der zentralen Aufgaben der Zünfte galt.
Auch die die Stadtgrenzen überschreitenden »Störer« waren den Zünften ein Dorn im Auge, schmälerten sie doch das Arbeitsfeld der zünftigen Handwerker empfindlich. »Auf der Stör« waren Handwerker, die Reparaturarbeiten oder Neuanfertigungen direkt im Haus des Kunden, oft gegen Kost und Logis, ausführten wie etwa Korbmacher, Hafner, Schneider oder Schuster.
Dem zünftigen »Nahrungsprinzip« entsprechend, sollten die Münchner Bürger ausschließlich die Produkte und Dienstleistungen von Zunftgenossen in Anspruch nehmen. Da die Zünfte unter staatlicher Protektion standen und eine Fülle von Privilegien besaßen, bekräftigte der Münchner Rat die Verordnung der Bannmeile für das Münchner Gewerbe, um die Handwerker der Residenzstadt vor so genannten Gewerbebeeinträchtigungen zu schützen. // B. K.

Lit.: Puschner, Uwe: Handwerk zwischen Tradition und Wandel. Das Münchener Handwerk an der Wende vom 18. zum 19. Jahrhundert, Göttingen 1988; Lenger, Friedrich: Das Landhandwerk im neuzeitlichen Deutschland. Grundlinien der Entwicklung, in: Essener Geographische Arbeiten 26 (1995), S. 3–11; Reith, Reinhold: Zünfte im Süden des Alten Reiches. Politische, wirtschaftliche und soziale Aspekte, in: Haupt, Hans-Gerhard (Hg.): Das Ende der Zünfte. Ein europäischer Vergleich, Göttingen 2002, S. 39–70

3. Geheimnisse des alten Handwerks

Zunftlade der Augsburger Hufschmiede

Augsburg, 18. Jahrhundert
Verschließbare Truhe mit Einlegearbeiten aus verschiedenen Hölzern, seitlichen Tragegriffen aus Metall und mehreren Innenfächern, 43 x 52 x 37,5
Schwäbisches Handwerkermuseum, Handwerkskammer für Schwaben, Augsburg

Die Zunft band den Meister und seine Familie, Gesellen und Lehrlinge in ein strenges System wirtschaftlicher, gesellschaftlicher und auch politischer Vorgaben und Erwartungshaltungen nach innen wie nach außen. Symbole und Rituale prägten das Zunftleben. Der Zunftlade kam eine wichtige Rolle zu, denn in ihr wurde das kollektive Gedächtnis der jeweiligen Handwerkskorporation aufbewahrt. Neben den Zunftstatuten, den Meister- und Lehrlingsbüchern, Dokumenten, Siegel und Wappen wurde in dieser Truhe auch die Zunftkasse aufbewahrt.
Gesichert wurde die Zunftlade, die sich in der Regel im Zunfthaus bzw. in der Zunftstube befand, durch mehrere Schlösser, die sich nur gleichzeitig öffnen ließen. Dies geschah im Rahmen der Zunftversammlungen, bzw. Morgensprachen, die mit dem Öffnen der Lade im wahrsten Sinne des Wortes »eröffnet« wurden. Alle die Zunft betreffenden Angelegenheiten – von der Freisprechung der Lehrlinge und Gesellen bis zur Neuaufnahme von Meistern oder zur Änderung der Statuten – wurden feierlich vor der offenen Lade vorgenommen. Je nach Wirtschaftskraft des Gewerks war die Lade schlicht gefertigt oder reich verziert und demonstrierte das Selbstverständnis der Zunft.
Das Schmiedehandwerk hatte sich im Lauf der Frühen Neuzeit beträchtlich differenziert, wobei man die Hufschmiede zu den klassischen Landhandwerken rechnet, die in enger Verbindung zur Landwirtschaft standen. Am Ende des 18. Jahrhunderts übten von den 1715 verzeichneten Hufschmieden im Kurfürstentum Bayern nur 266 Meister ihre Kunst in Städten und Märkten aus. // B. K.

Lit.: Hartinger, Walter: Handwerker in der städtischen Volkskultur des 18. Jahrhunderts, in: Mohrmann, Ruth-Elisabeth (Hg.): Städtische Volkskultur im 18. Jahrhundert, Köln u. a. 2001, S. 19–33; Kuntz, Andreas: Hufschmied, in: Reith, Reinhold (Hg.): Lexikon des Alten Handwerks, München 1990, S. 113–116; Bettger, Roland: Das Handwerk in Augsburg beim Übergang der Stadt an das Königreich Bayern. Städtisches Gewerbe unter dem Einfluss politischer Veränderungen, Augsburg 1979

4. Ehrsamkeit bis zur Bahre

Bahrtuchschild der Münchner Bäckerbruderschaft

München, wohl 18. Jahrhundert, renoviert 1899
Silber, gegossen, getrieben, teilweise farbig bemalt, Aufhängevorrichtung mit Kette, ähren- und rosenbekränzte Rocaille mit Mariendarstellung, darunter der Reichsadler Kaiser Ludwigs des Bayern mit Herzschild und Kurhut als Zeichen der Münchner Bäcker und eine Breze, gemalte Inschrift: »Renovirt bei Eröffnung der neuen Bäckerherberg am 27. Dezember 1899«, beide Seiten des Schildes sind identisch gearbeitet, 47 x 32 x 4
Bäcker-Innung München

3. Zunftlade der Augsburger Hufschmiede

Zünfte waren nicht nur wirtschaftliche Interessenvertretungen, sondern nahmen auch viele andere Aufgaben wahr. Eine wichtige Funktion besaßen die handwerklichen Verbände, die sich im gewissen Sinne auch als Bruderschaften und soziale Einrichtungen verstanden, im religiösen und karitativen Leben. Neben der Stiftungstätigkeit war die Pflege der »memoria« für die Mitglieder ein zentrales Anliegen. Gemeinsam gefeierte Jahrtage, Gottesdienste, Prozessionen und ritualisierte Handwerksbräuche wirkten integrativ und gemeinschaftsbildend. Diese Rituale begleiteten den Handwerker sein ganzes Leben, wobei den »rites de passage«, also der Feier wichtiger Lebensstationen wie dem Aufdingen, der Freisprechung, der Eheschließung und dem Begräbnis eine besondere Bedeutung zukam.

Die letzte »Ehre« – ein Schlüsselbegriff im zünftigen Wertesystem – wurde den verstorbenen Meistern mit einer würdigen Bestattungsfeier erwiesen. Die dafür benötigten Gegenstände wie Zunftstangen, Kerzen, Waffen und Bahrtücher befanden sich im Besitz der Handwerkskorporationen, wobei auch hier Ansehen und wirtschaftliche Bedeutung der jeweiligen Zunft für die Gestaltung der Zunftzeichen ausschlaggebend waren und deren Status deutlich machen sollten. Das Bahrtuch mit dem Bahrtuchschild, also dem Zunftzeichen, wurde über den Sarg gebreitet. Es ist nicht nur als Zierrat zu verstehen, sondern als Symbol dafür, dass der verstorbene Meister – Gesellen war dies nicht erlaubt – bis zuletzt in die zünftige Gemeinschaft integriert war.

Nicht zufällig wurde das Bahrtuchschild der wohlhabenden Münchner Bäckerinnung Ende des 19. Jahrhunderts restauriert, zu einer Zeit also, in der die Gewerbefreiheit und die zunehmende Industrialisierung große Unsicherheiten im Handwerk hervorriefen. Der viel beschworenen Krise des Handwerks stellte man in nostalgischer Verklärung die goldenen Zeiten einstiger Zunftherrlichkeit entgegen. // B. K.

Lit.: Kramer, Karl-Sigismund: Altmünchner Handwerk. Bräuche, Lebensformen, Wanderwege, in: Bayerisches Jahrbuch für Volkskunde 1958, S. 111–137; Elkar, Rainer S.: Handwerk als Lebensform – über das Verhältnis von handwerklicher Existenzsicherung und ritualisiertem Lebenslauf, in: Hugger, Paul (Hg.): Handwerk zwischen Ideal und Wirklichkeit, Bern u. a. 1991, S. 97–112; Rädlinger, Christine: Der verwaltete Tod. Eine Entwicklungsgeschichte des Münchner Bestattungswesens, hg. vom Stadtarchiv München, München 1996; 100 Jahre Bäcker-Innung München. Jubiläumsschrift 1884–1984, München 1984, S. 85

4. Bahrtuchschild
der Münchner Bäckerbruderschaft

5. Königreich Bayern 1806–1918

Ein Medienprojekt des Hauses der Bayerischen Geschichte

Arbeitsgruppe: Matthias Bachmann, Evamaria Brockhoff, Susanne Friedrich, Stephanie Günther, Margot Hamm, Michael Henker, Michael Herdick
Realisation: Tobias Berg, Resmedia GmbH & Co. KG, Augsburg
Gestaltung: Bea Winklbauer, byArtwork, Augsburg
www.koenigreichbayern.hdbg.de

Das anlässlich des 200-jährigen Jubiläums der Erhebung Bayerns zum Königreich erarbeitete Internetportal bietet mit über 2500 Bildern, Texten, Quellen und Musikbeispielen, einer Galerie der Denkmale und Erinnerungsorte und vielem mehr einen umfassenden Überblick über die Regierungsepochen der bayerischen Könige von Max I. Joseph bis zu Ludwig III.
Am 1. Januar 1806 wurde Bayern zum Königreich erhoben. Fünf Könige und der Prinzregent Luitpold als Vertreter für den kranken König Otto regierten in dieser Zeit. Am Anfang und am Ende des Königreichs standen Kriege, am Anfang die napoleonischen Kriege, am Ende der Erste Weltkrieg.
Ab 1806 entstand ein »neues« Bayern, dessen Grenzen weitgehend mit den heutigen identisch waren. Der erste bayerische König Maximilian Joseph war noch als Kurfürst von Kurpfalz-Baiern im März 1799 in München eingezogen. Seine Rangerhöhung zum König war eine Folge der Politik des französischen Kaisers Napoleon. Er wollte Bayern zum starken Mittelstaat gegen die habsburgischen Territorien aufbauen.
Voraussetzungen für die Königswürde waren: ein Bündniswechsel Bayerns aus der Koalition mit Österreich an die Seite Frankreichs, vollzogen im Vertrag von Bogenhausen (August 1805) sowie die Heirat der bayerischen Königstochter Auguste Amalie mit dem Stiefsohn Napoleons, Eugène Beauharnais, Vizekönig von Italien.
Mit der Rangerhöhung verbunden waren Gebietsgewinne, die erstmals zu einem geschlossenen bayerischen Staatsgebiet führten. Zudem wurde den bayerischen Herrschern die volle staatliche Souveränität über ihr Territorium zuerkannt. Damit war der Weg für Reformen frei, die das Königreich Bayern zu einem modernen Staatswesen machten. // M. H.

Lit.: Kramer, Ferdinand: Bayerns Erhebung zum Königreich. Das offizielle Protokoll zur Annahme der Königswürde am 1. Januar 1806 (mit Edition), in: Zeitschrift für bayerische Landesgeschichte 68 (2005), S. 815–834; Dunan, Marcel: Napoléon et L'Allemagne. Le Système Continental et Les Débuts Du Royaume de Bavière 1806–1810, Paris 1942; Weis, Eberhard: Montgelas, Bd. 2, München 2005, bes. S. 259–319.

6. Bilder vom alten Handwerk

Christoph Weigel, Abbildung der Gemein-Nützlichen Hauptstände … biß auf alle Künstler und Handwerker, Regensburg 1698
PC-Station, Konzept: Wolfgang Jahn
Bildvorlagen: Deutsches Museum

In über zweihundert Kupferstichen hat Christoph Weigel auf etwa siebenhundert Seiten die Stände und Ämter seiner Zeit festgehalten. Streng hierarchisch beginnt die Folge mit dem Regenten und endet mit dem Totengräber. Der Kupferstecher und Verleger Christoph Weigel hat damit ein grundlegendes Werk zur Handwerksgeschichte geschaffen. Weigel wurde 1654 in Redwitz (Egerland) geboren, erlernte das Goldschmiedehandwerk, war Kupferstecher, Konstrukteur mathematischer Instrumente, Verleger und Buchhändler und Ratsherr in Nürnberg, wo er 1725 starb. Weigel war bedacht auf die Zuverlässigkeit und Anschaulichkeit seines Werkes. So zog er für jedes Handwerk Meister zu Rate. Auch die Aufnahme abgelegener Handwerke und nicht zuletzt der Hinweis auf Recherchen im Ausland sollten für die Güte der Sammlung belegen. Ein Drittel der Bilder stammt von holländischen Kupferstechern, die anderen sind aus der Werkstatt Weigels. Den Figurenbildern der Stände sind »sinnreiche Lehrgedichte« beigegeben. Eine Reihe dieser Gedichte war bereits 1694 in einem holländischen Ständebuch erschienen. Als Übersetzer aus dem Holländischen und als Verfasser der anderen Gedichte ist möglicherweise Samuel Faber (1657–1716), Rektor in Nürnberg und Mitglied des »Pegnitzer Blumenordens«, einer seinerzeit berühmten Sprachgesellschaft, anzusehen. Die Absicht des Dichters ist es, »eine geistig-geistliche Sinngebung zu finden, er nimmt jeden Stand als Gleichnis und Anlass, den Menschen an seine Vergänglichkeit zu erinnern« (M. Wagner). Während seiner Tätigkeit in Wien hatte Weigel wahrscheinlich Abraham a Sancta Clara (1644–1709) kennen gelernt, der 1699, also ein Jahr nach dem Erscheinen des Weigel'schen Werkes, unter dem Titel »Etwas für Alle« ebenfalls ein Ständebuch herausgab. Abraham verwendete dabei die Kupferstiche und Gedichte der Nürnberger Ausgabe und schuf mit seinen Prosatexten ein barockes Erbauungsbuch. // W. J.

Lit.: Handwerk um 1700. Holländische und deutsche Kupferstiche mit Beschreibungen von Christoph Weigel und Betrachtungen von Abraham a Sancta Clara. Ausgewählt und eingeleitet von Margarete Wagner, Hürtgenwald 1985

6. Bilder vom alten Handwerk

7. Das Handwerk im späten 18. Jahrhundert

A) *Manufakturen in Bayern*

Die Wirtschaft in Kurbayern war geprägt von so genanntem freien und verlegten Handwerk, zentralisierte Großbetriebe spielten kaum eine Rolle. In Altbayern etwa existierten in der Zeit von 1740 bis 1833 nur 191 Manufakturen mit rund 4400 Beschäftigten. Manufakturen, in denen mehr als zehn Arbeiter bzw. Handwerker arbeitsteilig und mittels einer zentralen Energieversorgung unter einem Dach produzierten, gab es in Bayern vor allem im Bereich des Luxusgewerbes (Porzellan, Tapeten, Gobelins, Tabak, Strümpfe) und des Militärbedarfs.

6. Bilder vom alten Handwerk

Knapp die Hälfte aller kurbaierischen Manufakturen befanden sich in unmittelbarer Nähe oder in der Residenzstadt München. Nach Lorenz von Westenrieder gab es in München eine Tapetenmanufaktur, eine kurfürstliche Cotton-Manufaktur vor dem Isartor, eine Porcelain-Fabrik in Nymphenburg, eine Strumpf-, eine Tabak-, eine Leder-, eine Gold- und Silberfabrik, eine Zeug-, Karten- und Pinselfabrik.

Eine höhere Dichte an Manufakturen besaßen die neubayerischen Gebiete. Insbesondere in Mittel- und Oberfranken gab es eine Reihe von Manufakturgründungen, die häufig staatliche Unterstützung genossen. Allein in Ansbach-Bayreuth existierten 1806 insgesamt 53 Manufakturen, darunter 16 Tabak-, sieben Drahtmanufakturen und fünf Kattundruckereien. // B. K.

Lit.: Schremmer, Eckart: Die Wirtschaft Bayerns. Vom hohen Mittelalter bis zum Beginn der Industrialisierung, München 1970; Slawinger, Gerhard: Die Manufaktur in Kurbayern. Die Anfänge der großgewerblichen Entwicklung in der Übergangsepoche vom Merkantilismus zum Liberalismus, 1740–1833, München 1964

B) *Industrialisierung vor der Industrialisierung: Der Verlag*

Für bestimmte Produktionsbereiche war das verlegte Handwerk charakteristisch, das bereits viele Aspekte der späteren Industrialisierung aufwies. Im Verlagswesen, das in Form von Heimgewerbe vor allem in der Weberei weite Verbreitung fand, produzierten Handwerker und ihre Familien in drückender Abhängigkeit unter schlechten Arbeits- und Lohnbedingungen. Von einer wirtschaftlichen Autonomie des Handwerkers konnte keine Rede mehr sein.

Verlegtes Handwerk in Form von Heimarbeit und Haushandwerk spielte entgegen landläufiger Meinung nicht nur in der Frühindustrialisierung eine Rolle, sondern hatte bis weit in das 20. Jahrhundert hinein mit dem Entstehen der großen Magazine vor allem für Schreiner, Schneider und Schuhmacher große wirtschaftliche Relevanz. Der Verleger lieferte in der Regel die Rohstoffe, die der Handwerker verarbeitete. // B. K.

Lit.: Kriedte, Peter / Medick, Hans / Schlumbohm, Jürgen: Industrialisierung vor der Industrialisierung. Gewerbliche Warenproduktion auf dem Land in der Formationsperiode des Kapitalismus, Göttingen 1978; Schremmer, Eckart: Standortausweitung der Warenproduktion im langfristigen Wirtschaftswachstum. Zur Stadt-Land-Arbeitsteilung im Gewerbe des 18. Jahrhunderts, in: Vierteljahreshefte für Sozial- und Wirtschaftsgeschichte 59 (1972), S. 1–40; Bettger, Roland: Verlagswesen, Handwerk und Heimarbeit, in: Müller, Rainer A. (Hg.): Aufbruch ins Industriezeitalter, Bd. 2, München 1985 (Veröffentlichungen zur Bayerischen Geschichte und Kultur 4/85), S. 175–184

C) *Die Dachsberg'sche Volksbeschreibung*

Die Dachsberg'sche Volksbeschreibung gehört zu den statistischen Landesbeschreibungen, wie sie an der Wende zum 19. Jahrhundert vorgenommen wurden. Sie ist ein hervorragender Quellenfundus zur Wirtschaftsgeschichte Kurbayerns. Noch von Kurfürst Max III. Joseph veranlasst, ermittelten die Statistiker zwischen 1771 und 1781 Gewerbeverteilung, Gewerbedichte und Gewerbeformen im Kurfürstentum. Das Professionistenwesen wurde für jeden Niedergerichtsbezirk notiert und liefert Angaben über die Art der Gewerbe und die jeweilige Zahl der Meister, Gesellen und Lehrlinge. Die Dachsberg'sche Volksbeschreibung zeigt die regionalen Unterschiede in der Erwerbsstruktur und untermauert beweiskräftig die These von der »Territorialisierung des Gewerbes« mit einem hohen Spezialisierungsgrad der Städte und Märkte, aber auch einer breit gefächerten handwerklichen Palette des flachen Landes. // B. K.

Lit.: Denzel, Markus: Professionen und Professionisten – die Dachsbergsche Volksbeschreibung im Kurfürstentum Baiern (1771–1781), Stuttgart 1998; Denzel, Markus: Statistik der Professionisten im Kurfürstentum Baiern nach der Dachsbergschen Volksbeschreibung (1771–1781), St. Katharinen 1998; Tyska, Carl von: Handwerk und Handwerker in Bayern im 18. Jahrhundert. Eine wirtschaftsgeschichtliche Studie über die bayerische Gewerbeverfassung im 18. Jahrhundert, München 1908

8. Baustelle Neues Bayern

Inszenierung mit Werkzeug und Baumaterial

Entwurf: Fritz Armbruster
Mit freundlicher Unterstützung durch Restaurator Hans Pfister, Heinrichshofen

Unter den Baumeistern des »neuen« Bayern – König Max I. Joseph und Graf Maximilian von Montgelas –, die den Ständestaat des Ancien Régime mittels Reformen zu einem modernen Staatswesen umbauten, der auf den Fundamenten der Aufklärung und den Errungenschaften der Französischen Revolution fußen sollte, veränderte auch die Haupt- und Residenzstadt München ihr Gesicht. Seit im Jahr 1791 die Festungseigenschaft Münchens aufgehoben worden war, prägten Baustellen das Stadtbild. Die Anfangsjahre des Königreichs bescherten München einen regelrechten Bauboom: Innerhalb der Stadtgrenzen gab es im Jahr 1801 nur 1789 Anwesen, zwölf Jahre später waren es bereits 2491. Während Graf von Montgelas München als eine »noch sehr rohe Stadt« bezeichnet hatte, erhob König Ludwig I. den ehrgeizigen Anspruch, dass niemand Deutschland kennen sollte, der München noch nicht gesehen hatte. Dies brachte dem Bau- und Kunsthandwerk in der ersten Jahrhunderthälfte eine Fülle von Aufträgen.

Die Geschichte des Münchner Hofgartens zeigt exemplarisch die turbulenten Entwicklungen vom Umbau des Stände- zum Bürgerstaat. Bereits 1776 wurde der Hofgarten als ehemaliger wittelsbachischer Lustgarten der Öffentlichkeit zugänglich gemacht. Das innerstädtische Areal beherbergte zeitweilig eine Seidenmanufaktur und seit Anfang des 19. Jahrhunderts eine große Kaserne. Leo von Klenze legte 1816 Pläne für das neue Hofgartentor vor, das die Verlängerung der Achse Königsplatz-Karolinenplatz bilden sollte; ein Jahr später wurden Odeonsplatz und Hofgartentor nach diesen Plänen umgestaltet. // B. K.

Lit.: Bauer, Reinhard / Piper, Ernst: Die Geschichte Münchens, München 1993; Buttlar, Adrian von / Bierler-Rolly, Traud (Hg.): Der Münchner Hofgarten. Beiträge zur Spurensicherung, München 1988; Lankes, Christian: München als Garnison im 19. Jahrhundert, Berlin u. a. 1993

9. Das Handwerk zu Beginn des Königreichs

A) *Durchschnittlicher Ertrag eines Münchner Handwerkers im Jahr 1803*

GULDEN PRO JAHR	HANDWERK
75	Zeugmacher
275	Strumpfstricker
385	Drechsler
411	Maler
750	Glaser
824	Schuhmacher
950	Spengler
1020	Uhrmacher
1333	Schäffler
1530	Metzger
2133	Kaminkehrer
2961	Müller
6066	Buchdrucker
8563	Bierbrauer

Quelle: Stadtarchiv München, Gewerbeamt 13, zit. nach Puschner, Handwerk, S. 81

Lit.: Anegg, Ernst: Zur Gewerbestruktur und Gewerbepolitik Bayerns während der Regierung Montgelas, Diss. München 1965; Wiest, Helga: Die Entwicklung des Gewerbes des rechtsrheinischen Bayern in der Frühzeit der deutschen Zolleinigung, Diss. München 1972; Spilker, Ernst Moritz: Bayerns Gewerbe 1815–1965, München 1985; Puschner, Uwe: Handwerk zwischen Tradition und Wandel. Das Münchner Handwerk an der Wende vom 18. zum 19. Jahrhundert, Göttingen 1988

C) *Kapitalbedarf von Handwerkern im Jahr 1815*

(Anegg, Gewerbestruktur, S. 81f. bezieht sich auf Reingruber, J. B.: Über die Natur der Gewerbe, über Gewerbsbefugnisse und Gewerbsfreiheit, Landshut 1815, S. 11–13)

Neben der Schwierigkeit, eine Zulassung für ein Gewerbe zu bekommen, zählte Kapitalmangel zu den hohen Hürden eines Handwerkers. Die notwendige Grundausstattung schwankte beträchtlich je nach Gewerk. Die folgenden Angaben beinhalten die Kosten für den Erwerb oder den Bau des »Gewerbsgebäudes« sowie die Kosten für die »Herstellung der unentbehrlichen Vorrichtungen«.

Glashüttenmeister	15 000 bis 40 000 Gulden
Bierbrauer	10 000 bis 30 000 Gulden
Rotgerber	6 000 bis 20 000 Gulden
Bleicher	2 000 bis 10 000 Gulden
Müller	2 000 bis 10 000 Gulden
Hutmacher	2 000 bis 8 000 Gulden
Hufschmied	2 000 bis 7 000 Gulden
Bäcker	2 000 bis 6 000 Gulden
Schlosser	2 000 bis 6 000 Gulden
Sattler	1 000 bis 3 000 Gulden
Schäffler	1 000 bis 3 000 Gulden
Nadler	1 000 bis 2 000 Gulden
Weber	800 bis 2 000 Gulden
Strumpfwirker	600 bis 1 800 Gulden
Schneider	100 bis 600 Gulden
Schuhmacher	100 bis 600 Gulden

D) *Gewerbevielfalt im Königreich Bayern*

Die Wirtschaft des Königreichs Bayern war nicht nur von der Landwirtschaft bestimmt, sondern wies auch eine beachtliche Gewerbevielfalt auf. Herstellung und Export handwerklicher Produkte ernährte und prägte ganze Dörfer und Regionen. Als Exportartikel besaßen etwa die Textilprodukte aus dem westlichen Altbayern und dem Bayerischen Wald, die so genannten Nürnberger (bzw. Fürther) Waren wie Brillen oder Spiegel, die Lichtenfelser Körbe, die Augsburger Gold- und Silberschmiedearbeiten, die Glasprodukte des Spessarts, des Bayerischen und Oberpfälzer Waldes oder die Musikinstrumente aus Mittenwald und Füssen überregionale Bedeutung. Neben Textilien war Bier eines der wichtigsten bayerischen Ausfuhrprodukte. Diese beiden ursprünglich handwerklichen Bereiche wurden relativ rasch von der Industrialisierung erfasst. Die Bierbrauerei, die Ignaz Rudhart als das »eigentliche Haupt- und Nationalgewerbe« ausmachte, von Kreittmayr auch als das »fünfte Element« in Bayern bezeichnet, besaß große volkswirtschaftliche Bedeutung. // B. K.

Lit.: Pohl, Hans (Hg.): Gewerbe- und Industrielandschaften vom Spätmittelalter bis ins 20. Jahrhundert, Stuttgart 1986; Schremmer, Eckart: Die Wirtschaft Bayerns. Vom hohen Mittelalter bis zum Beginn der Industrialisierung, München 1970; Bavaria, Landes- und Volkskunde des Königreichs Bayern bearbeitet von einem Kreise bayerischer Gelehrter, 5 Bde., München 1860–1876; Rudhart, Ignaz von: Ueber den Zustand des Königreich Baierns nach amtlichen Quellen, 3 Bde., Stuttgart 1826/27, hier Bd. 2

10. Bilder vom Handwerk um 1800

Voit, Johann Peter: Faßliche Beschreibung der gemeinnützlichsten Künste und Handwerke für junge Leute, 2 Bde., 3. verbesserte u. vermehrte Auflage Nürnberg 1804
PC-Station, Konzept: Wolfgang Jahn
Bildvorlagen: Deutsches Museum

Johann Peter Voit war »Oberpfarrer und Professor der Theologie an dem Gymnasium zu Schweinfurt, desselben und aller Schulen daselbst Inspector, wie auch des Königl. Preussischen Instituts der Moral und schönen Wissenschaft zu Erlangen ordentliches Mitglied«. In der Einleitung beschreibt Voit die Krise des Handwerks, da sich viele Handwerker auf dem Land niederließen, Lehrbuben und Gesellen annähmen und so den Handwerkszünften in den Städten Konkurrenz machten. »Das alte Sprichwort: Jedes Handwerk hat einen goldenen Boden, scheint heut zu Tage immer mehr zu veralten«, woran besonders die Konkurrenz der Fabriken und Manufakturen schuld trage.
Im Vorbericht des ersten Bandes, verfasst in Schweinfurt am 16.5.1788, skizzierte Voit sein pädagogisches Programm. Seine Intention ist eine Art Schulreform für den Unterricht von Knaben, um das bisherige System des schematischen Auswendiglernens vor allem in lateinischer Sprache zu verbessern. »Aber wie anziehend für Knaben müsste nicht auch eine kurze Unterweisung in den gewöhnlichsten mechanischen Künsten und Handwerken seyn?« Die Lehrer sollen dadurch in die Lage

versetzt werden, den Schülern historische Kenntnisse der wichtigsten oder bekanntesten Künste und Handwerke zu vermitteln, auch um auf einen späteren Beruf vorzubereiten. Voit forderte die Lehrer auch auf, mit den Schülern die Werkstätten der Handwerker zu besuchen, um sie besser auf eine spätere Lehre vorzubereiten.
Das Buch war sowohl für Lehrer und Schüler konzipiert, wie Voit in seiner Vorrede ausführt. Den Lehrern sollte es die Mühen des Exzerpierens aus manchmal weitschweifigen Werken ersparen, die Schüler sollten sich informieren können und so motiviert werden, sich für die Arbeit von Künstlern und Handwerkern zu interessieren.
Als didaktische Hilfsmittel verwendete Voit kolorierte Stiche, weil sie den Kindern mehr Vergnügen bereiteten und Antrieb zum Fleiß seien. Die Vorlagen für die einzelnen Handwerksberufe stammen aus Nürnberger Werkstätten, dort wurden sie vor Ort gezeichnet und dann in Kupfer gestochen. Auch die textlichen Beschreibungen wurden mithilfe von Nürnberger Künstlern und Handwerkern erstellt. Der erste Band umfasste 56 kolorierte Kupferstiche mit jeweils einigen Seiten Erläuterungen des Handwerks und der Werkzeuge und Techniken, der zweite Band 40 kolorierte Kupferstiche mit dem gleichen textlichen Aufbau.
Offensichtlich hatte Voit mit seiner Publikation großen Erfolg, da 1804 bereits die dritte Auflage erschien. Unter den geänderten politischen Bedingungen, Schweinfurt war 1803 Bayern zugesprochen worden, lobte er die neue Regierung für ihren Eifer für Gelehrsamkeit, Künste und Wissenschaft. Ein Bedarf für seine Werke sei schon deshalb vorhanden, weil immer weniger junge Leute studierten und »mehr zu den mannigfaltigen Zweigen des bürgerlichen Lebens« übergingen. // W. J.

10. Bilder vom Handwerk um 1800

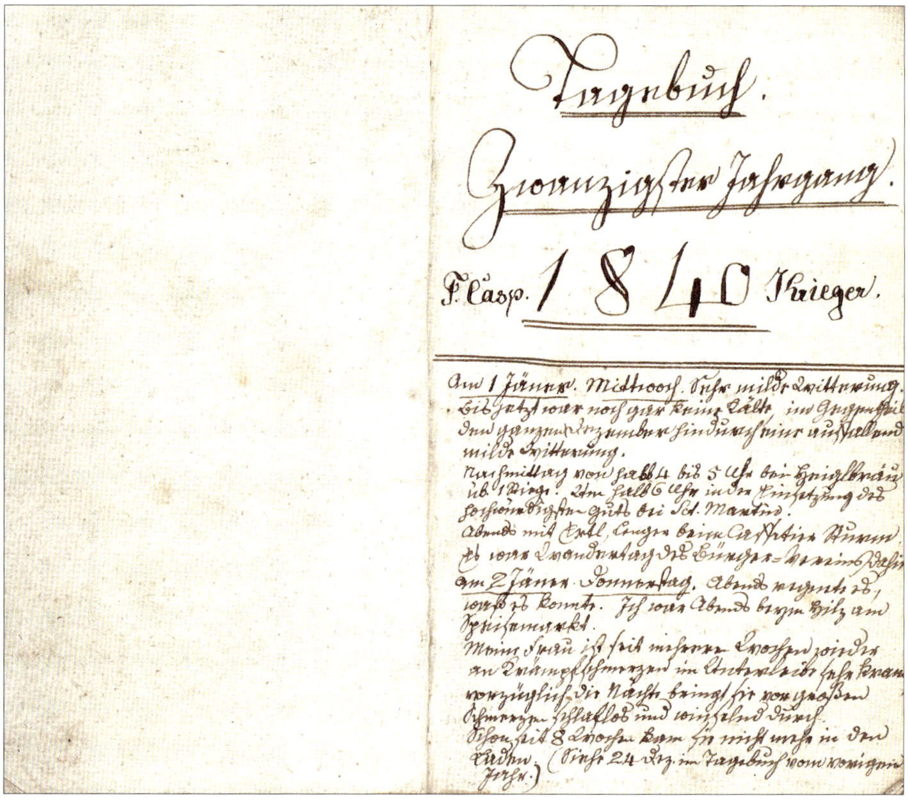

11. Aus dem Tagebuch des Handwerkers Franz Kaspar Krieger in Landshut zum Jahr 1840

11. Landshuter Biedermeier

Aus dem Tagebuch des Handwerkers Franz Kaspar Krieger in Landshut zum Jahr 1840

[23. März: K. muss wegen eines Kopfleidens den Wirtshausbesuch streichen und darf laut Arzt nur zwei Halbe Bier pro Tag trinken.]
Handschrift / Papier, 16,5 x 11 x 1,3 (R)
Stadtarchiv Landshut (Band 507)

Landshut repräsentierte trotz seiner immerhin 8000 Einwohner den Typus der ökonomisch wenig dynamischen altbayerischen Ackerbürgerstadt (Rode), deren Führungsschicht bis weit ins 19. Jahrhundert nicht nur in der Frage der Gewerbefreiheit vorindustriellen Normen verhaftet blieb. Auch Alltag und Freizeit verweigerten sich der modernen Leistungsethik. Der Handwerksmeister Franz Kaspar Krieger, ein »Bortenmacher« (Posamentierer) aus Vilshofen und seit 1818 Landshuter Bürger, verbrachte im Jahr 1825 jedenfalls 333 (!) von 365 Abenden im Wirtshaus und noch mit 75 Jahren widmete der Mitinitiator des 1827 gegründeten »Bürgervereins« täglich vier bis sechs Stunden dem Bier unter Freunden. Den über fünfzig überlieferten Jahrgängen seines Tagebuchs von 1821 bis 1872 verdanken wir Informationen über Tagesablauf, Ehealltag, Geselligkeit und Frömmigkeitspraxis, vor allem aber über das erstaunlich differenzierte wie extensive Freizeitverhalten eines sich weiterhin traditional-altständisch definierenden Stadtbürgertums. // T. G.

Lit.: Egner, Heinrich: Gewerbe im Umbruch. Landshuter Gewerbeverein. Die frühen Jahre 1846–1868. Zum 150. Jubiläum hg. vom Gewerbeverein Landshut und Umgebung, Landshut 1997; Beck, Robert: Les divertissements quotidiens d'un citoyen bavarois au XIXe siècle, in: Ders. / Madoeuf, Anna (Hg.): Divertissements et loisirs dans les societés urbaines, Tours 2005 ; Herzog, Theo: Landshut im 19. Jahrhundert, 2. Aufl., Landshut 1994 [1969]; Rode, Jörg: Der Handel im Königreich Bayern um 1810, Stuttgart 2001 (Studien zur Gewerbe- und Handelsgeschichte der vorindustriellen Zeit 23); Tausche, Gerhard: Aufbruch ins Industriezeitalter, in: Weitberühmt und vornehm… Landshut 1204–2004. Beiträge zu 800 Jahren Stadtgeschichte, hg. von der Stadt Landshut, Landshut 2004, S. 349–356

12. Ingolstädter Biedermeier

Aus dem Tagebuch des Handwerkers Johann Michael Berthold in Ingolstadt zum Jahr 1833

5. Juli »Übereinkunft mit dem leidigen Kasquet Wachs Fabrikanten Weigl, ihn looß zu bringen kaufte ich ihm fast seinen ganzen Vorrath ab.« [Es geht wohl um ein Lederpflegemittel für die Raupenhelme (Kaskette), das Berthold wegen der Soldaten der umfangreichen Garnison in seinem Warenangebot führt.]
19. August: »In unseres [Sohnes] Karls Prüfung geweßt, wobei er der erste wurde, aber darauf durch zu ville Bratwürsteln krank wurde«
8. September »Wegen unleidlichen Zahnschmerzen ließ ich mich durch Herrn Neureuther elektrisieren«
24. September »Der abscheulichen Wahl des Magistrats und Gemeinde Bevollmächtigten beigewohnt, wobei sich die schändlichsten Umtriebe sich zeigten«
27. September »Mit Oberst Becker und Oberst Baron von Zandl bei Weinberger abends von 8 bis 11 Uhr eine Menge ächten Madeira Wein getrunken« [Becker war als Ingenieuroffizier am Bau der neuen Ingolstädter Festungsanlagen beteiligt.]
2. bis 8. Oktober »Vill Verdruß mit Gaimersheim und umliegenden Kirchen, wegen schändlichsten Umtrieben des [konkurrierenden] Lebzelters Schwarz in Neuburg«

Handschrift / Papier (R)
Stadtarchiv Ingolstadt (A XXII, 115)

Das Tagebuch, das der Ingolstädter Lebzelter, Wachszieher und Pfandhausbetreiber Johann Michael Berthold (1780–1855) von 1801/07 bis 1843/47 ununterbrochen geführt hat, enthält auf 73 eng beschriebenen Seiten eine Fülle von Eintragungen, die für die Familiengeschichte der Bertholds genauso wie für die Sozial- und Wirtschaftsgeschichte der Stadt Ingolstadt in der ersten Hälfte des 19. Jahrhunderts von großem Interesse sind. Berthold notierte, was ihm wichtig schien, zunächst in einer »Geheimschrift« in Kalender und auf separate Notizzettel. Dafür verwendete er griechische Buchstaben (soweit vorhanden). Diese Geheimnotizen übertrug er später in normaler Schrift in das Tagebuch. Allerdings sind die mehr-

12. Aus dem Tagebuch des Handwerkers Johann Michael Berthold in Ingolstadt zum Jahr 1833

13. B) Katasterblatt Wessobrunn

mals von ihm erwähnten »Kalender« verloren gegangen. Seine Eintragungen versah Berthold mit winzigen Marginalzeichnungen mit Bezug auf das erwähnte Ereignis. Er führte das Tagebuch, das mit seiner Gesellenwanderschaft beginnt, eigenhändig bis zum Jahr 1843. Für die folgenden vier Jahre haben sich die Geheimnotizen erhalten, die dann von anderer Hand nachgetragen wurden. Das Tagebuch endet mit einem Eintrag über eine mehrtägige Rundreise im August 1847. Für die Zeit danach bis zum Tod Bertholds haben sich keine Aufzeichnungen oder Tagebucheinträge erhalten. // F. O.

Lit.: Denkmäler in Bayern, Stadt Ingolstadt, Bd. 2.; Kuhn, Hanns: J. M. Berthold und sein Tagebuch, in: Sammelblatt des Historischen Vereins Ingolstadt 52 (1933), S. 15–50; Ausführliche Biografie Bertholds in: Ohorn, Falk: »In der Fremde will ich lernen« – Biografien bayerischer Handwerker im 19. und 20. Jahrhundert, München 2006

13. Das Neue Bayern wird vermessen – Wandel der Topografie am Beispiel Wessobrunn

A) *Lithografiestein der Gemarkung der Gemeinde Wessobrunn*

graviert 1864; letzte Änderung 1922
Solnhofer Kalkstein, 58 x 58,5 x 6,5, 70 kg
Landesamt für Vermessung und Geoinformation, München
(SW XIII.18)

B) *Katasterblatt Wessobrunn*

Blatt S.W. 13–18 der Uraufnahme vom Jahr 1810 (R)
Landesamt für Vermessung und Geoinformation, München

C) *Aktuelle Luftbildaufnahme von Wessobrunn*

Digitale Orthofotografie (R)
Landesamt für Vermessung und Geoinformation, München

Bis zum Beginn des 19. Jahrhunderts war der Kupferstich das einzige Verfahren zum Druck von Landkarten. Auf dem Weg zu einem zentralisierten und reformierten Staatswesen, dessen Haupteinnahmequelle die Grund- und Gebäudesteuer war, war eine grundlegende Neuvermessung der einzelnen Grundstücke und eine zuverlässige topografische Karte des bayerischen Territoriums vonnöten. Das 1801 gegründete »Topographische Bureau« hatte die Aufgabe, ein ganzes Land und Millionen Grundstücke zu vermessen. Nur durch eine exakte Vermessung (Kat.-Nr. 18, 23 und 26) konnte der tatsächliche Flächeninhalt eines Grundstücks so ermittelt werden, dass er die Grundlage für eine gerechtere Besteuerung bildete.
Für die zu erwartenden 20 000 Flurkarten war die Verwendung von Kupferstichen zu unflexibel, da notwendige Korrekturen infolge Grundstücksveränderungen immer in der Druckvorlage korrigiert werden mussten. Das von Alois Senefelder (1771–1834) erfundene Steindruckverfahren, die Lithografie, war für diese Zwecke wesentlich geeigneter. Bei diesem Flachdruckverfahren, das auf dem Prinzip der Abstoßung von Fett und Wasser beruht, wurden von den schwarz gefärbten erhabenen Stellen eines Steins Abdrucke erstellt. Das Verfahren eignete sich auch zur preisgünstigen Herstellung von amtlichen Drucksachen und wurde auch für künstlerische Zwecke entdeckt. 1809 wurde Senefelder als Königlicher Inspektor der neu eingerichteten »Lithographischen Anstalt« in München berufen. In einem exakten Arbeitsablauf wurden zunächst die Grenzlinien der Grundstücke und Gebäude in den Stein graviert, dann die Grundstücksflächen mit den Symbolen für Gärten, Wiesen, Wälder, Gewässer etc. ausgefüllt, die Gebäude wurden schraffiert dargestellt. Dann wurde die Beschriftung angebracht. Obwohl die Platten mit 60 bis 80 Kilogramm ein hohes Gewicht haben und beim Druckvorgang die Gefahr des Zerbrechens besteht, überwogen aufgrund der Schnelligkeit des Druckens und den nachträglichen Korrekturmöglichkeiten bis in das 20. Jahrhundert die Vorteile dieses Verfahrens. Der letzte Stein wurde noch 1960 graviert.
Die »Steinbibliothek« des Landesamts für Vermessung und Geoinformation in München enthält über 26 000 Drucksteine. Sie ist in diesem Umfang weltweit einmalig und steht seit 1980 unter Denkmalschutz. // W. J.

Lit.: Seeberger, Max unter Mitarbeit von Frank Holl: Wie Bayern vermessen wurde, Augsburg 2001 (Hefte zur Bayerischen Geschichte und Kultur 26)

14. Werkzeuge für das Stuckatorhandwerk

Sechs verschiedene Formwerkzeuge für Stuck, 1. Hälfte 18. Jahrhundert

Zuschreibung: Werkstatt des Johann Baptist Zimmermann
Gezahnter Grundkratzer, gebogenes Modelliereisen, Lanzette mit Grundschaber, zwei Löffellanzetten, Löffelspatel, Eisen, geschmiedet, L. bis zu 30
Restaurator Hans Pfister, Heinrichshofen

Johann Baptist Zimmermann (1680–1755) war mit seinem Bruder Dominikus (1685–1766) zweifellos einer der größten unter den Meistern des Stuckatorenhandwerks, die im Wessobrunn des 17. und 18. Jahrhunderts ihre Wurzeln hatten. Geboren in der Hofmark des Klosters, erlernte Johann Baptist das Handwerk wohl bei seinem Vater. Das Werkverzeichnis des auch als Maler tätigen Johann Baptist Zimmermann füllt eine fast nicht enden wollende Liste.
Neben den so genannten Stuckschlitten für das gleichmäßige Ziehen längerer Bänder und aus Hartholz geschnitz-

»RUHMESHALLE« DES BAYERISCHEN HANDWERKS

Die Ruhmeshalle, erbaut in München zwischen 1843 und 1853, ist nicht nur ein Zeugnis der Kulturpolitik König Ludwigs I., sondern zugleich eine Manifestation der der technischen Innovation Bayerns. Denn mit der 1850 enthüllten »Bavaria« schufen bayerische Handwerker die erste seit der Antike vollendete Monumentalplastik der Welt. Bereits 1846 erhielt eine Büste Joseph von Fraunhofers, eines Pioniers der modernen Optik, ihren Platz in der Ruhmeshalle. Fraunhofer folgten 1849 der überragende Ingenieur Georg von Reichenbach und 1856 der Physiker Georg Simon Ohm, dessen Name weltweit als elektrische Maßeinheit zum Begriff geworden ist.

Fraunhofer – Reichenbach – Ohm: Mit diesen Namen verbinden sich mannigfaltig Linien der Entwicklung Bayerns und seines Handwerks: Joseph Fraunhofer (1787–1826) begann seinen Berufsweg als Glasschleifer, Georg von Reichenbach (1771–1826) als Mechaniker und Georg Simon Ohm (1789–1854) als Schlosser.

Die Umbruchsituation, die alte Zunftschranken abbaute und zugleich neue technische Bedürfnisse anmeldete, begünstigte die Karriere dieser Persönlichkeiten, zu denen man im weiteren Umkreis beispielsweise die Optiker und Mechaniker Josef Liebherr, Georg Merz, Traugott Lebrecht Ertel oder Maximilian Wöhrle, dann Joseph von Baader, der 1806 eine Eisenbahn in Schloss Nymphenburg anlegte, den Lithografen Alois Senefelder oder den Handwerker Josef Settele, der 1809 in München den ersten elektrischen Telegrafen der Welt, eine Erfindung des Wissenschaftlers Thomas Soemmering, realisierte. Abgeschnitten von England – der Heimat der Spitzentechnik – durch die Kontinentalsperre gegen Napoleon, war das junge Königreich Bayern gezwungen, seine Chancen auf dem Gebiet der Wissenschaft und Technik konsequent zu nutzen.

Das »neue Bayern« konnte sich auch auf das technische Erbe des 18. Jahrhunderts stützen. Nicht nur in der Haupt- und Residenzstadt München, sondern auch in ehemaligen Reichsstädten wie Nürnberg, Augsburg oder Memmingen, dann in vormals geistlichen Residenzen wie Eichstätt oder Passau und nicht zuletzt im Umfeld oder im noch vorhandenen Netzwerk aufgehobener Klöster wie Benediktbeuern arbeiteten Handwerker auf hohem Niveau. Im Gegensatz zur Zeit des Alten Reichs, in der das einheimische technisch orientierte Handwerk, angesichts der zahlreichen Technikimporte, nur bescheidene Aufträge zumeist für die Studienkabinette einiger weniger Gelehrter erhalten hatte, wuchs nun der Bedarf an handwerklich und auch schon vorindustriell gefertigten technischen Produkten erheblich. Neben dem Bedarf der bayerischen Armee war vor allem das sowohl in Quantität wie in Qualität gewaltige Projekt einer exakten Erfassung der Topografie des Landes ein Motor der technischen Entwicklung. Neue und gerechtere Grundsteuerkataster, eindeutig fixierte Forst- und Verwaltungsgrenzen, Straßen-, Kanal- und schließlich Eisenbahnbau, Berg- und Hüttenwesen erforderten eine Vielzahl hochwertiger optischer und feinmechanischer Instrumente. Hatte man solche Geräte zuvor importiert, so fertigte man nun – dank tatkräftiger Männer an der Schnittstelle zwischen handwerklicher Praxis, Grundlagenforschung und wirtschaftlicher Weitsicht, wie der des Geheimrats Utzschneider – im eigenen Land. So stand Bayern am Ende der Regierungszeit von König Max I. Joseph auf etlichen Gebieten von Wissenschaft und Technik durchaus auf einer Stufe mit Großmächten wie England und Frankreich. Als ein Symbol hierfür mag jenes große astronomische Fernrohr aus Münchner Fertigung nach Plänen Fraunhofers stehen, mit dem der Planet Neptun entdeckt wurde.

Weniger die oft angeführte Skepsis König Ludwigs I., den gleich dem Zeitgenossen Goethe das neue Maschinenzeitalter ängstigte, sondern wohl eher schlicht der Mangel an Steinkohle und damit die geringe Zahl von Dampfmaschinen führte zur späten Industrialisierung des rechtsrheinischen Bayern, einmal abgesehen von den Wirtschaftsmetropolen Augsburg und Nürnberg. Damit jedoch blieb etwa der Landeshauptstadt langfristig nur die Alternative, ihre wirtschaftliche Basis auf die Herstellung hochwertiger Produkte in handwerklicher Fertigungstiefe zu konzentrieren.

Als gelungenes Beispiel aus der Zeit von König Max II. – im Kontrast zu dem tragischen Erfinderschicksal eines Wilhelm Bauer, des bayerischen Pioniers der Unterwassertechnik, dessen Plänen die Umstände der Zeit stets politische und materielle Fesseln auferlegten – mag der lange und erfolgreiche Weg der Münchner Firma des Carl August von Steinheil stehen. Persönlich, im Gegensatz zu Wilhelm Bauer, ohne eigene handwerkliche Praxis, bedurfte das technische Multitalent Steinheil der Hilfe von hervorragenden Handwerkern zum Bau seiner Erfindungen auf dem Gebiet der Mess- und Elektrotechnik und vor allem auf dem Feld der Fotografie.

Der schon in der ersten Hälfte des 19. Jahrhunderts in vielen Teilen eher notgedrungen beschrittene Weg, hochwertiges und zugleich äußerst flexibles Handwerk zu betreiben, blieb langfristig gegenüber der Schwerindustrie sogar erfolgreicher. Er wirkt in gewissem Sinne noch auf die positive Entwicklung des Münchner Umlandes zu einer Technologieregion, denn bis auf den heutigen Tag bedürfen die Ideen eines Wissenschaftlers zur Umsetzung in seine Modelle, Prototypen und Kleinserien stets gut ausgebildeter, findiger und engagierter Handwerker.

// Christian Lankes

Lit.: Hundert Jahre Technische Erfindungen und Schöpfungen in Bayern. Jahrhundertschrift des Polytechnischen Vereins in Bayern, München/Berlin 1922; Brachner, Alto: Mit den Wellen des Lichts. Ursprünge und Entwicklung der Optik im süddeutschen Raum, München 1987; Fischer, Manfred: Ruhmeshalle und Bavaria. Amtlicher Führer, München 1972; Rollwagen, Walter: Joseph von Fraunhofer – Deutsches Museum. Abhandlungen und Berichte 44 (1976); Zenneck, Jonathan: Georg Simon Ohm – Deutsches Museum. Abhandlungen und Berichte 11 (1939); Zorn, Wolfgang: Bayerns Gewerbe, Handel und Verkehr 1806–1970, in: Handbuch der Bayerischen Geschichte, begr. von Max Spindler, hg. von Andreas Kraus, Bd. 4/2, München 1975, S. 782–845

16. Die Kuchenreuter – Handwerkerdynastie in der Oberpfalz

A) *Steinschlosspistole*

Josef Anton Kuchenreuter (1789–1866)
Regensburg, nach 1810
Stahl, Eisen, Holz, 17 x 40 x 4, 0,7 kg

B) *Steinschloss für Pistole*

Werkstatt Kuchenreuter
Stahl, Eisen, 15 x 9 x 8

C) *Kugelzange für Pistole*

Werkstatt Kuchenreuter
Eisen, 16 x 15 x 4
Familie Kuchenreuter, www.kuchenreuter.de

An der Schwelle zum 19. Jahrhundert arbeiteten im Umfeld der Residenzen und der Reichsstädte oft Handwerker von hohem Rang. Ein Beispiel hierfür ist die Familie Kuchenreuter. Seit 1695 sind Angehörige dieser Handwerkerdynastie als Büchsenmacher tätig und seit dem 18. Jahrhundert auch international bekannt. Der »Immerwährende Reichstag« zu Regensburg mit den zahlreich und ständig in der Reichsstadt logierenden Standespersonen aus ganz Europa bot für handwerklich hochwertige Erzeugnisse einen idealen Absatzmarkt. Katholische Handwerker hatten ihr Bürgerrecht außerhalb des protestantischen Regensburg, so auch die Kuchenreuter im kurbayerischen Stadtamhof und in Steinweg. Im Jahr 1825 begründete Michael Kuchenreuter (1798–1862), Büchsenmachergeselle und Feilenhauer, durch die Ehe mit einer Meisterswitwe in Cham den dort heute noch blühenden Zweig der Familie. Im Gegensatz zur Chamer Werkstatt, die für ihre Jagdwaffen bekannt wurde, fertigten die Kuchenreuter in den unruhigen Zeiten um 1800 für anspruchsvolle Privatleute vor allem Pistolen. Die Steinschlosspistolen genossen hohes Ansehen in ganz Europa wegen ihrer feinmechanischen Präzision (insbesondere des leichtgängigen Abzugs), der Treffgenauigkeit und Langlebigkeit; die ausgestellten Gegenstände sind im Alter von rund 200 Jahren noch immer voll funktionsfähig. Das wichtigste Werkzeug eines Büchsenmachers, außer Laufziehbank und Schraubstock, war die Metallfeile – und dazu viel Geduld. Erst im Jahr 1912 hielt in der Kuchenreuter'schen Werkstatt eine fußbetriebene Drehbank ihren Einzug, wie sie Georg von Reichenbach bereits um 1800 für die staatliche Gewehrfabrik in Amberg konstruiert hatte (vgl. Kat.-Nr. 22a). // C. L.

16. B) Steinschloss für Pistole

Lit.: Götschmann, Dirk: Die Kuchenreuter und ihre Zunftgenossen. Das Oberpfälzer Büchsenmacherhandwerk von seinen Anfängen bis um 1850, Regensburg 1991; Jobst, Hans-Peter: Gütesiegel »Säbelschwingender Reiter«. Die Oberpfälzer Büchsenmachertradition der Kuchenreuter (wiss. Zulassungsarbeit an der Universität Regensburg 2002)

17. Johann Anton Wiesenpaintner – Mechanikus in Eichstätt

Apparat zur Demonstration des Reflexionsgesetzes beim Stoß

Johann Anton Wiesenpaintner
Eichstätt, 1797
Holz, Messing, 105 x 54 x 30, 6,8 kg
Deutsches Museum (1432)

Zu Beginn des 18. Jahrhunderts erschienen die ersten Lehrbücher der Physik, in denen einfache (Vorführ-)Experimente breiten Raum einnahmen. Die darin abgebildeten Apparate wurden oft von lokalen Instrumentenmachern für den regionalen Bedarf nachgebaut und modifiziert. Sie wurden in höheren Schulen und Universitäten, gelegentlich auch von interessierten Privatpersonen, eingesetzt. Die materielle Ausfertigung, zum Beispiel die verwendeten Materialien oder Verzierungen, richtete sich nach dem Käufer.

Johann Anton Wiesenpaintner fertigte eine Reihe solcher Demonstrationsapparate an, unter anderem für die Bay-

> > ... ...

20.A) Georg von Reichenbach

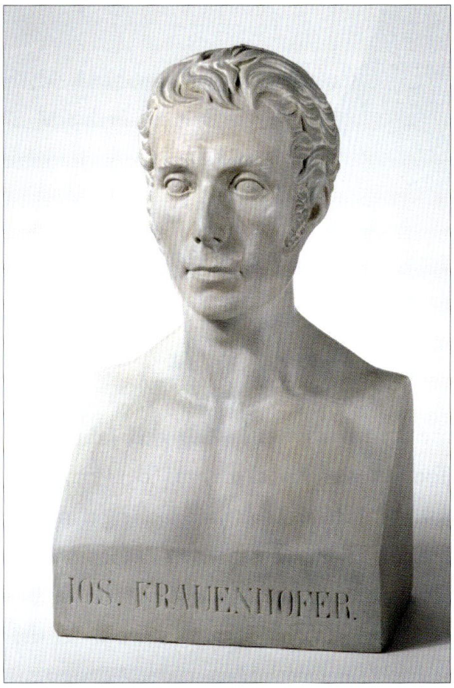

20.B) Joseph von Fraunhofer

20. Von der Werkbank in die Ruhmeshalle

A) *Georg von Reichenbach (1771–1826)*

Joseph Heinrich Kirchmayer (1773–1845)
Büste, Gips, 57 x 33 x 25
Deutsches Museum, Archiv (BU 178)

Georg von Reichenbach gehörte zu den angesehensten Ingenieuren und Mechanikern seiner Zeit. Wichtige Impulse für seine späteren Arbeiten erfuhr der junge Reichenbach auf einer Studienreise in England im Jahr 1791. Sein Reisetagebuch enthält detaillierte technische Zeichnungen, die beispielsweise vom Besuch der Watt'schen Dampfmaschinenfabrik in Soho zeugen. Um 1800 begann Reichenbach als kurfürstlich bayerischer Offizier mit der Entwicklung einer Kreisteilmaschine, die gemeinsam mit Joseph Liebherr um 1802 vervollkommnet wurde. 1804 gründeten Reichenbach, Liebherr und Joseph von Utzschneider das Mathematisch-Mechanische Institut in München. Aus der Kooperation der Handwerker und Wissenschaftler entstand eine Vielzahl optischer, astronomischer und geodätischer Instrumente höchster Qualität, die international Standards setzten in der feinmechanischen Technik.
Zu den herausragenden Leistungen Reichenbachs zählen der Bau der Soleleitung nach Rosenheim (1810) und die Konstruktion der Wassersäulenmaschine bei Berchtesgaden (1817). Durch seine Mitgliedschaft und Gutachtertätigkeit im Polytechnischen Verein Bayerns trug Reichenbach maßgeblich zur Förderung des Handwerks, der Technik und der Industrie in Bayern bei. // M. P.

Lit.: Brachner, Alto: Joseph von Fraunhofer, 1787–1826. Ausstellung zum 150. Todestag, hg. vom Deutschen Museum, München 1976; Deutsches Museum, Archiv, NL 033; Deutsches Museum, Archiv, HS 6168

B) *Joseph von Fraunhofer (1787–1826)*

Unbekannter Künstler
Büste, Gips, 57 x 33 x 25
Deutsches Museum, Archiv (BU 076)

Joseph Fraunhofer lernte im väterlichen Meisterbetrieb in Straubing die Grundlagen der Glaserei. Im Jahr 1798

wurde er Vollwaise. Daraufhin ging er nach München und begann eine Lehre bei dem Spiegelmacher Philipp Anton Weichselberger (1799). 1801 wurde Fraunhofer beim Einsturz des Hauses seines Lehrherrn verschüttet, konnte jedoch unverletzt geborgen werden. Durch dieses Ereignis lernte er den bayerischen Kurfürsten Maximilian IV. Joseph und späteren König Max I. Joseph und den Fabrikanten Joseph von Utzschneider kennen, die zu seinen wichtigsten Förderern wurden. Zunächst ermöglichten sie ihm, seine rudimentäre Schulbildung nachzuholen.
1806 trat Fraunhofer in die optische Abteilung des Mathematisch-Mechanischen Instituts von Reichenbach, Utzschneider und Liebherr ein. 1807 wurde die optische Werkstätte von München nach Benediktbeuern verlegt, Fraunhofer übernahm nun die Position des Werkmeisters und modernisierte die Arbeitsabläufe des Betriebs. 1809 trat er der Leitung des Instituts bei, das nun umbenannt wurde in »Optisches Institut von Utzschneider, Reichenbach und Fraunhofer«.
Durch seine experimentelle Arbeitsweise, sein handwerkliches Können und seine wissenschaftlichen Kenntnisse gelangen Fraunhofer grundlegende Neuerungen in der Glasherstellung und der Konstruktion optischer Geräte. So verbesserte er etwa die Poliermaschinen und erzielte dadurch wesentlich präzisere Ergebnisse als durch die bisherigen Verfahren des Polierens von Hand. Bedeutend war Fraunhofers Entdeckung der später nach ihm benannten dunklen Linien im Sonnenspektrum (um 1811), die eine wesentliche Grundlage für die Berechnung optischer Instrumente waren. Die Entwicklung der optischen Industrie in Deutschland beruht maßgeblich auf den Entdeckungen Joseph von Fraunhofers.
In Anerkennung seiner wissenschaftlichen Verdienste wurde Fraunhofer zum Mitglied der Bayerischen Akademie der Wissenschaften (1817) und später zum Titularprofessor (1819) ernannt. 1821 erhielt er die Ehrendoktorwürde der Universität Erlangen und trat 1823 dort eine Stelle als besoldeter Professor an. 1824 wurde Fraunhofer in den Adelsstand erhoben. Fraunhofer starb im Jahr 1826 an den Folgen einer Tuberkulose-Erkrankung. // M. P.

Lit.: Brachner, Alto: Joseph von Fraunhofer, 1787–1826. Ausstellung zum 150. Todestag, hg. vom Deutschen Museum, München 1976; Matschoß, Conrad: Männer der Technik, Berlin 1925

20.c) Georg Simon Ohm

c) *Georg Simon Ohm (1789–1854)*

Theodor Georgii (1883–1963)
München, 1941/42
Marmorrelief, Ø ca. 56, H. ca. 10
Deutsches Museum, Archiv (BU 166)

Georg Simon Ohm war einer der bekanntesten Physiker der ersten Hälfte des 19. Jahrhunderts. Den ersten Unterricht in Mathematik und Physik erhielt er von seinem Vater, der Schlossermeister an der Universität Erlangen war. Nach kurzem Studium in Erlangen war Ohm zunächst als Mathematik-, später auch als Physiklehrer an verschiedenen Orten tätig. Im Jahr 1811 wurde er, ebenfalls an der Universität Erlangen, promoviert. Während seiner Lehrtätigkeit entwickelte Ohm zunehmendes Interesse an experimenteller Physik. Daraus resultierte die Entdeckung des, später »Ohm'sches Gesetz« genannten, Zusammenhangs von Stromstärke, elektrischer Spannung und Widerstand (1826). Die Relevanz dieser Entdeckung für die Entwicklung der Elektrizitätslehre, der Starkstromtechnik und der elektrischen Messtechnik blieb in der Wissenschaft lange Zeit heftig umstritten. Erst in den 1830er-Jahren wurde Ohm national und international Anerkennung für seine Entdeckung gezollt. 1833 erhielt er eine Professur an der Polytechnischen Schule in Nürnberg, deren Direktor er 1839 wurde. 1849 wechselte Ohm an die Münchner Universität, zunächst als außerordentlicher, ab 1852 als ordentlicher Professor für Experimentalphysik. // M. P.

Lit.: Teichmann, Jürgen: Georg Simon Ohm, in: Neue Deutsche Biographie, Bd. 19, Berlin 1999; Nürnberger, Bernd (Hg.): Georg Simon Ohm. Nachgelassene Schriften und Dokumente, Erlangen 2002

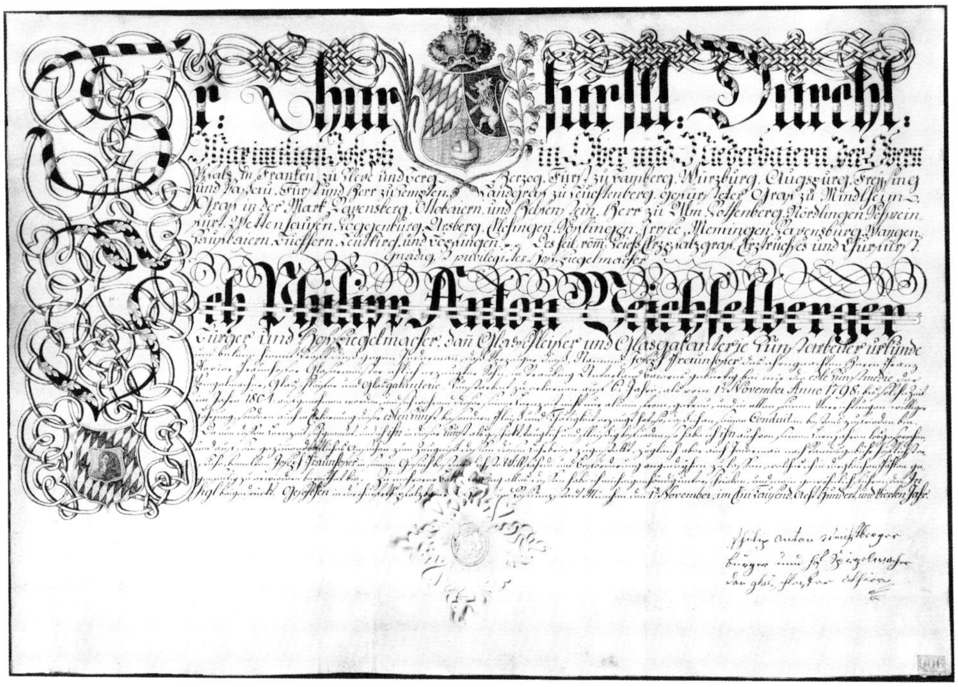

21. Lehrbrief (Gesellenurkunde) für Joseph Fraunhofer

21. Handwerk und Technik in München

Joseph von Fraunhofer

Lehrbrief (Gesellenurkunde) für Joseph Fraunhofer, ausgestellt von seinem Lehrherrn Johann Philipp Anton Weichselberger in München, 1. November 1804
Handschrift (R)
Deutsches Museum

Joseph Fraunhofer absolvierte bei Weichselberger – »Bürger und Hofspiegelmacher, dann Glasschleifer und Glasgalanteriekunstarbeiter« – in München eine sechsjährige Lehrzeit von 1798 bis 1804.

Preislisten für optisch-feinmechanische Instrumente

A) »Verzeichnis der Mathematischen Instrumente welche in dem Reichenbach'schen mathematisch-mechanischen Institute T. Ertel & Sohn in München um beigesetzte Preise verfertigt werden«, um 1849
Druck (R)
Deutsches Museum

B) »G. & S. Merz Optisches Institut vormals Utzschneider & Fraunhofer München. Preis-Liste 1903/04«
Druck (R)
Deutsches Museum

C) »Verzeichnis der optischen Werkzeuge, welche in dem optischen Institute zu Benediktbeuern, Utzschneider, Reichenbach und Fraunhofer für nachstehende Preise verfertigt werden«,in »Monatliche Correspondenz zur Beförderung der Erd- und Himmelskunde«, Bd. 27, hg. von Frhr. von Zach, Gotha, 1813
Druck (R)
Deutsches Museum

Im Gegensatz zum »Mechanikus« des 18. Jahrhunderts (vgl. Kat.-Nr. 17 und 18) begann um das Jahr 1806 die Fertigung hochwertiger Technik immerhin in so hohen Stückzahlen, dass gedruckte Preislisten erschienen.
Das technische Können der Gruppe um Joseph von Fraunhofer und Georg von Reichenbach wurde in klassisch handwerklicher Tradition von diesen Meistern ihres Fachs an ausgewählte Schüler weitergegeben. So entstanden aus kleinen Werkstätten über mehrere Generationen hinweg leistungsfähige Betriebe. Musterbeispiele sind die Münchner Firmen Merz und Ertel, deren Gründer von Fraunhofer persönlich ausgebildet worden waren. Noch um 1900 fertigte die Firma Merz traditionelle Auszugfernrohre nach dem Vorbild der berühmten »Fraunhofer«-Spektive. // C. L.

Technische Erfindungen in Bayern – der elektrische Telegraf (1809)

Christian Koeck
München, 1809
Zeichnung (R)
Deutsches Museum

Der Gelehrte Samuel Thomas Soemmering (1755–1830) erhielt als Mitglied der Bayerischen Akademie der Wissenschaften 1808 von König Max I. Joseph den persönlichen Adel verliehen. Im Jahr 1809 erfand Soemmering auf Anregung des Ministers Montgelas in München den elektrischen Telegrafen; das Original befindet sich heute im Deutschen Museum in der Abteilung Telekommunikation. Tatsächlich gebaut wurde die Sende- und Empfangsapparatur von Joseph Settele, einem Münchner Handwerker. Die Erfindung wurde in ihrer Bedeutung von Napoleon völlig unterschätzt (»C'est une idée germanique«), der auf sein System optischer Zeigertelegrafen setzte, über das Frankreich bereits seit dem 18. Jahrhundert verfügte. // C. L.

Technische Erfindungen aus Bayern – die Achsschenkellenkung (1816)

Zeichnung (R)
Deutsches Museum

Im Geburtshaus von Papst Benedikt XVI. in Marktl am Inn erblickte rund 150 Jahre früher ein bayerischer Handwerker das Licht der Welt, dessen Erfindung im 20. Jahrhundert den modernen Kraftfahrzeugbau ermöglichen sollte. Der königlich-bayerische Hofwagner Georg Lankensberger (1779–1847) ersann im Jahr 1816 in München für Kutschen die so genannte Achsschenkellenkung. Sie ermöglichte die Konstruktion leichter und präziser Fahrgestelle und ist bis heute internationaler Standard im Fahrzeugbau. // C. L.

22. B) Versuchsmodell einer doppelt wirkenden Dampfmaschine für Raddampfer

22. Georg von Reichenbach

A) *Drehbank mit Fußantritt*

Georg von Reichenbach (1771–1826)
München, um 1815
Holz, Messing, 130 x 180 x 90, 200 kg
Deutsches Museum (1905–4209)

Um 1800 konstruierte Georg von Reichenbach, als Angehöriger eines technischen Truppenteils der bayerischen Armee im Feldlager bei Cham, die Werkzeugmaschinen für eine neue Gewehrfabrik in Amberg. Bei den Drehbänken, die er später auch für die Herstellung feinmechanischer Geräte baute, erfolgte der Antrieb der Arbeitsspindel mittels Tretbrett über Muskelkraft, Schnur und Rolle. Für die Gewindeherstellung waren auswechselbare hölzerne Patronen vorgesehen – kurze hohle Schraubenstücke –, die ihr Muttergewinde selbst in die Register schnitten, um die erforderliche Längsbewegung der Spindel zu erzielen. Neben der Handauflage für den Drehstahl verfügten die Maschinen für genauere Arbeiten vor allem zum Plandrehen und zur Bearbeitung zylindrischer und kegelförmiger Körper über einen Werkzeugsupport, der in Deutschland seit 1815 bekannt ist und damals als »schiebbare Ruhe« bezeichnet wurde. // K. A.

Lit.: Mommertz, Karl Heinz: Bohren, Drehen und Fräsen, Hamburg 1981

> > … …

25. Pendelschleifmaschine

25. Vom Handwerk zur Industrie

Pendelschleifmaschine

Joseph von Fraunhofer (1787–1826)
München, um 1810
Holz, Metall, 175 x 40 x 59, 82 kg
Deutsches Museum (2078)

Mit Joseph von Fraunhofer änderte sich das technische optische Handwerk grundlegend. Die an die Person des Instrumentenmachers gebundene Kunstfertigkeit wich einer stärkeren wissenschaftlichen Durchdringung des Fertigungsprozesses, der Standardisierung von Herstellungsverfahren und der ständigen messtechnischen Prüfung des Produkts. Nur so war die Herstellung einer großen Anzahl von Instrumenten durch eine Vielzahl von Beschäftigten, die vorgegebene Arbeitsschritte einzuhalten hatten, möglich.
Bei der Fertigung optischer Linsen war es zum Beispiel notwendig, die vorausberechneten Krümmungsradien möglichst exakt einzuhalten. Die Pendelschleifmaschine sollte dies gewährleisten. Sammellinsen (= Konvexlinsen) wurden am unteren Ende des beweglichen Pendels angebracht und über dem auf dem Sockel befindlichen Schleifwerkzeug bewegt; bei Konkavlinsen (Zerstreuungslinsen) wurden hingegen die Linse auf den Sockel und die Schleifschale am Pendel befestigt. Die Länge des Pendels konnte entsprechend den Vorgaben eingestellt werden. // C. S.

26. Wissenschaft und Handwerk

A) *Prisma aus Kron- und Flintglas*

Joseph von Fraunhofer (1787–1826)
Benediktbeuern, um 1815
Glas, 2,2 x 3,2 x 3,3
Deutsches Museum (538)

Um gute optische Instrumente fertigen zu können, war es erforderlich, verschiedene Glassorten gezielt herzustellen und ihre Eigenschaften möglichst präzise zu vermessen. Anfangs hatte Fraunhofer immer wieder feststellen müssen, dass beispielsweise die theoretisch berechneten Objektive nicht die erwartete Güte besaßen. Aus diesem Grund widmete er sich intensiv der genauen Bestimmung der Lichtbrechung in verschiedenen Glassorten mithilfe von Prismen. Dabei nutzte er auch die nach ihm benannten Linien im Spektrum der Sonne, die es erlauben, einzelne Farben genauer voneinander zu trennen und deren Brechung im Prisma zu messen. // C. S.

B) *Nivellierinstrument*

Traugott Leberecht Ertel (1777–1858), Fernrohr von Utzschneider & Fraunhofer
München, 1820–1834
Messing, 25 x 22 x 52, 5,3 kg
Deutsches Museum (34266)

Nivellierinstrumente dienen zur Bestimmung von Höhenunterschieden im Gelände. Dazu wird das Fernrohr mithilfe einer Libelle präzise horizontal ausgerichtet und eine Nivellierlatte im Zielpunkt anvisiert. Dann lässt sich der Höhenunterschied zwischen dem Standort und dem Zielpunkt berechnen. Solche Messungen gewannen insbesondere mit großen technischen Projekten, wie etwa dem Bau von Eisenbahnen oder Wasserkanälen, an Bedeutung. Das große Nivellierinstrument von Ertel galt als einer »der brauchbarsten geodätischen Apparate«.
Traugott Leberecht Ertel war zunächst als Werkmeister im Reichenbach'schen Unternehmen beschäftigt, bevor er nach dessen Tod die Werkstätte übernahm. Die optischen Teile für seine Instrumente bezog Ertel – wie auch schon Reichenbach – von Utzschneider und Fraunhofer bzw. dessen Nachfolger Merz. Das Unternehmen erwies sich als äußerst erfolgreich und beschäftigte fast 100 Personen. // C. S.

24. Reisependeluhr

C) *Universal-Theodolit*

Ertel & Sohn, Fernrohr von Merz, Utzschneider & Fraunhofer
München, um 1840
Messing, 53 x 44 x 44, 30,45 kg
Deutsches Museum (73389)

In dem ursprünglich noch von Reichenbach entwickelten Universal-Instrument waren (terrestrische) Vermessungsaufgaben, wie sie mit gewöhnlichen Theodoliten durchgeführt wurden, mit genauen astronomischen Beobachtungsmöglichkeiten, wie sie z. B. zur Lokalisierung eines Ortes auf der Erdkugel notwendig waren, vereint. Daher gab es sowohl einen horizontalen als auch (mindestens) einen vertikalen Teilkreis. Die Besonderheit des Instruments war das »gebrochene« Fernrohr, das heißt die Umlenkung des Lichtstrahls mittels Spiegelung durch ein Prisma. Der Beobachter konnte daher in allen Positionen des Fernrohrs bequem in das in horizontaler Lage befindliche Okular blicken.
Nachdem der Sohn von T. L. Ertel, Georg, 1834 in die Unternehmensführung aufgenommen wurde, änderte sich auch der Firmenname zu »Ertel & Sohn«. Bei Theodoliten hatten sie im Wesentlichen Reichenbachs Konstruktion fortgeführt, ungefähr um 1840 begannen sie erstmals Ablesemikroskope bei den Teilkreisen einzusetzen. // C. S.

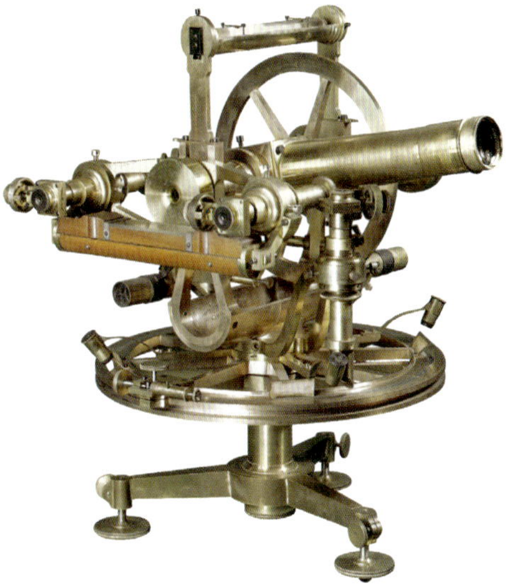

26. C) Universal-Theodolit

26. B) Nivellierinstrument

27. B, C) Terrestrisches Auszugsfernrohr

27. Fraunhofers technische Erben

A) *Äquatoreal montiertes astronomisches Messfernrohr*

Joseph von Fraunhofer (1787–1826)
München, nach 1819
Optisches Glas, Messing, Holz, Objektiv: freier Ø 7,5, L. 86,5, deutsche Montierung
Sign. Tubus: »Utzschneider u. Fraunhofer in München«
Sign. Teilkreis: »Ertel & Sohn in München«
Deutsches Museum (3932)

Mit dem transportablen Instrument wurden astronomische Messungen (Bestimmung von Gestirnskoordinaten) durchgeführt. Das Stativ ist mithilfe zweier Libellen horizontal justierbar, die Neigung der Polachse ist auf eine feste geografische Breite eingestellt. Die Ablesung der Koordinatenmesswerte erfolgt an den beiden Teilkreisen über Noniusskalen mit einer Genauigkeit von 1 Winkelminute. // G. H.

Lit.: Hartl, Gerhard u. a.: Planeten, Sterne, Welteninseln – Astronomie im Deutschen Museum, München 1993, 2. üb. Aufl. 1999

B) *Terrestrisches Auszugsfernrohr*

Joseph von Fraunhofer (1787–1826)
München, nach 1819
Sign.: »Utzschneider u. Fraunhofer in München«
Optisches Glas, Messing, Holz, 3-zügiges Fernrohr, achromatisches Objektiv, freier Ø 3,27, L. 26,7–81
Deutsches Museum (41495)

Unter Fraunhofers wissenschaftlicher Leitung war es in Benediktbeuern gelungen, achromatische Linsenkombinationen herzustellen und damit die Monopolstellung der englischen Hersteller zu brechen. Fraunhofer'sche Fernrohre erlangten Weltruhm. Das technische Wissen blieb in der Firma, das optische Glas wurde stets nur für den Bedarf der Werkstätte in der eigenen Glashütte geschmolzen und nicht als Rohstoff an andere Firmen verkauft. // G. H.

Lit.: Riekher, Rolf: Fernrohre und ihre Meister, 2. Aufl., Berlin 1990; Brachner, Alto: Mit den Wellen des Lichts. Ursprünge und Entwicklung der Optik im süddeutschen Raum, München 1987

C) *Terrestrisches Auszugsfernrohr*

Georg Merz (1793–1867) und Sigmund Merz (1824–1908)
München, um 1860
Optisches Glas, Messing, Holz, 3-zügiges Fernrohr, achromatisches Objektiv, freier Ø 3,36, L. 27–83
Sign.: »G. & S. Merz vorm. Utzschneider & Fraunhofer in München«
Deutsches Museum, München (73601)

Nach dem Tod Fraunhofers 1826 übernahm Georg Merz die Geschäftsleitung des Optischen Instituts. Er führte die unter Fraunhofer begonnene Entwicklung der großen Refraktoren zur vollen Blüte. Aber auch die kleineren von Fraunhofer entwickelten Fernrohre wurden weiterhin gefertigt. Zusammen mit dem Mechaniker Franz Joseph Mahler wurde Merz 1830 Teilhaber und 1839 Eigentümer des Instituts. Nach dem Tod Mahlers 1845 führte Georg Merz das Institut weiter – unter Mitarbeit seiner Söhne Sigmund (1824–1908) und Ludwig (1817 bis 1858). Das Institut wurde nach München verlegt und die Firmenbezeichnung lautete »G. Merz & Söhne in München«. Ludwig Merz starb 1858 mit 41 Jahren an Bleiver-

27.D) Fernrohr auf Messingstativ für astronomische und terrestrische Beobachtungen

giftung, die er sich bei der Flintglasherstellung in Benediktbeuern zugezogen hatte. Danach firmierte das Institut mit: »G & S Merz in München«. Georg Merz starb am 12. Januar 1867. Nun war Sigmund alleiniger Inhaber des Instituts. Im Jahr 1871 hatte das Unternehmen »G. & S. Merz (vormals Utzschneider & Fraunhofer) in München« 63 Beschäftigte. Ab 1882 wurde das Unternehmen von Jakob Merz (1833–1906) und Mathias Merz (1826–1883) geleitet. Der ab 1882 alleinige Inhaber Jakob Merz verkaufte die traditionsreiche Firma am 5. Oktober 1903 an Paul Tschokke (1853–1932). // G. H.

Lit.: Riekher, Rolf: Fernrohre und ihre Meister, 2. Aufl., Berlin 1990; Brachner, Alto: Mit den Wellen des Lichts. Ursprünge und Entwicklung der Optik im süddeutschen Raum, München 1987

D) *Fernrohr auf Messingstativ für astronomische und terrestrische Beobachtungen*

Martin Wörle (um 1795–1851)
Kohlgrub, um 1837
Optisches Glas, Messing, Holz, achromatisches Objektiv, freier Ø 7,2, Tubuslänge ohne Okular 88
Sign.: »M. Woerle in Kohlgrub bei München«
Deutsches Museum (3934)

Martin Wörle war von ca. 1810 bis 1823 an der Glashütte des Fraunhofer'schen optischen Instituts in Benediktbeuern beschäftigt, bevor er 1824 in Kohlgrub eine Glasschleiferei und 1837 ein eigenes optisches Institut einrichtete. Es lässt sich vermuten, dass Wörles optische Kenntnisse fast ausschließlich von Fraunhofer stammten. Einige Wörle'sche Instrumente wurden bei Ausstellungen in München und Paris mit Medaillen ausgezeichnet. // G. H.

Lit.: Riekher, Rolf: Fernrohre und ihre Meister, 2. Aufl., Berlin 1990; Brachner, Alto: Mit den Wellen des Lichts. Ursprünge und Entwicklung der Optik im süddeutschen Raum, München 1987

28. Meister und Schüler

A) *Reisemikroskop*

Josef Niggl (1778–1835)
München, um 1820
Messing, Glas, Holz, 28 x 26 x 24
Deutsches Museum (1983–291)

Josef Niggl scheint das Optikerhandwerk in einer Benediktinerabtei in Rott am Inn erlernt zu haben. Der Schwerpunkt lag dabei, wie allgemein zu dieser Zeit üblich, auf dem Schleifen von Brillengläsern. Niggl wechselte vermutlich um 1806 nach München, um hier in der

28. A) Reisemikroskop

Werkstätte von Utzschneider, Reichenbach und Liebherr Linsen für optische Instrumente zu schleifen. Es war damit Josef Niggl, der wenig später den jungen Fraunhofer in die Arbeiten der Werkstätte einwies. Doch Niggl verließ das Unternehmen bald wieder und gründete in München sein eigenes Geschäft. Er fertigte vor allem Brillen, »Perspektiven« (Operngläser) und andere einfache optische Instrumente. Sein Geschäft blieb klein – im Vergleich zu dem mit und nach Fraunhofer sich rasch entwickelnden optischen Handwerk –, doch es besaß einen guten Ruf. So fertigte Niggl beispielsweise auch ein optisches Instrument für Johann Wolfgang von Goethe an.
Das Mikroskop war einfach zu transportieren und für mikroskopische Untersuchungen im Feld gedacht, zum Beispiel für botanische Untersuchungen. // C. S.

B) *Mikroskop*

G. & S. Merz
München, um 1860
Holz, Metall, Glas, 30 x 11 x 14, 1,86 kg
Deutsches Museum (585)

Die Firma G. & S. Merz (vgl. Kat.-Nr. 27c) setzte die mit Fraunhofer begonnene Tradition der Verfertigung hochwertiger optischer Instrumente im Münchner Raum fort. Mikroskope spielten dabei allerdings nur eine geringe Rolle. Dennoch galten sie als hochwertige Produkte, die »neben das Beste jener Zeit gestellt werden durften«; die achromatischen Objektive würden »zu den besten aus Deutschland« zählen. Einer Preisliste aus dem Jahr 1866 zufolge wurden fünf Mikroskope unterschiedlicher Größe und Ausstattung gefertigt.
Das gezeigte Mikroskop war eine kleine und einfache Ausführung; der Mikroskoptisch ist fest stehend, nur der Mikroskoptubus konnte bewegt werden. Das Mikroskop wurde mit zwei Objektiven und drei Okularen ausgeliefert und kostete 44 Taler. // C. S.

29. Frühe Kommunikationstechnik

Elektromagnetischer Telegraf

Carl August von Steinheil (1801–1870), München, 1836
Metall und Holz, 85 x 54 x 92, 70 kg
Deutsches Museum (1710)

Die Anregung zum Bau eines elektromagnetischen Telegrafen hatte Steinheil 1835 bei einem Besuch in Göttingen erhalten. Dort hatten die Professoren Carl Friedrich Gauß und Wilhelm Weber eine Messapparatur auch zum Austausch von Nachrichten verwendet. In der Werkstätte des Physikalischen Cabinetts entwickelte Steinheil ein technisch ausgereiftes Gerät. Zum Senden dreht man entsprechend einem Code ein Spulenpaar über einem Magneten im oder entgegen dem Uhrzeigersinn. Die dadurch entstehenden Stromstöße durchlaufen beim Empfangsteil eine Spule in unterschiedlicher Richtung und lenken einen Magneten aus. Die Anzeige konnte sowohl schriftlich auf einem Papierstreifen als auch akustisch über zwei Glocken unterschiedlicher Tonhöhe erfolgen. Trotz erfolgreicher Vorführungen konnte Steinheil keinen Abnehmer für sein Gerät finden. // O. B.

Lit.: Franz, Helmut: Steinheil – Münchner Optik mit Tradition 1826–1939 (1995); Vier Generationen Familienunternehmen Wissenschaft und Technik, Stuttgart 2001

30. Messtechnik aus München

A) *Präzisionswaage (Kugelwaage)*

Carl August Steinheil (1801–1870), München, 1834
Holz, Metall, Glas, H. 150, Ø 80, 23 kg
Deutsches Museum (1713)

Im Jahr 1834 führte Steinheil erstmals eine Waage dem Polytechnischen Verein in München vor, bei der die bewegten Teile – Waagbalken und Aufhängung der Teller – anstatt auf der üblichen Schneide auf kugelförmig ausgebildeten Spitzen gelagert waren. Steinheil glaubte, dass die Anordnung mit Kugeln einfacher und genauer ausführbar sei als die üblichen Schneiden und dass sie eine empfindlichere Wägung ermöglichen würden. Zur genauen Ablesung versah er die Waage mit einer optischen Ablesevorrichtung. Durch ein Beobachtungsfernrohr (Okular fehlt) an der Frontseite des Tischs kann über einen Spiegel nach oben durch die Trägersäule auf einen weiteren am Waagbalken fixierten Spiegel geschaut werden. Das senkrecht in der Trägersäule untergebrachte Fernrohr mit dem unteren Umlenkspiegel ist ebenso wie das Okular verloren gegangen, sodass die Waage nicht mehr funktionsfähig ist. // H. P.

30. A) Präzisionswaage (Kugelwaage)

B) *Elektrische Uhr (Zifferblatt mit Schaltklinke)*

Carl August Steinheil (1801–1870), München, um 1845
Metall, Ø 41
Deutsches Museum (1121)

Hinter dem Zifferblatt befindet sich kein Uhrwerk, sondern nur eine elektromagnetische Schaltklinke. Sie wurde im Sekundentakt von Stromimpulsen in Bewegung gehalten, die vom Pendel einer entfernt aufgestellten Hauptuhr erzeugt und über eine Telegrafenleitung übertragen wurden. Die Schaltklinke bewegte die sehr leichten Zeiger aus Strohhalmen schrittweise vorwärts.
Steinheils Hauptuhr stand vermutlich in der Akademie in München. Eines der Zifferblätter war in der Sternwarte in Bogenhausen angebracht. Es ist nicht bekannt, ob die Anlage tatsächlich zuverlässig funktionierte und über längere Zeit in Gebrauch war. In jedem Fall handelte es sich um eines der ersten elektrisch verbundenen und synchronisierten Uhrennetze. // H. P.

30. B) Elektrische Uhr (Zifferblatt mit Schaltklinke)

benannte Gesetz über den Zusammenhang von elektrischer Spannung, elektrischem Strom und Widerstand enthielt.
Ohms Arbeiten fanden jedoch zunächst nur wenig Resonanz, auch seine Hoffnungen auf eine akademische Anstellung erfüllten sich lange Zeit nicht. Die Aufgabe seiner Kölner Stelle 1826/27 und der Wechsel nach Berlin, wo er seine wissenschaftlichen Forschungen intensivieren wollte, brachten ihn seinem Ziel einer besseren Stellung nicht näher. 1839 wurde er zwar Professor für Physik in Nürnberg, doch nicht an einer Universität, sondern lediglich an einer neu gegründeten polytechnischen Schule. Erst 1849 gelang es ihm, in München die ersehnte akademische Position zu erlangen. Hier lebte er bis zu seinem Tod 1854.
Kennzeichen der Ohm'schen Arbeiten war eine enge Verbindung von Experiment und theoretisch-mathematischer Deutung. Für seine experimentellen Forschungen fertigte Ohm auch einige Komponenten selbst an. // C. S.

34. Ein Unterseeboot aus Bayern

Funktionsmodell eines »Hyponautischen Apparates«

Wilhelm Bauer (1822–1875), München, 1853
Metall, 116 x 31 x 53, 39,6 kg
Deutsches Museum (74463)

Das hier gezeigte Exponat ist ein drittes Modell Wilhelm Bauers, das der Propagierung und der Erprobung eines Unterseebootes dienen sollte. Ein Versuch mit der bemannten Großausführung eines »Brandtauchers« in Kiel war fehlgeschlagen. Der Erfinder baute 1851 erneut ein Modell in München, das er, in einer speziellen Transportkiste verpackt, auf Reisen in Europa Interessenten vorführte, so im Jahr 1852 Queen Victoria auf der Isle of Wight, wo er es bei riskanten Manövern verlor. Ein drittes Modell folgte, in das die Erfahrungen mit dem »Brandtaucher« einflossen, z. B. eine automatische Sicherheitseinrichtung. Berührte das Modell den Grund, so löste ein Hebel am Bug den Abwurf von Ballast aus, der das Boot auftauchen ließ. Als Antrieb des Modells, der an die Stelle des sonst als »Kraftmaschine« dienenden Tretrades trat, benutzte Bauer ein Federwerk.
Bauers Werk ist ein Beispiel für bayerische Erfindertätigkeit in Europa, zeitlich zwischen Handwerk und Industrialisierung, allerdings wiederholt erschwert durch Prioritätsstreitigkeiten und Intrigen in verschiedenen politischen Lagern. Mehrmals war Bauer dabei zu überstürzten Abreisen gezwungen, was die Bedeutung einer speziell bereitgehaltenen Transportkiste für sein wertvolles Funktionsmodell erklärt. // J. B.

Lit.: Hauff, Ludwig: Die unterseeische Schiffahrt, erfunden und ausgeführt von Wilhelm Bauer, Bamberg 1859, Nachdr. München 1982; Röhr, Albert: Wilhelm Bauer. Ein Erfinderschicksal, in: Deutsches Museum, Abhandlung und Berichte 43 (1975), H. 1; Herold, Klaus: Der Kieler Brandtaucher, Bonn 1993; Broelmann, Jobst: Der »eiserne Seehund« – oder das U-Boot im Vertreterkoffer, in: Meisterwerke aus dem Deutschen Museum, hg. vom Deutschen Museum, Bd. 3, München 2000, S. 8–11

35. Pionier der Unterwassertechnik

Wilhelm Bauer (1822–1875)

Wilhelm von Rümann (1850–1906)
München, 1877
Bronzebüste, 64 x 55 x 32
Deutsches Museum, Archiv (BU 017)

Wilhelm Sebastian Valentin Bauer gilt als einer der ersten U-Boot-Konstrukteure der Welt und visionärer Unterwassertechniker. Sein Lebensweg, geprägt von einem unbeirrbaren Erfindergeist und gezeichnet von zahlreichen Rückschlägen, ist beispielhaft für eine Vielzahl von Erfinderbiografien.
Der Sohn eines Unteroffiziers und gelernte Drechsler trat 1840 in das bayerische Heer ein. Während der Teilnahme am deutsch-dänischen Krieg 1848/49 entwarf Bauer als Artillerist den Plan, einen »Submarineapparat« für den Kriegseinsatz zu entwickeln. Ein erstes Modell des so genannten »Brandtauchers« schuf er bereits 1849. Ein Jahr später wurde das tauchfähige Boot gebaut. Doch bei der ersten Tauchfahrt am 1. Februar 1851 sank der »Brandtaucher« im Kieler Hafen, bedingt offenbar durch Konstruktionsfehler, aber auch durch von Bauer selbst nicht zu verantwortende Materialeinsparungen.
In den folgenden Jahren versuchte Bauer die Ideen seines

34. Funktionsmodell eines »Hyponautischen Apparates«

Unterwasserboots in verschiedenen Ländern Europas umzusetzen. Der einzige, wenngleich begrenzte Erfolg war der »Seeteufel«, ein im Vergleich zum »Brandtaucher« weit größeres, verbessertes Tauchboot, das Wilhelm Bauer für die kaiserlich-russische Marine baute und mit dem er mehr als 150 Tauchfahrten unternahm.

Eine Methode zur Hebung gesunkener Schiffe ließ Bauer sich 1860 in England patentieren. Seine Idee konnte 1861 erstmals erprobt werden: Bauer erhielt den Auftrag, die Bergung des im Bodensee gesunkenen bayerischen Dampfers »Ludwig« durchzuführen. Doch verschiedene Anläufe scheiterten, nicht zuletzt wohl durch das mangelnde Interesse der Schiffseigner an der Bergung des betagten Dampfschiffes. Wilhelm Bauer hielt jedoch an seinen Visionen fest. Letztendlich glückte ihm die Bergung des Schiffes, doch verschärfte sich dadurch seine prekäre finanzielle Situation drastisch. Auch weitere Projekte wie die Konstruktion eines halbstarren, lenkbaren Luftschiffs (1856) oder eines Flugapparats (1866) waren ihrer Zeit offenbar zu weit voraus und blieben erfolglos. Bauer starb im Jahr 1875 krank und verarmt in München. // M. P.

Lit.: Klinckowstroem, Carl Graf von: Wilhelm Bauer, in: Neue Deutsche Biografie, Bd. 1; Herold, Klaus: Der Kieler Brandtaucher, Bonn 1993; Füßl, Wilhelm: Abgetaucht. Wilhelm Bauers unglückliche Schiffshebeversuche, in: AVISO. Zeitschrift für Wissenschaft und Kunst in Bayern 3 (2005), S. 34–37

HANDWERKERALLTAG ZWISCHEN ZUNFTWESEN UND GEWERBEFREIHEIT

Das Königreich Bayern gehörte zu den Nachzüglern im Industrialisierungsprozess. Gewerbezentren wie Augsburg und Nürnberg bildeten die Ausnahmen. Verbesserte Transportmöglichkeiten und die damit einfacher gewordene Einfuhr von industriell gefertigten Produkten brachten den Handwerkern in Bayern große Wettbewerbsnachteile und minderten die Absatzmöglichkeiten handwerklicher Waren. Die strenge Vergabe von Gewerbekonzessionen, die Reglementierung der Freizügigkeit, der geringe Ausbildungsstand und der Kapitalmangel machten dem Handwerk schwer zu schaffen. Zudem wirkte sich das in der ersten Hälfte des 19. Jahrhunderts spürbar werdende Bevölkerungswachstum negativ aus, da die kaufkraftschwachen Unterschichten überproportional anwuchsen. König Ludwig I. versuchte die sozialen Konflikte vergeblich durch große Bauaufträge, aber auch durch Förderung der Religiosität, etwa mit der die Neugründung von Klöstern, zu dämpfen. Um den wirtschaftlichen Rückstand aufzuholen, traf er – in seiner ersten liberalen Regierungsphase um industriefördernde Maßnahmen bemüht – die wichtige Entscheidung, das wirtschaftlich schwache Bayern 1834 im Zollverein zu verankern. Die Verbesserung der technischen Ausbildung der Handwerker durch Gründung des Polytechnischen Vereins, durch Industrie- und Gewerbeausstellungen und die Bildung von Gewerbevereinen als Nachfolger der 1825 aufgelösten Zünfte sollten die Missstände im Handwerk beheben. Mit dem Bau von Dampflokomotiven und dem Ausbau des Schienennetzes fiel in die Regierungsphase Ludwigs I. der Startschuss für die Industrialisierung in Bayern.

Die neuen wirtschaftlichen Impulse bei gleichzeitigem Festhalten am restriktiven staatlichen Konzessions- und Ansässigmachungssystem erzeugten große wirtschaftliche und gesellschaftliche Spannungen. Der Begriff des »Proletariers« hielt Einzug in die politische Sprache. Bei der Entstehung der Arbeiterbewegung spielten die Handwerksgesellen eine zentrale Rolle, doch auch die Meister, insbesondere in den Massenhandwerken, etwa bei Schneidern, Schustern, Schreinern, waren vom sozialen Abstieg bedroht. Ehemals selbstständige Kleinmeister gerieten in die Abhängigkeit von Verlegern oder wurden zu abhängigen Lohnarbeitern. Nur wenigen Handwerkern gelang der Sprung in die Unternehmerschicht, wobei vor allem die Hoflieferanten günstige Ausgangsbedingungen besaßen. Die Proletarisierungstendenzen im Handwerksmilieu wurden in den 40er-Jahren des 19. Jahrhunderts verstärkt durch Preissteigerungen bei gleich bleibenden Löhnen. Tumulte mit hohem Handwerkeranteil, beispielsweise in München und Würzburg, zeugen von der Unzufriedenheit und Verunsicherung insbesondere der politisierten Handwerksgesellen.

In der Revolution von 1848 wurden die tiefen Gräben zwischen den Interessen der Meister und Gesellen einerseits und die Krise des Handwerks andererseits offenbar. Neunzehn bayerische Handwerksmeister nahmen am Deutschen Handwerker- und Gewerbekongress im August 1848 in Frankfurt teil, der jedoch aufgrund der folgenden politischen Ereignisse ergebnislos blieb. König Max II. war wie sein Vater ein skeptischer Beobachter der fortschreitenden Industrialisierung, obwohl in seiner Regierungszeit in München Symbole des Fortschritts wie der »Glaspalast« oder die Schrannenhalle errichtet wurden. Fabriken blieben dem König ein Hort potenzieller Revolution. Ungeachtet dessen bot auch die bayerische Wirtschaftspolitik der Restauration keinen wirklichen Ausweg für das Handwerk.

Missernten und Teuerungen, Bevölkerungswachstum und Landflucht, die ungelöste Frage der Gewerbeverfassung und die fortschreitende Industrialisierung mit ihren negativen Folgen ließen das Armutspotenzial im Handwerk stark anwachsen. Das Phänomen des Pauperismus im Handwerk wurde zum Gegenstand zahlreicher öffentlicher Diskussionen. Handwerksware konnte oft nur schwer – sowohl preislich als auch qualitativ – mit den industriell gefertigten Produkten konkurrieren. Dies machte das mittelständische Handwerk zum Verlierer im Industrialisierungsprozess und schürte Ängste in der Handwerkerschaft. Die Einführung der Gewerbefreiheit im Jahr 1868 bedeutete die Aufhebung der bisherigen Bindung handwerklicher Tätigkeit an eine Konzession bzw. an ein vererbbares oder käufliches Realrecht.

Erst in der zweiten Hälfte des 19. Jahrhunderts setzte im Königreich Bayern eine weiter gehende Industrialisierung ein. Kernstück und Symbol der Fabrik wurde die Dampfmaschine. Diese äußerst kostspielige technische Investition konnten sich aber nur große Handwerksbetriebe leisten. So lebte und arbeitete eine beträchtliche Anzahl von Handwerkern weiterhin in tradierten Mustern, geprägt von einem Handwerker-Ethos, das noch stark im zünftigen Wertekodex wurzelte. Ein Kennzeichen der zweiten Jahrhunderthälfte ist das Nebeneinander dieser alten Welt mit der Moderne, die sich im veränderten Konsum- und Mobilitätsverhalten in den städtischen Zentren des Königreichs bereits deutlich manifestierte. // Barbara Kink

Lit.: Zorn, Wolfgang: Die wirtschaftliche Struktur Altbayerns im Vormärz 1815–1848, in: Oberbayerisches Archiv 93 (1971), S. 190–206; Conze, Werner/Engelhardt, Ulrich (Hg.): Arbeiterexistenz im 19. Jahrhundert. Lebensstandard und Lebensgestaltung deutscher Arbeiter und Handwerker, Stuttgart 1981; Ehmer, Josef: Soziale Traditionen in Zeiten des Wandels. Arbeiter und Handwerker im 19. Jahrhundert, Frankfurt am Main 1994; Laufer, Ulrike: Des Handwerks goldener Boden? Meister, Gesellen, Arbeiterinnen, Pfuscher und Unternehmer zwischen Zunft und Industrialisierung, in: Ottomeyer, Hans u. a. (Hg.): Biedermeiers Glück und Ende: die gestörte Idylle 1815–1848, München 1987, S. 45–55; Puls, Dieter u. a. (Hg.): Wahrnehmungsformen und Protestverhalten. Studien zur Lage der Unterschichten im 18. und im 19. Jahrhundert, Frankfurt am Main 1979; Deneke, Bernward (Hg.): Leben und Arbeiten im Industriezeitalter. Eine Ausstellung zur Wirtschafts- und Sozialgeschichte Bayerns seit 1850, Stuttgart 1985; Aufbruch ins Industriezeitalter. Bd. 1: Linien der Entwicklungsgeschichte. Bd. 2: Aufsätze zur Wirtschafts- und Sozialgeschichte Bayerns 1750–1850. Bd. 3: Quellen zur Wirtschafts- und Sozialgeschichte Bayerns von 1750 bis 1850, München 1985 (Veröffentlichungen zur Bayerischen Geschichte und Kultur 3–6); Birnbaum, Michael: Das Münchener Handwerk im 19. Jahrhundert (1799–1868). Beiträge zu Politik, Struktur und Organisation des städtischen Handwerks im beginnenden Industriezeitalter, hg. von der Handwerkskammer für Oberbayern, München 1984

36. Handwerk in der Vorstadt

Modell eines Herberghauses in München nach dem Originalgebäude in der Krämerstraße 12

Deutsches Museum, 1909
Holz, Gips, 82 x 80 x 45, 44,5 kg
Deutsches Museum (18875)

Das Modell zeigt eine typische Hausform in den östlichen Münchner Vorstädten Au, Giesing und Haidhausen, wo seit Ende des 15. Jahrhunderts Häuser für Bauhandwerker und Taglöhner, die in der Stadt keine Wohnung fanden, so genannte Herbergen, entstanden. Jeder Handwerker war Eigentümer einer Wohnung in der Herberge, das Grundstück gehörte den Bewohnern anteilig. Die Wohnungen waren meist überbelegt, die sanitären Verhältnisse schlecht. Die Bauformen und die verwendeten Baustoffe ähnelten denen auf dem Land und da die Münchner Bauvorschriften in den Vorstädten keine Gültigkeit hatten, entstanden recht bunte, zusammengewürfelte Siedlungs- und Bauformen. // D. B.

Lit.: Erdmannsdorffer, Karl: Das Bürgerhaus in München, Tübingen 1972

36. Modell eines Herberghauses in München nach dem Originalgebäude in der Krämerstraße 12

37. Armes Handwerk

»Die verschiedenen Gewerbe«, so ist der Zeitschrift des Vereins für deutsche Statistik des Jahres 1847 zu entnehmen, »mögen wohl zu einem Viertheil verschuldet sein, zur Hälfte nur zum genauesten Lebensunterhalte einer Familie dienen und in Betreff des Restes in 15/64 wohlhabend und 1/64 reich … sich auflösen. Bei 7/8 aller Gewerbe ist der Wohlstand in fortwährender Abnahme …« Handwerk im 19. Jahrhundert bedeutete eine Vielfalt von Lebensformen, vom verarmten Alleinmeister bis hin zum großbürgerlichen Hoflieferanten. »Am übelsten dran ist der Dorf-Schneider und Dorf-Schuhmacher, und unter diesen zweien wieder am allerübelsten der Dorf-Schneider«, so charakterisierte Carl Theodor Griesinger den unteren Rand des Armutsspektrums im Handwerk. Vom »Schneidergang«, dem zwar armen, frierenden, nichtsdestotrotz jedoch »tapferen Schneiderlein«, bis hin zum »Schneider« beim beliebtesten bayerischen Kartenspiel reichen die sprachlichen Reminiszenzen an die ärmlichen Lebensumstände der Schneider. Aufgrund der niedrigen Kapitalerfordernisse und der vor Einführung der Gewerbefreiheit geringen Preise der Realrechte für Schneider und Schuster gehörten die Bekleidungs- und Leder verarbeitenden Handwerke zu den am stärksten übersetzten Berufen. Charakteristisch war die Arbeit im Kundenauftrag und / oder die Arbeit im Verlag, die meist ein Meister ohne Geselle und Lehrling bewältigte. Der Trend zur Spezialisierung und Arbeitsteilung ist im Schneiderhandwerk in der zweiten Hälfte des 19. Jahrhunderts verstärkt zu beobachten. So nähten viele Schneider für die entstehenden Magazine beispielsweise nur noch Hosenbeine oder Ärmel im Akkord. Das Konsumverhalten veränderte sich und damit auch das Berufsbild des Schneiders. Auch die Arbeitstechniken im Schneiderhandwerk wandelten sich mit der Erfindung der Nähmaschine, die zunächst allerdings nur in Großbetrieben eingesetzt wurde, erheblich. Nach Einführung der Gewerbefreiheit wurde die Schneiderei zunehmend zur weiblichen Handwerksdomäne.

War die Differenz der Einkommen innerhalb der verschiedenen Gewerke bereits groß, so bestanden auch zwischen Gesellen- und Meisterlöhnen beträchtliche Unterschiede. Nicht zuletzt waren die geringen Gesellenlöhne, die im 19. Jahrhundert stagnierten, ein Hauptgrund für die Ehelosigkeit der Handwerksgesellen. Hohe Mietpreise, durch Konjunkturschwankungen unberechenbare Nahrungsmittelpreise und Auftragsrückgänge aufgrund von Kauf-

> >

39. Bilder vom Handwerk um 1840

Erläuterungen und fachlicher Diskussion belegt. Rechnungen mit den Einnahmen und Ausgaben der Brauerei pro Sudjahr dokumentieren den wirtschaftlichen Erfolg. Das Brauerhandwerk erlaubte der Familie eine gesicherte Existenz. Ein für die volkskundliche Forschung besonders wertvolles Dokument hierfür ist das umfangreiche Mobiliarverzeichnis, das anlässlich des Todes von Maria Anna Gutmann am 28. Oktober 1895 erstellt wurde. Das Familienarchiv bewahrt auch eine detaillierte Beschreibung der 17-tägigen Reise von Creszentia und Candidus Gutmann von München über Kufstein, Innsbruck, Trient, Venedig, Mailand, Lugano, Luzern und Zürich aus dem Jahr 1903. Die Aufzeichnungen vermitteln Einblicke in das kulturelle Interesse und die Mobilität eines mittelständischen Unternehmers dieser Zeit. Ebenso geben die Briefe über Sorgen und Nöte und auch Freudiges in der Familie Aufschluss, wie etwa im Namenstagsglückwunsch einer Freundin von Philomena Gutmann. // R. T.

39. Bilder vom Handwerk um 1840

Zwölf Werkstätten von Handwerkern, nebst ihren hauptsächlichen Werkzeugen und Fabrikaten, Nachdruck der Ausgabe Esslingen, um 1840, Esslingen 1980
PC-Station, Konzeption: Wolfgang Jahn
Haus der Bayerischen Geschichte, Augsburg

Der Nachdruck ist eine Auswahl aus einer ursprünglich 30 Blätter umfassenden Serie, die in der Lithografischen Kunstanstalt von J. F. Schreiber in Esslingen erschienen war. Die Bilder zeigen den Handwerker bei seiner Tätigkeit, umrahmt von typischen Werkzeugen und Produkten. Der Bilderbogen diente in erster Linie didaktischen Zwecken: »Für Kinder, auch für Erwachsene ein vortreffliches Hilfsmittel, um einen richtigen Einblick in das Treiben und Thun der gewöhnlichen Handwerke, sowie in die Verwendung der nöthigen Werkzeuge zu gewinnen …«
Der 1831 gegründete Verlag Schreiber war stark in der Massenproduktion von Bildern zu Lehr- und Lernzwecken vertreten. Die Serie der Handwerkerbilder muss sehr erfolgreich gewesen sein, da schon 1850 die sechste Auflage erschien und auch andere Druckereien die farbigen Bögen in ihr Programm aufnahmen.

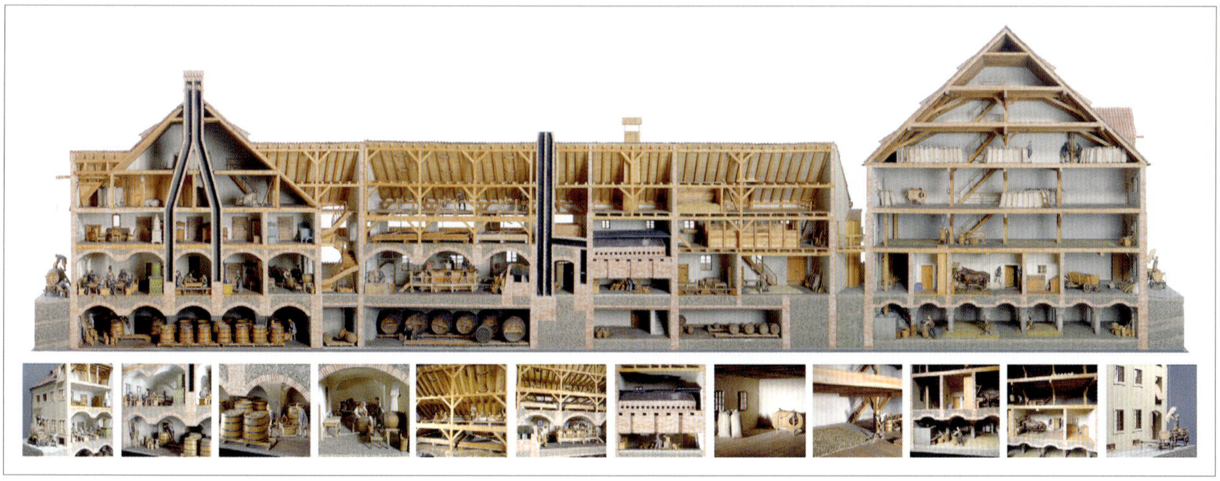

40. Modell der Spaten-Brauerei von 1812

Die Abbildungen des Buchbinders und des Tischlers sind identisch mit der ebenfalls in Esslingen erschienenen Sammlung von Handwerkerbildern (Arbeitsstätten und Werkzeuge der wichtigsten Handwerker. 24 Tafeln in lithographischem Farbendruck, entworfen von Tr. Fr. Streich, 3. Aufl., Esslingen und München, um 1875, Kat.-Nr. 46). // W. J.

40. Modell der Spaten-Brauerei von 1812

Bierbrauerey und Essigfabrik Gabriel Sedlmayr z. Spaten
Vor 1906
Holz, 100 x 400 x 40, ca. 150 kg
Deutsches Museum (1906–24331)

Die alte Brauerei »Zum Spaten« befand sich in der Neuhauserstraße gegenüber der ehemaligen Augustinerkirche. Im Jahr 1807 hatte der königliche Hofbräumeister Gabriel Sedlmayr die damals kleinste Brauerei Münchens gekauft und in den folgenden Jahren so ausgebaut, wie es das Modell im Maßstab 1:25 zeigt. Versotten wurden im Jahr 1812 fast 1600 bayerische Scheffel Malz (1 bayer. Scheffel entspricht 100 kg), woraus man 9200 bayerische Eimer Bier erzeugte, das entsprach wiederum knapp 6000 hl.

Anhand des dreiteiligen Modells lassen sich die einzelnen Arbeitsschritte des Bierbrauens erläutern, wobei im Wesentlichen die biochemischen und enzymatischen Prozesse dargestellt werden, die sich – im Gegensatz zur Brauereitechnik – seit 1812 nicht wesentlich verändert haben. Im rechten Gebäudeteil befinden sich in den oberen Stockwerken die Gerstenböden und in der Mitte die »Schwelke«. Dort wird die Gerste, nachdem sie im Keller aufgeweicht und zum Keimen gebracht wurde, getrocknet. Die wichtigsten Einrichtungen im Mittelbau sind die Darre, das Sudhaus und das Kühlschiff, in der das Getreide- bzw. Malzgut geröstet, eingemaischt und gekühlt wird. Im linken Teil des Hauses sind der Gärkeller, der Lagerraum für das Schankbier, die Gaststätte sowie der Wohnbereich für die Brauereifamilie und für das »Gesinde« eingerichtet. // K. A.

Lit.: Gerber, Sabine: Kultur und Technik, in: Hefe, Hopfen und Malz 26 (2002), H. 1, S. 30V.

41. Eigener Herd ist Goldes Wert

Ländtor in Landshut

A. Höchl
Landshut, 1842
Öl / Leinwand (R)
Zweiggalerie der Bayerischen Staatsgemäldesammlungen, Landshut

Existenz- und Familiengründung war im Bayern des 19. Jahrhunderts an eine obrigkeitliche Genehmigung gebunden. Seit 1816 unterstand die Armenpflege den Gemeinden, die bestrebt waren, den Anspruch auf Versorgung auf die »eingehörigen Armen« – die »Heimat«-Berechtigten – zu beschränken. Jeder neue Bewerber um

41. Ländtor in Landshut

eine »Ansässigmachung« – und die damit erst mögliche Verehelichung – hatte daher »einen Kampf mit allen bereits Ansässigen auszufechten, welche ein ausschließliches Privilegium auf Land, Wasser und Luft zu behaupten scheinen, in Neid und Furcht, die alle ernährende Erde möchte nicht genügen«. (Rudhart).

1825 hatte der Landtag mit dem »Gesetz über Ansässigmachung und Verehelichung« die Überprüfung der Einkommensverhältnisse des Antragstellers zunächst den staatlichen Behörden übertragen. Waren bestimmte Voraussetzungen erfüllt (z. B. ein bestimmtes Grundvermögen oder ein »anderweitig gesicherter Nahrungsstand«), folgte der Ansässigmachung zumeist auch die Verheiratung. Der Widerstand gegen diese Kompromisslösung war freilich von Anfang an groß – hatten sich doch z. B. in München die Eheschließungen nach 1825 verdoppelt, die bewilligten Gewerbekonzessionen versechsfacht. Einigen gelang der Aufstieg ins Bürgertum: So erwarb der Maurermeister Johann Baptist Bernlochner (1799–1869), Sohn eines Klostermaurers aus dem Augustiner-Chorherrenstift Dietramszell, 1826 das Bürgerrecht der Stadt Landshut, heiratete vorteilhaft und realisierte in den folgenden Jahrzehnten eine Vielzahl von Neubauten, die bis heute das Landshuter Stadtbild prägen.

Doch diese fortschrittliche Phase blieb Episode: Als bayernweit um 1830 die wirtschaftliche Stagnation Armut, Bettel und auch die Quote der unehelich Geborenen wachsen ließ, setzte sich auf dem mehrheitlich sozialkonservativen Landtag 1834 die »Gemeindelobby« (Heydenreuter) durch: Nach dem revidierten Gesetz vom 1. Juli wurde die Ansässigmachung erschwert; die Gemeindebevollmächtigten erhielten mit dem »absolut hindernden Widerspruch« ein letztverbindliches, im Deutschen Bund nahezu singuläres Vetorecht. Damit war für das ansässige Handwerk ein Schutzwall gegen unliebsame Konkurrenz errichtet. Diese Rechtslage blieb im Grundsatz bis zur Revision durch die so genannten Sozialgesetze von 1868/69 bestehen.

Die Befürworter eines derart restriktiven Kurses standen dabei keineswegs nur im (katholisch-)konservativen Lager. Auch der Wortführer der protestantischen Opposition im Landtag von 1840, Regensburgs Bürgermeister Gottlieb Freiherr von Thon-Dittmer, gehörte zu den entschiedenen Verfechtern des kommunalen Vetos, nicht zuletzt wegen der Lage in seiner Heimatstadt, wo die permanente Finanzkrise der Armenkasse 1837 zur Einführung von Armenpflichtbeiträgen zwang. Als profilierter Vertreter des Frühliberalismus in Bayern plädierte Thon-Dittmer zwar dafür, man solle wenig bemittelten, aber fleißigen und sparsamen Lohnempfängern eine Chance auf Ansässigmachung geben und damit auch den Aufstieg ins Bürgertum ermöglichen – vergeblich: Regensburger Statistiken belegen jedenfalls bis in die 1850er-Jahre Fälle von neun- und zehnmaliger Ablehnung eines Antrags auf Ansässigmachung.

Ähnlich sah es in der niederbayerischen Kreishauptstadt Landshut aus: Die Stadtväter und der Armenpflegschaftsrat waren sich einig in der Ablehnung liberalisierender Gewerbereformen. Für den gemäßigt liberalen Bürgermeister Max Harhammer galt noch 1853 das kommunale Veto als ein »wohlerworbenes und wohlzuwahrendes Recht« (Stadtarchiv Landshut, B2, 14186) – dementsprechend wurden in Landshut zwischen 1845 und 1852 von 181 Gesuchen um Ansässigmachung 72 abgelehnt. Im 1846 gegründeten Landshuter Gewerbeverein hatte diese Abwehrhaltung tatkräftige Unterstützung gefunden: In wiederholten Interventionen bei der Deutschen Nationalversammlung in Frankfurt kämpfte man 1848 gegen die allgemeine Gewerbefreiheit und für staatlichen Sozialprotektionismus.

Die Akten vieler Antragsteller füllen noch heute die Regalmeter der Kommunalarchive. Sie veranschaulichen das bürokratische Prozedere und die von lokalen Bedingungen abhängige Entscheidungspraxis. Mit Schulzeugnissen, Militärdienstzeitscheinen, Lehrbriefen, Vermögensnachweisen, Leumundszeugnissen und nicht zuletzt mit den rechten, seitenlang protokollierten Worten versuchte man die arrivierten Stadthonoratioren zu überzeugen. Durch »rastlose Arbeit und aufopferndste Sparsamkeit«, durch »häuslichen Sinn« und »Ordnungsliebe« wollte zum Beispiel der Zimmermannssohn und Dienstknecht Josef Brenner aus Pfeffenhausen in der Hallertau 1844 vor dem Landshuter Magistrat wie so viele andere seine bürgerliche Tugendhaftigkeit unter Beweis stellen – sei doch »die Gründung eines eigenen Heerdes ... mehr oder minder das Streben eines jeden Menschen« (Stadtarchiv Landshut, B 2, 3105). Die Spur der Gescheiterten verliert sich freilich in vielen Fällen. Der gelernte Müller Bernhard Springer, Sohn eines Landshuter Metzgers, bemühte sich im März und im Juli 1845 um eine Ansässigmachung auf Lohnerwerb, auch um seinem Nachwuchs »die Rechte ehelicher Kinder zu verschaffen«; bei seiner drittmaligen und endgültigen Ablehnung im November hatte seine Braut, eine Dienstmagd aus Kraiburg, bereits zum dritten Mal entbunden. Seinen drei Kindern dürfte es als »Bankerten« kaum besser ergangen sein. // T. G.

Lit.: Albrecht, Dieter: Regensburg im Wandel. Studien zur Geschichte der Stadt im 19. und 20. Jahrhundert, Regensburg 1984 (Studien und Quellen zur Geschichte Regensburgs 2); Egner, Heinrich: Gewerbe im Umbruch. Landshuter Gewerbeverein. Die frühen Jahre 1846–1868. Zum 150. Jubiläum hg. vom Gewerbeverein Landshut und Umgebung, Landshut 1997; Finken, Ursula: Gottlieb Freiherr von Thon-Dittmer (1802–1853). Politische Biographie eines Frühliberalen, Kallmünz 1990; Götschmann, Dirk: Das bayerische Innenministerium 1825–1864, Göttingen 1993 (Schriftenreihe der Historischen Kommission bei der Bayerischen Akademie der Wissenschaften 48), S. 499–587; Herzog, Theo: Landshut im 19. Jahrhundert, 2. Aufl., Landshut 1994 [1969]; Heydenreuter, Reinhard: Gesetze gegen das Elend. Staatliche Regelungen zu Ansässigmachung und Eheschließung, in: Ottomeyer, Hans: Biedermeiers Glück und Ende: die gestörte Idylle 1815–1848, München 1987, S. 23–43; Kick, Karl G.: Von der Armenpflege zur Sozialpolitik. Die Entwicklung des Fürsorgewesens im 19. Jahrhundert am Beispiel Regensburgs, Regensburg 1995 (Regensburger Studien und Quellen zur Kulturgeschichte 3); Rahm, Angelika: Das Bernlochner'sche Theater zu Landshut (1841 bis 1869), Landshut 1991

42. Für die vornehme Welt

A) *Feuerzeug nach Johann Wolfgang Döbereiner (1780–1849)*

Hersteller unbekannt
Mitte 19. Jahrhundert
Metall, Kobaltglas, 26 x 14,3 (= d), 1,6 kg
Deutsches Museum (71906)

Johann Wolfgang Döbereiner wurde 1780 in der Nähe von Hof geboren, 1794 begann er eine Apothekerlehre. Durch wissenschaftliche Veröffentlichungen wurde Döbereiner unter Chemikern bekannt. Obwohl er die notwendige schulische Ausbildung nicht besaß, wurde er zum Professor für Chemie in Jena berufen.
In dem von Döbereiner 1823 entwickelten Feuerzeug wird Wasserstoffgas aus Zink und verdünnter Schwefelsäure gewonnen. Das so erzeugte Luft-Wasserstoff-Gemisch wird durch Kontakt mit einem Platinschwamm entzündet. Diesem Effekt liegt die katalytische Wirkung des Platins zugrunde: Strömt das Gasgemisch am Metall vorbei, wird dieses glühend und entzündet den Wasserstoff.
Das Döbereiner'sche Feuerzeug erwies sich als sehr erfolgreich; schon bald waren mehr als 20 000 Stück im Umlauf. Aber Döbereiner hatte seine Erfindung nicht patentieren lassen, sodass er von dieser enormen Verbreitung wirtschaftlich nicht profitierte. // C. S.

B) *Zwei Feuerzeuge von Johann Gerzabeck*

Johann Gerzabeck
München, um 1820–1830
Holz, Glas, Metall, 51 x 26,5 x 26,5, 7,5 kg bzw. 48 x 22,5 x 22,5
Deutsches Museum (2727 und 35498)

Der Münchner Universitätsmechaniker und Uhrmacher Johann Gerzabeck entwickelte um 1820 eine neue Form des Feuerzeugs. Sie beruht auf einer Zündung mithilfe statischer Elektrizität, die durch Reiben einer im Holzsockel verborgenen Glasscheibe erzeugt wird. Wird der Auslösehebel betätigt, wird über einen Mechanismus die Glasscheibe in Rotation versetzt. Sie reibt zwischen mit Amalgam bestrichenen Lederkissen. Dadurch wird die Scheibe elektrisch aufgeladen. Die Elektrizität wird in einer der Säulen zum Zünder geleitet, dort springt ein

> > ... ...

42.B) Zwei Feuerzeuge von Johann Gerzabeck

elektrischer Entladungsfunke über und entzündet das ausströmende Gas. Bei dem Gas handelte es sich um Wasserstoff; das Gas wird durch verdünnte Säure in Verbindung mit Zink im Behälter erzeugt.
Bei der Formgestaltung orientierte sich Gerzabeck am Münchner Monopteros, einer antiken Tempelimitation im Englischen Garten. Ein anderes Modell war als »Schatulle mit Verschluß« gefertigt. Gerzabeck war überzeugt: »Beyde Arten können sehr elegant dekorirt werden, so dass sie immer ein schönes und bei noch mehrerer Bronze-Verzierung prächtiges Meuble für jedes Gemach abgeben.« // C. S.

43. Mannigfaltiges Zinn

A) *Zunftkanne der Eichstätter Nagelschmiede*

Wilhelm Eisenhart (I.)
Eichstätt, 1845
Zinn, H. 19, Ø 10
Privatbesitz

Die zylindrische Zunftkanne steht auf einem Fußreifen mit gefeilter Rippenoptik; darüber läuft eine Perlschnur um; nach einer weiteren Kante schließt sich der geringfügig verjüngende Konus an. Auf der Schauseite ist die Gravur zu lesen: »Gewidmet von den Gesellen / der Nagelschmidt / Jos. Gauckler Pet. Perneder / Joh. Bellat Alo. Gauckler / Gen. Walzer Jos. Schneider / Geo. Augsburger

44.A) »Münchnerrevolution [!] Nro. 1« (Weihnachtskrawall 1830)

Sim. Hofbeck / Den 30ten November 1845.« Unterhalb des Mundrands findet sich eine einfache Hohlkehle. Der Deckel mit zunächst flachem Außenrand weist einen senkrecht bzw. leicht nach außen ansteigenden Konus auf, danach verstärkt sich die Oberkante. Der leicht gewölbte Abschluss hat eine Reliefgussplatte, auf der zwei Löwen ein glattes Schild mit drei eingravierten Nägeln flankieren. Der einfache, geschweifte Bandhenkel trägt einen Drücker in Gestalt eines springenden Löwen mit Wappenschild, darin ein flammendes Herz mit drei geschmiedeten Nägeln.
Zunftzeichen bilden einen Höhepunkt des Zinngießerhandwerks. In Form von Kannen, Willkommpokalen, Gefäßen und Reliefs stellen sie einen Bezug zum entsprechenden Handwerk her. Kannen und Pokale sind meist reich mit Pflanzenornamenten, Figuren und Inschriften graviert oder trembliert. Auf dem Deckel findet sich häufig eine figürliche Darstellung. Bei den eingravierten Namen handelt es sich in der Regel um die der Meister und Gesellen, die Wappen zeigen das Berufs- oder Zunftwappen, die Daten nehmen Bezug auf das Stifterjahr. // R. T.

B) *»Potschamberl« (Nachtgeschirr)*

Anton Eisenhart
Eichstätt, um 1830
Zinn, H. 11,5, Ø 11,2
Privatbesitz

Das Nachtgeschirr ist mit zwei mal vier umlaufenden Einstichbändern verziert. Der geringfügig verstärkte Rand ist leicht auskragend. Der geschweifte Bandhenkel mit Daumenruh und volutenförmig eingerolltem Abschluss ist einfach gearbeitet.
Die Bandbreite der Gegenstände aus Zinn endet nicht bei den bekannten kunsthandwerklichen Objekten. Auch so profane Alltagsgegenstände wie Wärmflaschen und Nachtgeschirr wurden aus Zinn hergestellt. // R. T.

C) *Zinnmarken bzw. -stempel der Zinngießerei Eisenhart, Eichstätt: Wilhelm Eisenhart I, Wilhelm Eisenhart II, Wilhelm Eisenhart III, Heinz Eisenhart, Wilhelm Eisenhart IV*

Ursprüngliches Qualitätszeichen für »englisch Feinzinn«; mittig der Engel für Feinzinn, flankiert von den Initialen W. und E. für Wilhelm Eisenhart; am oberen Rand: »FEIN ZINN«, Ø 3
Zinngießerei Eisenhart, Eichstätt

Im 14. und 15. Jahrhundert wurden die Qualitätszeichen von hoheitlich eingesetzten Prüfern in die fertigen Zinngeräte eingeschlagen. Meist wurde neben dem jeweiligen Stadtzeichen das entsprechende Meisterzeichen eingeprägt. Später stempelten die Zinngießer ihre Erzeugnisse selbst und die Zünfte wachten über die Einhaltung der Legierungsvorschriften. In dieser Zeit entwickelten sich auch immer mehr spezielle Qualitätszeichen für gutes Zinn, wie die Marken mit Rose und Krone und etwa ab dem Beginn des 18. Jahrhunderts der weithin bekannte Engelstempel. Die Verwendung dieses Stempels unterliegt heute keiner Kontrolle mehr, sodass Industriebetriebe dieses Zeichen auch auf Erzeugnissen anbringen, die lediglich ein zinnfarbenes Äußeres aufweisen. Die handwerklichen Zinngießereien benutzen diese alten Zeichen bzw. ihre Meisterstempel meist zusammen mit dem Handwerkssiegel als neues Qualitätszeichen für hochwertiges Zinn. Die hier gezeigten Zinnmarken bzw. -stempel stammen von der Eichstätter Zinngießerdynastie Eisenhart (Eisenhard). Am 31. August 1838 besteht der Sohn des Zinngießers Anton Eisenhart in Eichstätt die Meisterprüfung; am 4. August 1845 erhält er die Konzession zur Ausübung der von seinem Vater erworbenen Zinngießergerechtsame. Sein Sohn Wilhelm Eisenhart II legt am 22. Juni 1866 die Meisterprüfung ab und übernimmt am 9. Juli 1866 die Werkstatt des Vaters. Nach dem Tod Wilhelm Eisenharts II 1882 führt dessen Witwe die Werkstatt weiter, bis der Sohn Wilhelm Eisenhart III 1891 von seiner Mutter die väterliche Werkstatt übernimmt. Wilhelm Eisenhart III stirbt 1940, die Witwe führt die Werkstatt weiter, bis der Sohn Heinz Eisenhart, der die Meisterprüfung im Oktober 1954 abgelegt hat, 1963 die Werkstatt von der Mutter übernimmt. Heinz Eisenhart erhält im Oktober 2004 den goldenen Meisterbrief. Sein Sohn Wilhelm Eisenhart IV, der im September 1989 die Meisterprüfung bestanden hat, übernimmt 2005 die Werkstatt des Vaters. // R. T.

44. Vom Krawall zur Revolution

»Es ist die Zeit gekommen, wo auch die Gesellen angefangen haben, Menschen zu sein …«

»Die Ordnung ist erschüttert, das Vertrauen gewichen, der Verkehr liegt jetzt ganz darnieder, alle Gewerbe stocken und Tausende von Arbeitern sind bereits brodlos. Wie soll das enden? … Fabrikbesitzer, Handwerksmeister und Arbeiter befinden sich in gleich trauriger Lage; die Arbeit fehlt, es bricht ein Bankerot um den andern aus, die Betriebscapitale verschwinden und Arbeitslosigkeit und Noth wachsen von Tag zu Tag. Wenn dieser Zustand nur noch zwei Monate andauert, so ist die Auflösung aller bürgerlichen Ordnung unvermeidlich, es entsteht ein Krieg Aller gegen Alle und unser schönes Deutschland wird eine Räuber- und Mörderhöhle.« So klagte das Mitglied des Vorparlaments und Opfer der Demagogenverfolgung Dr. Eisenmann 1848.
Auch wenn Selbstzeugnisse von einfachen Handwerkern rar sind, so spricht der hohe Beteiligungsgrad der Handwerkerschaft an Krawallen und Tumulten des Vormärz

> >

zugrunde lag wie dieß insbesondere bei dem ersten Bierkrawall im Jahr 1844 der Fall war, welcher eine Vorübung zum Barrikadenbau gestattete …«
Bereits am 4. Mai wurde die Münchner Bevölkerung versöhnlich gestimmt durch Plakate, die meldeten, dass die Brauer erklärt hätten, das Bier wieder für 6 Kreuzer netto zu verkaufen.

c) *»Ein Lehrling im Revolutionsjahr 1848«*

Carl Grünwedel (1815–1895)
München, 24. November 1848
Bleistiftzeichnung, aquarelliert (R)
Münchner Stadtmuseum (31/544)

d) *»Ereignisse in München am 18. Oct. 1848«*

Carl Hohfelder
München, 1848
Lithografie (R)
Münchner Stadtmuseum (Z 1901)

»Dem Vernehmen nach haben am 18. d. Monats in München Pöbelhaufen die Bräuhäuser verwüstet und geplündert, Bäcker- und andere Läden erbrochen und sich daraus unentgeltlich versorgt, ohne dass die Behörden zur rechten Zeit einschritten.«

Mittwoch, der 18. Oktober 1848, wurde als Gedenktag an die Völkerschlacht bei Leipzig gefeiert. In München ging er jedoch als »blutiger Mittwoch« in die Stadtannalen ein. Die »Neuesten Nachrichten« berichteten, dass der 18. Oktober »unwürdig dem Erinnerungstage der großen deutschen Völkerschlacht bei Leipzig [begangen wurde]. Es floß nicht Blut für Deutschlands Befreiung oder Ehre, sondern aufgeregtes Volksblut durch zu lange Nachsicht«. Selbstjustiz verübte die aufgewühlte Menge vor allem im Pschorr'schen Bräuhaus und in der Hofpfisterei. Pschorr reichte am 24. November 1848 eine Entschädigungsforderung von 21 478 Gulden und 33 Kreuzern bei der Regierung von Oberbayern ein. Nachdem diese Forderungen jahrelang die Juristen beschäftigten, einigte man sich 1857 auf eine Zahlung von 12 000 Gulden.
Die »Neueste Münchner Zeitung« etwa berichtete: »Bis jetzt scheinen die Auftritte einen stark kommunistischen Anstrich zu haben: denn im Thale … ließen sich diese guten Freunde der Bürger bei den Brauern Bier, bei den Bäckern Brod, bei den Handelsleuten Taback und Cigarren geben, Alles ohne daß es ihnen einfiel, etwas dafür zu bezahlen.«
Die Sicherheitsbehörden glaubten jedoch im Revolutionsjahr 1848 an eine gut organisierte Konspiration, die möglicherweise durch ausländische Revolutionäre angefacht worden war, und verhafteten 127 Personen (94 Männer, sieben Frauen, 26 Militärangehörige), unter denen sich 61 Gesellen, 18 nicht näher bestimmte Tagelöhner und fünf Lehrlinge befanden. Ein Großteil der Verhafteten entstammte dem Handwerksmilieu.
Zur Verhandlung kam es gegen 16 Personen (drei Frauen, 13 Männer). Unter den 13 verurteilten Männern waren wiederum acht Handwerksgesellen. Die öffentliche Bekanntmachung, die die Anwendung des Standrechts bei weiteren Vorfällen androhte, zeigt die dramatische Zuspitzung der Situation.

Liste der verurteilten Handwerker
des Oktoberkrawalls 1848:

Philipp Mahre / Schneidergeselle
Delikt: …… Erpressung, Landfriedensbruch
Urteil: …… 11 Monate Gefängnis
Sebastian Göbelin / Bäckergeselle
Delikt: …… Landfriedensbruch
Urteil: …… 1 Jahr Gefängnis
Florian König / Badergeselle
Delikt: …… Landfriedensbruch
Urteil: …… 9 Monate Gefängnis
Michael Echinger / Schuhmachergeselle
Delikt: …… Landfriedensbruch
Urteil: …… Freispruch
Franz P. Leiter / Bäckergeselle
Delikt: …… Landfriedensbruch
Urteil: …… 7 Monate Gefängnis
Jacob Hoffmann / Schneidergeselle
Delikt: …… Landfriedensbruch
Urteil: …… 5 Monate Gefängnis
Ignaz Blaß / Schuhmachergeselle
Delikt: …… Landfriedensbruch
Urteil: …… 9 Monate Gefängnis
Johann Lauter / Schuhmachergeselle
Delikt: …… Diebstahl
Urteil: …… 5 Monate Gefängnis

44. D) »Ereignisse in München am 18. Oct. 1848«

Verhaftete Soldaten:

Joseph Kitzinger / Tambour, ehem. Tischler
Johann Frisch / Soldat, ehem. Weber
Anton Lautersbacher / Soldat, ehem. Schneider
Nepomuk Lermer / Soldat, ehem. Tuchmacher
Joseph Müller / Soldat, ehem. Maurer
Peter Himmelhuber / Soldat, ehem. Weber
Johann B. Kermer / Soldat, ehem. Bäcker
August Streidl / Soldat, ehem. Schreiner
Franz J. Schweighart / Soldat, ehem. Schlosser
Georg Schwarz / Soldat, ehem. Bäcker

Tabelle nach Hummel, Revolution, S. 194 f.
// B. K.

Lit.: Bergmann, Jürgen: Wirtschaftskrise und Revolution, Handwerker und Arbeiter 1848/49, Stuttgart 1986; Blessing, Werner K.: »Theuerungsexcesse« im vorrevolutionären Kontext – Getreidetumult und Bierkrawall im späten Vormärz, in: Arbeiterexistenz im 19. Jahrhundert, Stuttgart 1981, S. 356–384; Blessing, Werner K.: Konsumentenprotest und Arbeitskampf. Vom Bierkrawall zum Bierboykott, in: Tenfelde, Klaus u. a. (Hg.): Streik. Zur Geschichte des Arbeitskampfes in Deutschland während der Industrialisierung, München 1982, S. 356–384; Hummel, Karl-Joseph: Die Revolution von 1848/1849 in Bayern, in: Müller, Rainer A. (Hg.): Aufbruch ins Industriezeitalter, Bd. 2, München 1985 (Veröffentlichungen zur Bayerischen Geschichte und Kultur 4/85), S. 499–511; Lankes, Christian: München als Garnison im 19. Jahrhundert, Berlin u. a. 1993, S. 403–425; Mayring, Eva Alexandra: Bayern nach der französischen Julirevolution. Unruhen, Opposition und antirevolutionäre Regierungspolitik 1830–33, München 1990; Mayring, Eva Alexandra: Krawall, Tumult, Unruhe – soziales und politisches Aufbegehren in München von 1830–1848, in: Ottomeyer, Hans u. a.: Biedermeiers Glück und Ende: die gestörte Idylle 1815–1848, München 1987, S. 248–253; Simon, Manfred: Handwerk in Krise und Umbruch. Wirtschaftliche Forderungen und sozialpolitische Vorstellungen der Handwerksmeister im Revolutionsjahr 1848/49, Köln u. a. 1983; Hummel, Karl-Joseph: München in der Revolution von 1848/49, Göttingen 1987

E) *Handwerker-Lieder um 1848*

Hörstation
»Buchdrucker-Lied: Nun, Brüder, stehet wie ein Mann«
»Schneider-Verschwörung: Es hatten sich siebenundsiebzig Schneider verschworn«
»Maurer-Lied: Zu Augsburg vor dem Tor«
Otto Göttler und Sepp Raith, Gesang und Instrumente
Josef Focht, Bearbeitung

> > … …

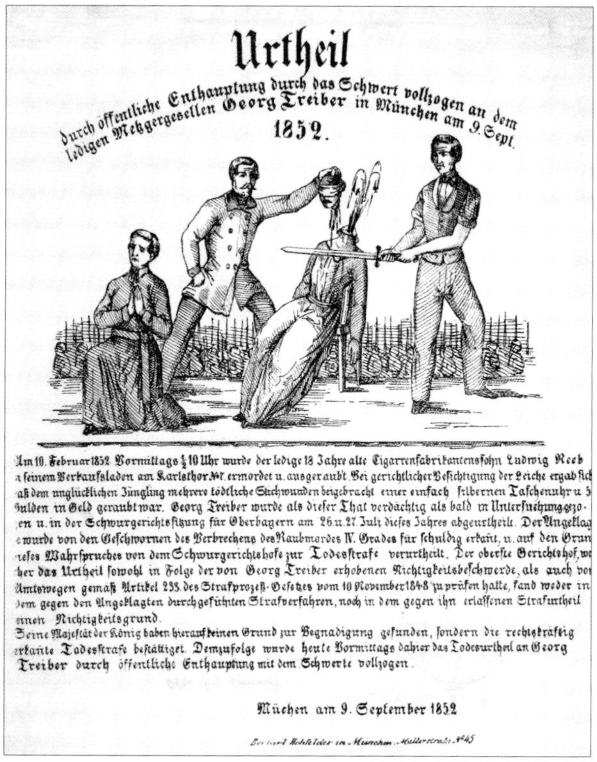

Urtheil
durch öffentliche Enthauptung durch das Schwert vollzogen an dem ledigen Metzgergesellen Georg Treiber in München am 9. Sept. 1852.

Am 10. Februar 1852 Vormittags ½ 10 Uhr wurde der ledige 18 Jahre alte Cigarrenfabrikantensohn Ludwig Reeb [i]n seinem Verkaufsladen am Karlsthor № 7. ermordet u. ausgeraubt. Bei gerichtlicher Besichtigung der Leiche ergab sic[h d]aß dem unglücklichen Jüngling mehrere tödtliche Stichwunden beigebracht einer einfach silbernen Taschenuhr u. 5 [G]ulden in Geld geraubt war. Georg Treiber wurde als dieser That verdächtig als bald in Untersuchung gezo[g]en u. in der Schwurgerichtssitzung für Oberbayern am 26. u. 27. Juli dieses Jahres abgeurtheilt. Der Angeklag[t]e wurde von den Geschwornen des Verbrechens des Raubmordes IV. Grades für schuldig erkannt, u. auf den Grun[d d]ieses Wahrspruches von dem Schwurgerichtshofe zur Todesstrafe verurtheilt. Der oberste Gerichtshof, we[lc]her das Urtheil sowohl in Folge der von Georg Treiber erhobenen Nichtigkeitsbeschwerde, als auch vo[n] Amtswegen gemäß Artikel 238. des Strafprozeß-Gesetzes vom 10 November 1848 zu prüfen hatte, fand weder in [d]em gegen den Angeklagten durchgeführten Strafverfahren, noch in dem gegen ihn erlassenen Strafurtheil einen Nichtigkeitsgrund.
Seine Majestät der König haben hierauf keinen Grund zur Begnadigung gefunden, sondern die rechtskräftig erkannte Todesstrafe bestättiget. Demzufolge wurde heute Vormittags dahier das Todesurtheil an Georg Treiber durch öffentliche Enthauptung mit dem Schwerte vollzogen.

Müchen am 9. September 1852

45. B) Urtheil durch öffentliche Hinrichtung durch das Schwert vollzogen an dem ledigen Metzgergesellen Georg Treiber in München am 9. September 1852

Aus der Zeit des Vormärz und des demokratischen Aufbegehrens um 1848 sind zahlreiche Medien überliefert, in denen die Lebensverhältnisse der städtischen Handwerkerschaft anklagend beschrieben werden: Armut und schlechte Arbeitsbedingungen, soziale und wirtschaftliche Unzufriedenheit, die bisweilen sogar zu antimonarchistischen Revolutionsideen führten. Zwei Formen kommt dabei eine besondere Bedeutung zu: dem Lied und der Karikatur.

Das politische Lied dieser Zeit bediente sich – weil es häufig mündlich verbreitet wurde bzw. werden musste, um Konflikte mit der Zensur zu vermeiden – einfacher Formen und bekannter Melodien, die in Kontrafakturen neu textiert wurden. Dabei griff man nicht selten auf Singweisen scheinbar harmloser Kinderlieder zurück. Viele dieser politischen Lieder waren überregional verbreitet und sind variantenreich überliefert.

Ähnlich wie bei den Karikaturen dominiert auch in den politischen Liedern der spöttische Unterton; so z. B. in dem allgemein bekannten Schneider-Lied »Zu Regensburg auf der Kirchturmspitz« oder dem »Leineweber-Lied«: »Die Leineweber nehmen keinen Lehrjungen an, / Der nicht sechs Wochen fasten kann.«

Dagegen klingt der Ton fordernder Agitation noch sehr selten an, der wenige Jahrzehnte später die sozialistischen Arbeiterlieder prägt. Ein Beispiel findet sich im »Buchdrucker-Lied« aus der Revolutionszeit von 1848: »Nun, Brüder, stehet wie ein Mann, / Die ernste Stunde kam. / Nun richtet vorwärts kühn den Blick! / Nur Memmen kehren feig zurück, / Verächtlich, ohne Scham.« // J. F.

Lit.: Otto, Ulrich: Die historisch-politischen Lieder und Karikaturen des Vormärz und der Revolution von 1848/1849. Köln 1982; Steinitz, Wolfgang: Deutsche Volkslieder demokratischen Charakters aus sechs Jahrhunderten, 2 Bde., Berlin 1954

45. Der Kriminalfall des Sattlergesellen Hussendörfer – letzte Hinrichtung mit dem Schwert im Königreich Bayern anno 1854

A) *Zeitungsberichte zur Hinrichtung des Christian Hussendörfer*

Neueste Nachrichten aus dem Gebiete der Politik
vom 11. und 12. Mai 1854 (R)
Bayerische Staatsbibliothek, München

B) *Urtheil durch öffentliche Hinrichtung durch das Schwert vollzogen an dem ledigen Metzgergesellen Georg Treiber in München am 9. September 1852*

Carl Hohfelder
München, 1852
Lithografie (R)
Münchner Stadtmuseum (M III / 237)

Der Sattlergeselle Christian Hussendörfer stand im Juli 1853 beim Sattlermeister Joseph Lindermaier in Eurasburg gegen Kost und Logis als Geselle ein. Das Sattlerhandwerk gilt als klassisches Landhandwerk, das bis weit in das 20. Jahrhundert nicht nur in der Werkstätte, sondern auch auf der Stör ausgeübt wurde. Das Leben unter dem Dach des Meisters barg für die Meisterfamilie und den Gesellen zahlreiche Anlässe für Konflikte. Ein krasses Beispiel ist der Fall des Christian Hussendörfer.

Nur wenige Wochen nach seinem Einstand ermordete Hussendörfer seinen Meister auf dem nächtlichen Heimweg von der Störarbeit. Nachdem er den Arbeitslohn von 13 1/2 Gulden aus den Taschen des Ermordeten entwendet hatte, versuchte er einen Überfall vorzutäuschen. Der bereits polizeilich bekannte Sattlergeselle verstrickte sich jedoch in seinen Aussagen und auch die Indizien sprachen für einen Mord.

Das Urteil des Geschworenengerichts München vom 20. März 1854 erkannte auf die Todesstrafe für den Handwerksgesellen, der dieses Urteil am 8. Mai »gefasst« und »mit fester Hand« in der Münchner Fronveste unterzeichnete. Die Hinrichtung mittels Schwert wurde für Donnerstag, den 11. Mai 1854, angeordnet. Hinrichtungen zogen Schaulustige an und hatten nahezu volksfestartigen Charakter. Das übliche Prozedere wird in den »Neuesten Nachrichten« vom 10. Mai geschildert: »Der arme Sünder wird am Donnerstag früh 8 Uhr von der Frohnveste abgeführt. Der Zug nach dem Stadtgerichtsgebäude (zur öffentlichen Publikation des Todesurtheils) und von da nach der Richtstätte bewegt sich, wie bisher, durch die Dult-, Sendlinger- und Rosengasse, an der Hauptwache vorüber durch die Wein- und Schäfflergasse, Löwengrube und Weitegasse, dann durch die Neuhausergasse zum Karlsthor hinaus durch die Schützen- und Salzstraße. Die Rede nach der Hinrichtung wird Herr Vikar Freyer halten. Schaugerüste auf dem Richtplatze aufzuschlagen bleibt polizeilich verboten.«

Nachdem sich Hussendörfer geistlich gerüstet und von seinen nächsten Verwandten verabschiedet hatte, kam es auch zu einer Aussprache mit der Mutter des ermordeten Meisters, die ihm seine Tat verzieh.

Am 11. Mai 1854 trat der Sattlergeselle seinen letzten Gang an. Nachdem über den Delinquenten am Stadtgerichtsgebäude der Stab gebrochen worden war und der Zug am Richtplatz vor der Stadt angekommen war, nahm der letzte Akt des öffentlichen und ritualisierten Schauspiels unter großer Anteilnahme der Bevölkerung seinen Lauf. Die Handhabung des Schwerts verlangte vom Scharfrichter Können und Nervenstärke, doch bei Hussendörfer geriet die Hinrichtung zu einem Fiasko.

Die »Neuesten Nachrichten« berichteten den aufgewühlten Münchnern am 12. Mai 1854: »Hussendörfer langte standhaft an und verließ allein den Wagen. Alsbald bestieg der arme Sünder mit verbundenen Augen ... das Schaffot. Die Uhr zeigte eben 8 Uhr 40 Minuten, als der Nachrichter Schellerer sein bisher sicher geführtes Schwert erhob. Doch, o Grausen! Nicht Ein – erst der siebente Schwertstreich trennte das Haupt vom Rumpfe. Die zahlreich umstehende Volksmenge brach in ein vernehmliches Murren darüber aus. Der blutige Akt hatte mehrere Uebelkeiten unter dem Civil wie Militär zur Folge ... Anerkennung verdient die Geistesgegenwart des Vorführers Schnellinger, der den Kopf des Delinquenten, ungeachtet der mehrfachen Hiebe, unverrückt festhielt ... Der herkömmlich in Begleitung zweier berittenen Gendarmen vom Richtplatze heimfahrende Nachrichter Schellerer erhielt heute, zur Verhütung etwaiger Ausbrüche des Volksunmuthes, noch eine weitere, aus sieben Mann Cuirassieren bestehende Eskorte.«

Dieser Skandal in der Haupt- und Residenzstadt bestätigte jene Stimmen, die seit langem eine effektivere Hinrichtungsmethode und zugleich die Abschaffung öffentlicher Todesurteile forderten. Der Vollzug der Todesstrafe durch das Schwert an Hussendörfer war der letzte Fall dieser Art in Bayern. Eine königliche Verordnung vom 3. August 1854 bestimmte nun auch für das rechtsrheinische Gebiet der Monarchie die Exekution durch das Fallbeil, wie in der Pfalz bereits seit der französischen Besatzungszeit üblich. Die Öffentlichkeit der Hinrichtung wurde in Bayern jedoch erst mit dem neuen Strafgesetzbuch vom Jahr 1861 abgeschafft. // B. K.

Lit.: Heydenreuter, Reinhard: Kriminalgeschichte Bayerns. Von den Anfängen bis ins 20. Jahrhundert, Regensburg 2003, S. 292–298; Heydenreuter, Reinhard: Vom Dingplatz zum Justizpalast. Kleine Bayerische Rechtsgeschichte, Augsburg 1993 (Hefte zur Bayerischen Geschichte und Kultur 16)

KRISE UND INNOVATION

Nach der Einführung der Gewerbefreiheit im Königreich Bayern 1868 und der Übernahme einheitlicher Gesetze nach der Gründung des Kaiserreichs erlebte das Handwerk in Deutschland einen tief greifenden Strukturwandel, der jedoch nicht alle Regionen und Gewerke gleichmäßig erfasste. Die führenden Nationalökonomen des Kaiserreichs, Gustav Schmoller und Karl Bücher, die eine umfassende Untersuchung über die Situation des Handwerks in Deutschland durchführten, prognostizierten dem Handwerk eine düstere Zukunft. Die Krise des Handwerks rief unterschiedliche Reaktionen hervor, die von der Gründung von Gewerkschaften, Gesellenvereinen, Genossenschaften bis hin zu gesetzlichen Maßnahmen, die sich in der Reichshandwerksordnung von 1897 bündelten, reichten.

Als Hauptursache für die Krise wurde die mangelnde Wettbewerbsfähigkeit des Handwerks gegenüber den weitaus billigeren industriellen Massenprodukten ausgemacht, wobei vor allem die Metall verarbeitenden Gewerbe von der Fabrikkonkurrenz betroffen waren. Doch auch in anderen Handwerkszweigen vollzog sich am Ende des 19. Jahrhunderts der Übergang zu industriellen Fertigungsweisen, etwa im Bäckerei-, Möbel-, Schneider- oder im Leder verarbeitenden Handwerk. Mangelnde Konkurrenzfähigkeit mit den Industrieprodukten zwang viele Handwerker in die Fabrik. Zu einem Gewerbezentrum wurde nun auch die Landeshauptstadt München.

Im Gegensatz zur rapide sinkenden Bedeutung des Handwerks stand seine Romantisierung im Umfeld des Historismus. Wagners »Meistersinger« oder die Centenarfeier zum 100. Geburtstag Ludwigs I. im Jahr 1888 boten geeignete Kulissen, die vermeintlich goldene Zeit des zünftischen Handwerks zu beschwören. Der »altdeutsche« Geschmack bescherte Teilen des Handwerks neue Aufträge. Am Ende des Jahrhunderts gab die Jugendstil-Bewegung mit der Gründung der »Vereinigten Werkstätten« in München dem bayerischen Kunsthandwerk neue Impulse. In der Prinzregentenzeit wurde München zu einem Zentrum der Kunst der Moderne.

Grundsätzlich gab es verschiedene Strategien für Handwerker, um mit dem Konkurrenzdruck der billig gefertigten Massenwaren Schritt zu halten: die Übernahme von Halbfertigwaren, die Erweiterung von Reparaturleistungen und die Einrichtung von Ladengeschäften, in denen man neben den selbst produzierten Waren auch industrielle Erzeugnisse anbot. Weitere Nischen für das Handwerk eröffnete die Spezialisierung auf Präzisionserzeugnisse. Zur rettenden Innovation für das mittelständische Handwerk wurde nach der Jahrhundertwende die Versorgung mit preiswertem Strom. Elektromotoren erlaubten nun den Einsatz moderner Werkzeugmaschinen. Die Elektrifizierung der Handwerksbetriebe ging jedoch in den strukturschwachen Gebieten nur langsam voran.

Sowohl die neuen Kommunikationstechniken als auch die Automobilisierung brachten findigen Handwerkern Aufträge, wobei im Handwerk verschiedenste Innovationen kamen. Anschaulich wird dies bei der Entwicklung des Fahrrads oder des Motorrads, bei der wesentliche Impulse vom bayerischen Handwerk ausgingen. Neue Techniken und Berufsbilder, aber auch das veränderte Mobilitäts- und Konsumverhalten machten sich vor allem im mittelständischen Handwerk stark bemerkbar. Mit der Industrialisierung ging eine Tendenz zur Spezialisierung und Professionalisierung bestimmter Berufszweige einher, auch die wachsende Bedeutung der Dienstleistung hat hier ihren Ursprung.

Versandhandel und Warenhäuser stellten eine Bedrohung vor allem für jene Handwerksbetriebe dar, die im Kun-

denauftrag langlebige Güter herstellten. Insbesondere im städtischen Handwerk brach in manchen Sparten der Kundenkontakt nahezu ab.
Eine Steigerung des Lebensstandards und die »Demokratisierung des Konsums« prägten die Prinzregentenzeit. Die Auflösung des patriarchalischen Meisterhaushalts und die Berufstätigkeit der Frauen bedeuteten auch für das Handwerk in Bayern spürbare Veränderungen.
Der Ausbruch des Ersten Weltkriegs markierte das Ende des »langen 19. Jahrhunderts«. Kriegswirtschaft hatte für das Handwerk zunächst den Abzug von männlichen Arbeitskräften, das Wegbrechen privater Aufträge und Rohstoffmangel zur Folge. Profitierten größere Firmen vor allem von Heeresaufträgen, so gehörten auch Nischenhandwerke wie Orthopädie- oder Chirurgiemechaniker zu den prosperierenden Handwerkszweigen. Die meisten Handwerker jedoch stellte der Krieg vor gravierende Probleme, die oft nur eine kriegsbedingte Schließung oder die Weiterführung des Betriebs durch die Ehefrau zuließen.
// Barbara Kink

Lit.: Bücher, Karl (Hg.): Untersuchungen über die Lage des Handwerks in Deutschland mit besonderer Rücksicht auf seine Konkurrenzfähigkeit gegenüber der Großindustrie, Bd. 1/1, Leipzig 1895; Schnorbus, Axel: Arbeit und Sozialordnung in Bayern vor dem 1. Weltkrieg, 1890–1914, München 1969; Winkler, Heinrich August: Der rückversicherte Mittelstand. Die Interessenverbände von Handwerk und Kleinhandel im deutschen Kaiserreich, in: Ruegg, Walter / Neuloh, Otto (Hg.): Zur soziologischen Theorie und Analyse des 19. Jahrhunderts, Göttingen 1971, S. 163 ff.; Eiber, Ludwig / Riepertinger, Rainhard / Brockhoff, Evamaria (Hg.): 8 Stunden sind kein Tag. Geschichte der Gewerkschaften in Bayern, Augsburg 1997 (Veröffentlichungen zur Bayerischen Geschichte und Kultur 34/97); Prinz, Friedrich / Krauss, Marita (Hg.): München – Musenstadt mit Hinterhöfen. Die Prinzregentenzeit 1886–1912, München 1988

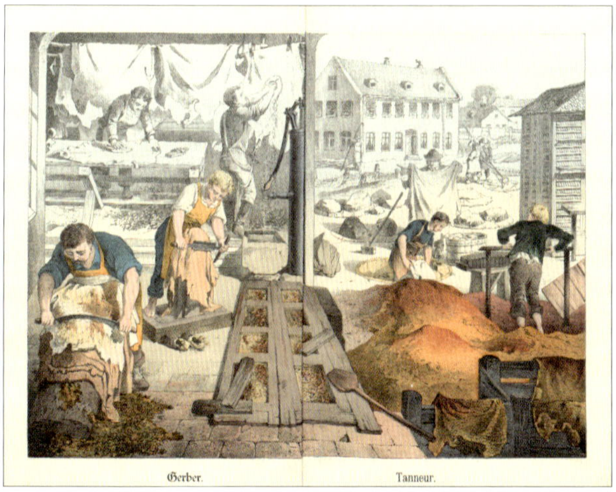

46. Bilder vom Handwerk um 1875

46. Bilder vom Handwerk um 1875

Arbeitsstätten und Werkzeuge der wichtigsten Handwerker

24 Tafeln in lithografischem Farbendruck, entworfen von Tr. Fr. Streich. Mit erläuterndem und geschichtlichem Text versehen von Tr. Fr. Streich und Dr. K. v. Gerstenberg, 3. Auflage, Esslingen und München, um 1876
PC-Station, Konzeption: Wolfgang Jahn
Bildvorlagen: Deutsches Museum

Es werden hier die folgenden Handwerksberufe beschrieben: Schneider, Bäcker, Metzger, Gerber, Schuhmacher, Sattler, Schreiner, Wagner, Küfer (= Schäffler), Bauhandwerker, Schlosser, Buchbinder. Zunächst werden die einzelnen Berufe mit ihren Arbeitsabläufen und den wichtigsten Werkzeugen vorgestellt. Dann folgen doppelseitige farbige Abbildungen, wobei eine charakteristische Szene aus dem jeweiligen Beruf gezeigt wird. Daran schließt eine Doppelseite mit den wichtigsten Werkzeugen des jeweiligen Handwerks an. Die Abbildungen sind jeweils mit Nummern zu den Arbeitsvorgängen und den Werkzeugen versehen, die dann im Text genau beschrieben werden. Die Texte beschränken sich ganz auf die Erläuterung und Beschreibung der Arbeitsstätten und der Werkzeuge. Die Stellung des Handwerks wird nicht diskutiert, auch nicht der Bedeutungswandel, das Verschwinden bestimmter Gewerke oder das Aufkommen neuer Handwerke.
Die Abbildungen des Buchbinders und des Tischlers sind identisch mit der ebenfalls in Esslingen erschienenen Sammlung von Handwerkerbildern (Zwölf Werkstätten von Handwerkern, nebst ihren hauptsächlichen Werkzeugen und Fabrikaten, Nachdruck der Ausgabe Esslingen, um 1840, Esslingen 1980, Kat.-Nr. 39). // W. J.

47. Kapitalbedarf und Lebenshaltungskosten

Wertangaben für Werkzeuge und Maschinen aus Nachlassinventaren

SCHMIEDEWERKSTATT

2 Schleifsteine	6 Mark
3 Ambosse	137 Mark
6 Schraubstöcke	82 Mark
2 Blasbälge	43 Mark
1 Bohrmaschine	17 Mark
2 Ambosse, 1 Schraubstock und Werkzeug	10 Mark
1 Schmiedebank, 1 Windmühle	8,5 Mark
1 Blasbalg	43 Mark

BÄCKEREI

5 Backtröge, 7 Backbretter, 4 Bleche, 1 Waage, 1 Kübel	10 Mark
6 Backbretter	2 Mark
1 Mehlsieb	0,5 Mark
1 Backtrog, 1 Backbrett	0,5 Mark
vollständige Backkücheneinrichtung	3 Mark
1 Backtrog + Backbretter	10 Mark
Anrichtbank + 24 Backbretter	10 Mark
3 Backtröge, 1 Mehlsieb, 1 Bank , 13 Brodbretter	2 Mark
1 Backtrog	5 Mark
Backbretter	3,4 Mark
1 Waage	18 Mark
1 Backtrog, 1 Waage, 1 Sieb, Backbretter	4 Mark

> > … …

46. Bilder vom Handwerk um 1875

SCHLOSSERWERKSTATT

1 Bohrmaschine	25 Mark
60 Feilen	3 Mark
1 Bolzmaschine	30 Mark
1 Blechschneidemaschine	12 Mark
2 Schraubstöcke, 1 Amboss	30 Mark
1 Amboss	11 Mark
6 Schraubstöcke	8,5 Mark
1 Bohrmaschine	2 Mark
1 Drehbank	855 Mark
1 Drehbank	428 Mark
2 Schwungräder	20,5 Mark
1 Transmission zur Drehbank	170 Mark

Quelle: Nipp, Luitgard: Kapitalausstattung im ländlichen Kleingewerbe in der 2. Hälfte des 19. Jahrhunderts, New York 1981, S. 185–190

Ausgaben einer Münchner Schreinerfamilie 1889 (Ehepaar und vier Kinder)

A. WÖCHENTLICHE AUSGABEN

Brot	4,20 Mark
1 1/2 Pfund Fett	0,75 Mark
7 Pfund Fleisch	4,48 Mark
Milch, Zucker, Kaffee	2,17 Mark
Gemüse, Mehl, Hülsenfrüchte, Kartoffeln	5,53 Mark
Seife, Soda, Stärke	0,24 Mark
Taschengeld für Mann und Familie	4,50 Mark
Summe pro Woche	21,87 Mark
Summe pro Jahr	1137,24 Mark

B. JÄHRLICHE AUSGABEN

Mietzins für eine Wohnung mit 2 Zimmern und Küche	216,00 Mark
Steuern für Staat und Gemeinde	6,40 Mark
Krankenkassen- u. sonstige Vereinsbeiträge	28,60 Mark
Arzt, Apotheke, Heilmittel	15,20 Mark
Brennmaterial	62,40 Mark
Beleuchtung: 78 Liter Petroleum	18,72 Mark
Kleidung für den Mann	22,00 Mark
Kleidung für die Frau	14,95 Mark
Kleidung für fünf Kinder	80,30 Mark
Schuhwerk für den Mann	15,00 Mark
Schuhwerk für die Frau	9,70 Mark
Schuhwerk für fünf Kinder	55,65 Mark
Bett- und Weißzeug, Strümpfe, Schürzen	37,15 Mark
Ersatz an Küchengeschirr, Fensterscheiben	6,92 Mark
Instandhaltung des Mobiliars	2,00 Mark
Instandsetzung der Wohnung (Weißeln, Kaminkehren)	7,00 Mark
Häuslicher Bedarf (Bänder, Faden, Garn)	1,30 Mark
Schulgeld, Bücher, Papier	11,25 Mark
Zeitschriften / Lektüre	3,60 Mark
Summe der Jahresausgaben	614,14 Mark
Summe der wöchentlichen Ausgaben	1137,24 Mark
Insgesamt	1751,38 Mark

Das Jahresgehalt des Schreiners betrug 1196 Mark. Dies ergibt ein jährliches Defizit von 555,38 Mark, das bestenfalls durch Feierabend- und Sonntagsarbeit und durch die Mithilfe der Kinder und Ehefrau bei Heimarbeit abgedeckt werden konnte. // B. K.

Quelle: Ergebnis der Statistischen Erhebungen im Schreiner-Gewerbe, hg. von Eduard Jordan und Eduard Schmid, München 1889, S. 34

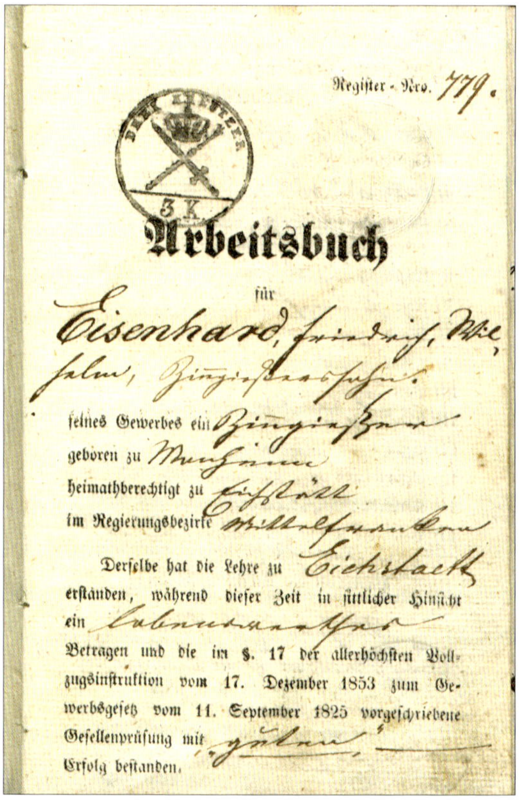
Register-Nro. 779.

Arbeitsbuch

für

Eisenhard, Friedrich, Wilhelm, [illegible]

seines Gewerbes ein Zinngießer

geboren zu [illegible]

heimathberechtigt zu Eichstätt

im Regierungsbezirke Mittelfranken

Derselbe hat die Lehre zu Eichstaett erstanden, während dieser Zeit in sittlicher Hinsicht ein lobenswerthes Betragen und die im §. 17 der allerhöchsten Vollzugsinstruktion vom 17. Dezember 1853 zum Gewerbsgesetz vom 11. September 1825 vorgeschriebene Gesellenprüfung mit gutem Erfolg bestanden.

49. B) Wanderbuch für den Zinngießer Wilhelm (II) Eisenhart

48. Eine Unternehmerin im Handwerk

Mathilde Jörres

Fotografie (R)
Stadtarchiv München

Mathilde Jörres (1833–1912) wurde in einer Zeit, in der Frauen nur wenige berufliche Handlungsspielräume besaßen, eine erfolgreiche Unternehmerin. Nach einer Ausbildung als Lehrerin, der einzig standesgemäßen beruflichen Betätigung von unverheirateten Frauen bürgerlicher Herkunft, übernahm Mathilde Jörres die Leitung einer privaten Münchner Mädchenschule. Bei einer Englandreise kam sie in Kontakt mit dem Erzbischof von Westminster, der sie dazu anregte, ihre Kunstfertigkeit in Paramentik, also Kunststickerei an liturgischen Gewändern und Stoffen, beruflich auszubauen.

1862 gründete Jörres in München ein Institut, an dem junge Frauen unentgeltlich im Sticken ausgebildet wurden. Die kunstvoll angefertigten Produkte ihrer »Kunststickereianstalt und Kirchenparamentenfabrik« erfreuten sich internationaler Anerkennung. Auch König Ludwig II. zählte zu ihren Kunden. Stickereien an Möbeln, Vorhängen und am so genannten Prunkwagen des Königs wurden im Institut von Mathilde Jörres angefertigt.

Mathilde Jörres war jedoch nicht nur Unternehmerin. Zugunsten ihres sozialen Engagements gab sie ihre Unternehmertätigkeit auf und gründete das Marienstift. Mit ihrer Stiftung wollte sie vor allem die qualifizierte Erwerbstätigkeit von Frauen fördern. Ihr Anliegen war es, dass Frauen in Notlagen durch eine solide handwerkliche Ausbildung ein selbstverantwortliches Leben führen konnten. Auf dem Grundstück der heutigen Handwerkskammer von München und Oberbayern in der Max-Josef-Straße 7 errichtete sie das Marienstiftsgebäude, in dem vor allem Waisen und Mädchen mit körperlichen Gebrechen Stickunterricht bekommen sollten. // B. K.

Lit.: Werner, Constanze: Das Marienstift, München 1993;
König Ludwig II. und die Kunst, Katalog, hg. vom Münchner Stadtmuseum, München 1978

49. Wanderschaft und Wehrpflicht

A) *Wanderstock (»Stenz«) des Wilhelm (II) Eisenhart*

Um 1857
Birnbaum (?), L. 91
Privatbesitz

Der einfache Wanderstock ist aus einem Ast, wohl Birnbaumholz, gefertigt. Das obere Ende bildet ein leicht gekrümmter knopfartiger Abschluss; die Halteriemchen sind aus Schweinsleder; die am unteren Ende befindliche Schraube wurde nachträglich angebracht.

Der »Stenz« gehört zur Ausstattung des wandernden Handwerksgesellen. Er hat auch bei den Zunftbräuchen der Bruderschaften bzw. den Schächten, den Verbänden der Wandergesellen, eine wichtige Funktion. Der Stenz ist immer ein Unikat, da er aus einem gewachsenen Stock gearbeitet ist, meist einem Ast, um den häufig parasitäre Schlingpflanzen, wie das Geißblatt, eingewachsen sind. Je nach Wuchs und Holzart ergibt sich damit die besondere Form und Einzigartigkeit eines jeden Wanderstocks. // R. T.

rätschaften prägen das Bild zu einer Zeit, als in England die industrielle Massenproduktion von Gütern zur Normalität geworden war.

Zum »Schutz deutscher Arbeit« vor den billigen industriell gefertigten Waren aus dem Ausland ging man im Königreich Bayern seit 1809 dazu über, hohe Schutzzölle für Einfuhren zu verlangen. Bayern trat 1834 dem Deutschen Zollverein bei, der unter preußischer Führung die kleindeutsche Lösung präjudizierte. Die Schutzzollpolitik des Zollvereins war für Bayern vor allem im Textilbereich aufgrund der englischen Konkurrenz von großer Wichtigkeit. Im Zeitraum zwischen 1842 und 1853 wurden die Zölle zum Schutz der deutschen Industrie kontinuierlich erhöht. // B. K.

Lit.: Preißer, Karl-Heinz: Die industrielle Entwicklung Bayerns in den ersten drei Jahrzehnten des Deutschen Zollvereins, Weiden 1993; Wiest, Helga: Die Entwicklung des Gewerbes des rechtsrheinischen Bayern in der Frühzeit der deutschen Zolleinigung, München 1970; Zorn, Wolfgang: Bayerns Gewerbe, Handel und Verkehr (1806 bis 1970), in: Handbuch der Bayerischen Geschichte, begr. von Max Spindler, hg. von Andreas Kraus, Bd. 4/2, München 1975, S. 782–845, bes. S. 782–808

51. Flucht in die Vergangenheit?

»König Ludwig des Ersten Centenarfeier in München 31. August [!] 1888 – Zug der Bäcker«

Anton Kaulbach (1864–1930)
München, wohl 1888
Öl / Holz, 93 x 173
Bäcker-Innung München

Die Erinnerung an den 100. Geburtstag Ludwigs I. bot der königlichen Haupt- und Residenzstadt München den geeigneten Anlass für ein großes Fest. Die für den Sommer 1886 vorgesehene »Centenarfeier« wurde indes nach dem Tod König Ludwigs II. (13. Juni 1886) abgesagt und fand erst vom 29. bis 31. Juli 1888 statt. Ihren Höhepunkt bildete am 31. Juli (Anton Kaulbach nennt auf dem Bild irrigerweise »31. August«) ein prachtvoller historischer Festzug. Unter den zahlreichen Teilnehmern befand sich auch ein Ensemble, das den Weg vom Getreide zum Brot verkörpern sollte. Die aus Bauern, Müllern, Melbern und Bäckern bestehende Gruppe war sinnigerweise von Gabriel Seidl arrangiert worden, dem später nobilitierten Stararchitekten des Historismus und Bruder des Münchner Hofbäckermeisters Anton Seidl.

Auf insgesamt vier großformatigen Tafeln ließ die Familie Seidl als Geschenk an die 1884 in München neu gegründete Bäcker-Innung das Ereignis festhalten. Der junge Maler Anton Kaulbach war ein Bruder des bekannteren Friedrich August von Kaulbach (1850–1920), des Direktors der Münchner Kunstakademie, bei dem Anton zeitweilig auch studierte.

Der Festzug von 1888 präsentierte – 20 Jahre nach Einführung der Gewerbefreiheit in Bayern – das Handwerk in Fülle und Pracht, doch weit mehr der Vergangenheit denn der Gegenwart oder gar der Zukunft zugewandt (Kat.-Nr. 74). Als Fanal mochte es da den Zeitgenossen erscheinen, dass an jenem Festtag das Wahrzeichen der Industrialisierung, eine als Feuer speiender Drache verkleidete Dampfstraßenzugmaschine, zu einer Panik unter den im Zug mitgeführten Elefanten führte. // C. L.

Lit.: 100 Jahre Bäcker-Innung München 1884–1984. Jubiläumsschrift, München 1984; Die König-Ludwigs-Feier. Centenarfeier der Stadt München zum 100. Geburtstag König Ludwigs I. von Bayern. Reprint aus der Sammlung von Wolfgang Hasselmann. Mit einer Einführung von Richard Bauer, München 1986; Neue Deutsche Biographie, Bd. 11, Berlin 1977, S. 354; Uhde-Bernays, Hermann: Die Münchner Malerei im 19. Jahrhundert. 2. Teil: 1850–1900, erstmals München 1927, neu hg. von Eberhard Ruhmer, München 1983

52. Handwerksidylle?

Papiermühle in Schrobenhausen

Franz von Lenbach (1836–1904)
Schrobenhausen, um 1854
Öl / Leinwand, 19 x 27
LEIPA Georg Leinfelder GmbH

Eine Papiermühle ist in Schrobenhausen seit 1535 urkundlich nachweisbar. Als Rohstoff für die Papierherstellung dienten »Hadern« (Lumpen). Diese wurden eingeweicht und mithilfe von Wasserkraft zu Brei gestampft, der danach in Rahmen geschöpft, glatt gestrichen und mit einem Wasserzeichen versehen wurde. Die Rahmen legte man Bogen für Bogen zwischen Filzmatten, presste

51. »König Ludwig des Ersten Centenarfeier in München 31. August [!] 1888 – Zug der Bäcker«

den Brei aus und trocknete die einzelnen Bögen schließlich auf Trockenböden. Das Handwerk der »Papierer« war zunftmäßig organisiert; die Lehrzeit dauerte vier Jahre. 1847 erwarb der aus Lauingen an der Donau stammende Michael Leinfelder für 6000 Gulden die Schrobenhausener Papiermühle. Er stellte Papier weiterhin in traditionell-handwerklicher Weise her. Sein Sohn Georg Leinfelder (1836–1916), der den Betrieb 1859 übernahm, vollzog nach und nach den Übergang von der rein handwerklichen Papierherstellung zur industriellen Fertigung. Zunächst erwarb er einige benachbarte Papiermühlen, arrondierte den Grundbesitz und stellte 1869 die erste Maschine für 140 cm breite Papierbahnen auf. In der Folge stieg das Unternehmen zu einem der größten Papierhersteller in Bayern auf. Die Firma befindet sich bis heute im Besitz der Familie.
Franz Seraph Lenbach (1836–1904) wurde in Schrobenhausen als Sohn eines Maurermeisters geboren. Er besuchte die Landwirtschafts- und Gewerbeschule in Landshut und das Polytechnikum in Augsburg. 1853 in die Akademie der Bildenden Künste München aufgenommen, stieg er bald zum »Künstlerfürsten« Münchens auf. 1882 wurde Lenbach in den persönlichen Adelsstand erhoben. Aus der Jugendzeit in Schrobenhausen verband ihn eine Freundschaft mit dem gleichaltrigen Georg Leinfelder. So kam das kleinformatige Gemälde, das die Schrobenhausener Papiermühle – nach außen hin – als vorindustrielle Idylle vor dem Ausbau zur Fabrik zeigt, der Familienüberlieferung nach um 1854 an die Familie Leinfelder. // F. O.

Lit.: Reischl, Georg August: Schrobenhausen – sein altes Handwerk, Schrobenhausen 1967; Leinfelder – 150 Jahre Papier und Karton aus Schrobenhausen, Schrobenhausen 1997; Aschoff, Anjella (Hg.): Franz von Lenbach – Zeichnungen, Skizzen, Notizen von 1852–1859, Köln 2004; Franz von Lenbach 1836–1904, München 1987; Gedon, Brigitte: Franz von Lenbach – Die Suche nach dem Spiegel, München 1999; Schulz, Georg: Taschenlexikon der Papierherstellung, Walluf 1973

53. Reaktionen auf die Krise des Handwerks – die kirchlichen Gesellenvereine

A) *Vikar Seiler, der Gründer des evangelischen Gesellenvereins München*

Fotografie (R)
Evangelischer Handwerker-Verein von 1848 e. V., München

B) *Gründungsprotokoll des katholischen Gesellenvereins München*

Dr. Max Christlmüller
München, 8. August 1851
Papier / Handschrift (R)
Kolpingverein München-Zentral

C) *Wanderbuch für den Schuhmachergesellen Robert Schmid*

Ausgestellt in Neustadt an der Donau am 18. Mai 1862
Ledereinband, Papier / Druck, zahlreiche Stempel und handschriftliche Einträge (R)
Kolpingverein München-Zentral

Im Revolutionsjahr 1848 rief der junge Vikar Christian Wilhelm Seiler (1824–1893) in München einen Verein für evangelische Handwerker im Geist der von Johann Hinrich Wichern begründeten »Inneren Mission« ins Leben. Insbesondere die wandernden Gesellen sollten während ihres Aufenthalts in München einen Ort finden, der neben religiöser Unterweisung auch berufliche Fortbildung und nicht zuletzt Geselligkeit außerhalb der Herbergen

> > … …

52. Papiermühle in Schrobenhausen

53.c) Wanderbuch für den Schuhmachergesellen Robert Schmid

und Wirtshäuser zu bieten vermochte. 1870 erwarb der Verein ein Haus an der Landwehrstraße, unweit der ersten evangelischen Kirche in München, und es entstand hier das so genannte »Protestanteneck«. Nach dem Tod Pfarrer Seilers entwickelte sich der Verein zu einem allgemeinen Treffpunkt für soziale und kulturelle Aktivitäten.

Drei Jahre nach dem evangelischen Gesellenverein und ein Jahr nach der Gründung des ersten katholischen Gesellenvereins durch den Domvikar Adolph Kolping in Köln entstand in München die erste Vereinigung katholischer Gesellen in Bayern, aus der die Kolpingfamilie München-Zentral mit einer mehr als 150-jährigen Tradition hervorgegangen ist. Zu den Gründern zählten neben 18 Handwerksgesellen Dr. Ludwig Merz (1817–1858), ein Sohn des Optikers und Firmengründers Georg Merz (Kat.-Nr. 21, 27 und 28), und der Arzt Dr. Max Christlmüller. Bereits 1852 besuchte Kolping den Münchner Verein und hielt stets engen Kontakt zu ihm. In der heutigen Kolpingstraße stand dem Verein ab 1858 ein eigenes Gesellenhaus zur Verfügung, das im Lauf der Zeit erweitert wurde. Zusätzlich entstanden Kolpingvereine bei einzelnen Pfarreien (Kat.-Nr. 121).

Das Netz der Kolpingvereine bot auch Sicherheit für jene Handwerker, die es – ungeachtet des allgemein- und berufsbildenden Angebots der Kolpinghäuser – nicht schafften eine eigene Werkstatt zu gründen oder einen gesicherten Arbeitsplatz zu erlangen. Arme wandernde »Handwerksburschen« – Johann Nestroy hatte ihnen in seiner Posse »Der böse Geist Lumpazivagabundus oder Das liederliche Kleeblatt« 1833 ein literarisches Andenken gewidmet – waren noch in den 1920er-Jahren keine Seltenheit auf den Landstraßen. Ein solch karges Leben auf der »Walz« dokumentiert das Wanderbuch des Robert Schmid. Als Schuhmachergeselle gehörte er einem Handwerk an, das im späten 19. Jahrhundert besonders stark von der Industrialisierung betroffen wurde (Kat.-Nr. 57). Schmids erste Wanderzeit dauerte von 1862 bis 1868. Mit dem Jahr 1892 begann er plötzlich wieder ein unstetes Leben auf der Straße und wohl auch in der Eisenbahn. 1897 führte ihn seine Reise von Landsberg am Lech über Mindelheim, Oettingen, Ansbach, Aub (März), Ochsenfurt, Ebermannstadt, Aschaffenburg, Offenbach am Main, Wiesbaden (April), Elberfeld, Hagen, Dortmund, Soest, Lippstadt, Höxter, Hildesheim, Hamburg, Kiel, Rendsburg (Mai), Schwerin (Juni), Berlin, Potsdam (Juli), Leipzig, Vilseck, Schwandorf, Burglengenfeld, Beratzhausen, Riedenburg, Regensburg (August), Straubing, Plattling, Passau, Hengersberg (September) nach Deggendorf, wo

Robert Schmid offensichtlich den Winter verbrachte, bis er sich im März 1889 auf die letzte Reise begab. Der »sehr solide junge Mann« – so der aufnehmende Präses im Jahr 1862 – blieb ein Wanderer bis zu seinem Tod im Münchner Gesellenhaus am 30. Juli 1898. // C. L.

Lit.: Müller, Walter: 150 Jahre Evangelischer Handwerker-Verein München 1848 bis 1998, München 1998; Der katholische Zentralgesellenverein in München. Sein Entstehen, Wachstum und Wirken. Festschrift zu dessen 75-jähriger Stiftungsfeier, München 1926; Kolpingsfamilie München-Zentral 1851–2001, München 2001

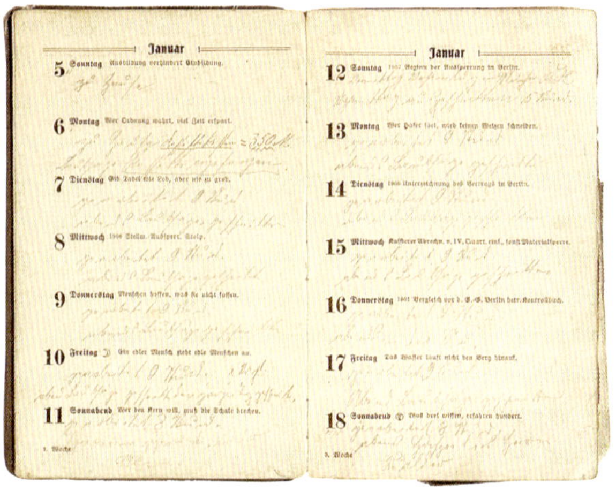

54. A) Auszug aus dem Tagebuch des Schreinergesellen und späteren Politikers Thomas Wimmer

54. Reaktionen auf die Krise des Handwerks – die Rolle der Gewerkschaften

A) *Auszug aus dem Tagebuch des Schreinergesellen und späteren Politikers Thomas Wimmer*

Taschenkalender mit handschriftlichen Einträgen (R)
Stadtarchiv München

Die Aufhebung des Sozialistengesetzes im Jahr 1890 bescherte auch der bayerischen Gewerkschaftsbewegung neue Impulse. Das an alten Handwerkstraditionen geschulte Solidaritätsverhalten der Gesellen prägte die Gewerkschaftsbewegung sehr stark.

Der spätere Münchner Oberbürgermeister Thomas Wimmer (1887–1964) kam 1903 nach absolvierter Schreinerlehre nach München und fand zunächst Anstellung in der Möbelfabrik Schütter; von 1904 bis zum Ausbruch des Ersten Weltkriegs arbeitete er in der Kunstschreinerei Bertenbreiter. In dieser Zeit führte er einen Taschenkalender, in den er Arbeitszeiten, Löhne und Ausgaben eintrug. Wimmer, der Arbeitslosigkeit und Not am eigenen Leib erfahren hatte, trat 1907 in den gewerkschaftlichen Holzarbeiterverband ein, 1911 in die Sozialdemokratische Partei. Die Gewerkschaft der Holzarbeiter war nach dem Metallarbeiterverband die größte Gewerkschaftsorganisation Münchens und focht viele Auseinandersetzungen aus. Die Schreiner gehörten zu einer durch industrielle Konkurrenz, Arbeitslosigkeit und niedriges Lohnniveau besonders bedrohten Handwerkssparte. Die Unterstützung hilfsbedürftiger Kollegen war ein zentraler Aspekt der frühen Gewerkschaftsbewegung. Wimmers unermüdlicher Einsatz und sein konsequent gewerkschaftlich orientiertes Denken prädestinierten ihn für einen Funktionärsposten im Gauvorstand. Nach Kriegsende wurde der Mehrheitssozialist Wimmer Vorsitzender des Sozialdemokratischen Vereins. // B. K.

Lit.: Zur Geschichte der Arbeiterbewegung in Bayern, hg. vom Germanischen Nationalmuseum Nürnberg, Nürnberg 1985; Mutert, Susanne: Die bayerischen Gewerkschaften im 19. Jahrhundert: Von den Anfängen bis zum Ende des Sozialistengesetzes 1868/69 bis 1890, Essen 1997; Pohl, Karl Heinrich: Die Münchner Arbeiterbewegung, München 1992; Eiber, Ludwig / Riepertinger, Rainhard / Brockhoff, Evamaria (Hg.): 8 Stunden sind kein Tag. Geschichte der Gewerkschaften in Bayern, Augsburg 1997 (Veröffentlichungen zur Bayerischen Geschichte und Kultur 34/97); Angermaier, Elisabeth: Thomas Wimmer und sein München. Eine Stadt im Aufbau 1948–1960, München 1989; Ohorn, Falk: Thomas Wimmer, in: Handwerkerbiografien, München 2006 (Veröffentlichungen zur Bayerischen Geschichte und Kultur).

B) *Streiks im Handwerk vor dem Ersten Weltkrieg*

Eine ungebrochene Kontinuitätslinie führt von den Gesellenvereinigungen des Alten Reichs zu den frühen Gewerkschaftsbewegungen. Arbeitsverweigerung und Streiks gehörten zum kollektiven und tradierten Verhaltensrepertoire der Handwerksgesellen, die jedoch branchen-

> > … …

Streiks in München in der zweiten Hälfte des 19. Jahrhunderts – Überblick

WANN	WER	WARUM	ERGEBNIS
April 1868	ca. 50 Brauknechte	wegen Einführung des Kantinensystems	nicht bekannt
April 1870	40–50 Braugehilfen	Lohnforderungen	erfolgreich
April / Mai 1870	600–700 Schneider	Lohnforderungen, 11-Stunden-Tag, keine Sonntagsarbeit	nicht erfolgreich; Entlassung von ca. 100 Gehilfen
Januar / Februar 1872	40 Hutmacher	Aussperrung, wegen Weigerung aus dem Zentralverein auszutreten	erfolgreich: Anerkennung des Hutmacher-Zentralvereins
Februar 1872	35 Braugesellen	Lohnforderungen	nicht erfolgreich: Entlassungen
1872	105 Zimmerer	Lohnforderungen, Arbeitszeitverkürzung	Kompromiss
Mai / Juni 1872	22 Bürstenmacher	Lohnforderungen, Arbeitszeitverkürzung	Kompromiss
Juli 1872	60 Schlosser	Lohnforderungen, Arbeitszeitverkürzung	Kompromiss
Oktober 1872	Ziegelarbeiter	Lohnforderungen	nicht erfolgreich
1872	Kupferarbeiter	Lohnforderungen	erfolgreich
März / Mai 1873	300–400 Schuhmacher	Lohnforderungen, Arbeitszeitverkürzung	Kompromiss
April 1873	10 Gießereiarbeiter	Ablehnung von Akkordarbeit	nicht erfolgreich: Entlassungen
Oktober 1873	Silberarbeiter	Lohnforderungen	nicht erfolgreich: Entlassungen
September 1874	170 Hafner	Lohnforderungen	nicht erfolgreich: Entlassungen
Januar 1876	Gerber	Lohnforderungen wegen Lohnkürzungen durch Umstellung des Lohnes von Gulden auf Mark	erfolgreich
März / April 1876	Weißgerber	Lohnforderungen	nicht erfolgreich: Entlassungen
Februar 1877	Buchdrucker	Ablehnung der Geschäftsleitung des Buchdruckerverbandes	nicht bekannt
Dezember 1877	92 Steinmetze	Lohnforderungen	erfolgreich
Juni 1885	32 Parkettbodenleger	Lohnforderungen	nicht erfolgreich
Oktober / November 1886	400–500 Schäffler	Lohnforderungen, Arbeitszeitverkürzung	nicht erfolgreich
Mai bis August 1887	28 Hafner	Lohnforderungen	Kompromiss
April / Mai 1889	240 Hafner	Lohnforderungen, Arbeitszeitverkürzung	nicht erfolgreich
Juli / August 1889	31 Feilenhauer	Lohnforderungen	Kompromiss
September / Oktober 1889	40 Buchbinder	Lohnforderungen, Arbeitszeitverkürzung	Kompromiss
Juni 1890	4 Steindrucker	Sonn- und Feiertagszuschläge	nicht erfolgreich
März / April 1899	Schneidergehilfen	Lohnforderungen	nicht bekannt
1898	2300 Schreiner, Zimmerer, Holzbildhauer, Drechsler	Lohnforderungen, Arbeitszeitverkürzung	nicht bekannt
1899	800 Bäcker	Lohnforderungen, Arbeitszeitverkürzung	Kompromiss

Quelle: Jüngling, Streiks in Bayern; Oechsner, Geschichte der Arbeitskämpfe, S. 132–143

typische Kennzeichen besaßen: Als »streiklustige« und konfliktfreudige Gewerke galten Handwerkssparten mit hohen Gesellenzahlen. Weniger streikfreudig waren die Gesellen der Nahrungsmittelgewerke, die bis weit in das 20. Jahrhundert hinein in den Meisterhaushalt integriert waren und somit einer vermehrten häuslichen Kontrolle ausgesetzt waren.
Ursachen für Streiks waren meist Forderungen nach mehr Lohn oder einer Verkürzung der Arbeitszeit. Um ihren Forderungen mehr Nachdruck zu verleihen, wählten Gesellen gerne besonders arbeitsintensive Zeiten für einen Streik. Insbesondere in Gewerken, in denen ein Überangebot an Arbeitskräften herrschte, war Streik jedoch ein hohes Risiko.

»An Streik, ja den laß i ma eigeh!
Aber eischränka tua i mi nöt!
Und wann i am Anger vorbeigeh,
Is d'Suppen vom Kloster net fett.

Mir gangst überhaupt mit dö G'setzer
von dö ehanan Streikkomitee,
z'Berlin is der Flugblattsetzer;
Der schickert uns aber den Tee.

Koa Bier und nix Geistg's mehr z'saufa!
Dös kinna dö Preißn entbehrn,
Aber mir vom süddeutschen Haufa
Kinna uns um de G'setzer net schern ...«

Die Große Glocke Nr. 47 vom 14. Oktober 1910 legt dies einem Münchner Arbeiter in den Mund, zitiert nach Bauer, Reinhard (Hg.): Im Dunst aus Rauch, Bier und Volk, München 1989, S. 37

// B. K.

Lit.: Griessinger, Andreas: Das symbolische Kapital der Ehre. Streikbewegungen und kollektives Bewußtsein deutscher Handwerksgesellen im 18. Jahrhundert, Frankfurt am Main u. a. 1981; Engelhardt, Ulrich: Arbeitskämpfe als Instrument der Lageverbesserung? Zur Motivation, Zielsetzung und Effizienz von Streikbewegungen in der Vorbereitungs- und Konstituierungsphase der Gewerkschaftsbewegung, in: Conze, Werner / Engelhardt, Ulrich (Hg.): Arbeiterexistenz im 19. Jahrhundert, Stuttgart 1981 (Industrielle Welt 33), S. 385–409; Tenfelde, Klaus / Volkmann, Heinrich (Hg.): Streik. Zur Geschichte des Arbeitskampfes in Deutschland während der Industrialisierung, München 1981; Jüngling, Elisabeth: Streiks in Bayern 1889–1914. Arbeitskampf in der Prinzregentenzeit, München 1986; Jüngling, Elisabeth: »Handwerker-Renitenz« und »Arbeitsverweigerung«. Protestverhalten während der Frühindustrialisierung in Bayern, in: Müller, Rainer A. (Hg.): Aufbruch ins Industriezeitalter, Bd. 2, München 1985 (Veröffentlichungen zur Bayerischen Geschichte und Kultur 4/85), S. 459–468; Oechsner, Thomas: »Wenn gleich nicht ganz gelungen, der Streik mit vollem Rechte ...«. Geschichte der Arbeitskämpfe in München von der Gewerbefreiheit bis zum Ende des Sozialistengesetzes, München 1992

55. A) Georg Kerschensteiner

55. Reaktionen auf die Krise des Handwerks – die Reform der beruflichen Bildung

A) *Georg Kerschensteiner*

Fotografie (R)
Deutsches Museum

B) *Gewerbeschule am Elisabethplatz in München*

Fotografie (R)
Monacensia-Sammlung, München

Der Volksschullehrer Georg Kerschensteiner (1854–1932) promovierte 1883 in München im Fach Mathematik. Nach seiner Tätigkeit als Gymnasiallehrer in Nürnberg, Schweinfurt und München wurde er 1895 zum Münch-

> > ... ...

58. Mechanisierung der Schneiderwerkstatt

Erste Pfaff-Nähmaschine

Georg Michael Pfaff
Kaiserslautern, 1862
Metall und Holz, 120 x 79 x 57, 50 kg
Deutsches Museum (1906–8008)

Sich zu bekleiden ist ein elementares Bedürfnis des Menschen. Als man im 18. Jahrhundert in England Maschinen zum Spinnen und Weben erfunden hatte, lag es nahe auch das zeitraubende Nähen mit einer Maschine zu rationalisieren. Nach mehreren Versuchen in Europa gelang es erst 1845 dem Mechaniker Elias Howe in Boston/USA mit einer Maschine, die einen Ober- und einen Unterfaden miteinander verschlang, eine stabile Naht zwischen zwei Stoffteilen herzustellen. Gegenüber den 50 Stichen einer Näherin erreichte Howe 300 Stiche in einer Minute. Zunächst hatte aber wegen ihres hohen Preises niemand an Howes Erfindung Interesse. Erst nach Verbesserungen anderer Mechaniker waren Schneider dazu bereit, Maschinen nach der Bauart Howes zu erwerben. Erfolgreich waren Maschinen des Mechanikers Isaac Merrit Singer, der sich darauf verstand, die Vorbehalte seiner potenziellen Kunden auszuräumen und die teuren Maschinen auf Ratenzahlung lieferte. Noch Ende der 1850er-Jahre begann in den USA die industrielle Massenproduktion. Bald kamen Nähmaschinen auch nach Europa, vor allem die Produkte von Singer.

In Kaiserslautern hatte die Blechblaswerkstatt von Georg Michael Pfaff schon einige Nähmaschinen repariert, bevor Pfaff 1862 nach amerikanischem Muster seine erste Nähmaschine baute. Die in ihrer schweren Ausstattung für Handwerksbetriebe gedachte Nähmaschine transportierte den Unterfaden mittels eines Längsschiffchens (abgeschaut vom Schiffchen am Webstuhl). Neben den Blechinstrumenten stellte Pfaff nun jedes Jahr einige hundert Nähmaschinen her, bis er 1870 die Blasinstrumente aufgab und nunmehr Nähmaschinen fabrikmäßig herstellte. Das Königreich Bayern ehrte den Fabrikgründer mit dem Titel eines Kommerzienrats wegen seiner Verdienste um die deutsche Nähmaschinenindustrie.

Waren Nähmaschinen zunächst teuer und nur für Handwerkerbetriebe gedacht, so fielen bald die Preise und ermöglichten vielen Frauen – auch durch die Möglichkeit des Ratenkaufs – eine bescheidene Existenz als Flickschneiderinnen. Um 1900 war die Nähmaschine dann ein übliches Haushaltsgerät. Pfaff-Nähmaschinen galten immer als grundsolide und so ist die Firma Pfaff einer der letzten deutschen Hersteller, der heute allerdings nur mehr Industrienähmaschinen fertigt. // W. G.

Lit.: 1862 Pfaff 1962. »Pfaff-Mitteilungen« und »Wir Pfaffianer«, Heft 3+4, Jubiläumsausgabe Juni 1962, Kaiserslautern 1962; Lüth, Erich: G. M. Pfaff A.-G. Kaiserslautern, Leipzig 1936 (Musterbetriebe deutscher Wirtschaft 32)

59. Modernes Bauwesen

A) *»Sonthofener Mischer«*

Modell einer Mischmaschine zur Bereitung von Stampfbeton, Firma Alfred Kunz, Kempten im Maßstab 1:5 von 1905
Alfred Kunz (1852–1900)
Kempten, 1887
Metall, Holz, 40 x 65 x 40, 35 kg
Deutsches Museum (2846)

Eine der größten Herausforderungen an die Bauhandwerker in der Zeit um 1900 war die Umstellung vom Maurer zum Betonierer. Während das Errichten der Schalung, das Schütten des frischen Betons in die Schalung und das Stampfen weitgehend in Handarbeit vorgenommen wurden, gab es schon bald die ersten Maschinen, die die komplizierte und umständliche Herstellung des Gemischs aus Zement, Kies, Sand und Wasser übernahmen. Die Firma Alfred Kunz hatte 1887 erstmals das Patent mit der Nr. 42407 für eine »Maschine zur Bereitung von Stampfbeton« erhalten. Eine »Neueste Stampfbetonmaschine«, eine verbesserte Ausführung des Modells von 1887, wurde 1893 für Alfred Kunz patentiert. Alle diese Maschinen wurden vom Königlich Bayerischen Hüttenamt in Sonthofen hergestellt und unter dem Namen »Sonthofener Mischer« in ganz Deutschland bekannt. Ein Modell dieser ersten Mischmaschine aus dem Jahr 1887 hat das Königliche Hüttenamt Sonthofen 1909 dem Deutschen Museum gestiftet. Auch die 1903 in der Zeitschrift »Zement und Beton« vorgestellte Maschine aus demselben Jahr war eine Weiterentwicklung dieser ersten patentierten Version. Sie wurde von Pferden an den Ein-

59. A) »Sonthofener Mischer«

satzort gezogen und über ein Schwungrad und Laufband an die Dampfmaschine angeschlossen. Auf den Fotografien aus der Zeit ist der Qualm der Dampfmaschine deutlich als sichtbares Zeichen des Fortschritts zu erkennen. // D. B.

Lit.: Beton Mischmaschinen, in: Zement und Beton 2 (1903), S. 22–29; Bühler, Dirk: Die Illerbrücken in Kempten: Beton in der Bautechnik um 1903, in: Circa 1903 – Artefakte in der Gründungszeit des Deutschen Museums, hg. von U. Hashagen, O. Blumtritt, H. Trischler, München 2003, S. 474–498

B) *Hundehütte aus Monierbeton*

Conrad Freytag (1846–1921)
Neustadt an der Weinstraße, 1884
Beton, Stahl, 119 x 86 x 100,5, 273 kg
Deutsches Museum (66126)

Auf einer Reise nach Trier lernte Conrad Freytag die neue Betonbauweise mit Eisenbewehrung kennen, die der französische Gärtner Joseph Monier entwickelt hatte. Conrad Freytag erwarb von Monier 1884 die Verwertung des deutschen Patents für Süddeutschland durch seine Firma Freytag und Heidschuch. Als erster praktischer Versuch für die Brauchbarkeit der »Monier-Bauweise« gilt diese Hundehütte, die unmittelbar nach dem Erwerb des Patents angefertigt wurde. // D. B.

Lit.: Festschrift aus Anlass des fünfzigjährigen Bestehens der Wayss & Freytag A.G., Stuttgart 1925, S. 10; 120 Jahre Wayss & Freytag (1875–1995), Frankfurt 1995, S. 5

60. Traditionelles Bauhandwerk

A) *Rucksack für einen Maurer*

Oberpfalz, 20. Jahrhundert
Sackleinen, Leder und Metall, 58 x 48
Burg-Museum Parsberg (9420)

B) *Wasserwaage*

20. Jahrhundert
Hartholz, Glas, Messing und Eisen, 6,5 x 75 x 3
Burg-Museum Parsberg (9421)

C) *Reibbrett für Putzarbeiten*

20. Jahrhundert
Holz, 10 x 44,5 x 14,5
Burg-Museum Parsberg (9422)

D) *Zwei Maurerhämmer zum Zurichten von Bausteinen*

20. Jahrhundert
Eisen und Holz, 5 x 30 bzw. 5 x 25
Burg-Museum Parsberg (261 bzw. 1309)

Bauhandwerker haben keine ortsfeste Werkstatt; sie wechseln von Baustelle zu Baustelle. Vor Einführung der heute üblichen großen, kapitalintensiven Baumaschinen (Kat.-Nr. 59) fanden die wichtigsten Werkzeuge eines Maurers oder auch eines Zimmermanns Platz in einem Rucksack. Das Werkzeug war persönliches Eigentum des Handwerkers. Es wurde dementsprechend sorgfältig behandelt und an jedem Arbeitstag zur Baustelle mitgebracht. Tägliche Hin- und Rückwege von mehreren Stunden Fußmarsch

60. A) Rucksack für einen Maurer

62. Petroleummotor mit Glührohrzündung

waren bis in das 20. Jahrhundert üblich; später erleichterte das Fahrrad den Weg zur Arbeit. // C. L.

Lit.: Das heimische Handwerk in Parsberg und Umgebung 1 (1988), hg. vom Burg-Museum Parsberg

61. Mechanisierung

Säulenbohrmaschine mit Transmissionsantrieb

Böffinger & Schäfer, Werkzeuge und Maschinen
Frankfurt am Main, um 1900
Stahlguss, teils bearbeitet, 183 x 85 x 50, 167 kg
Deutsches Museum (1988–203)

Dieser Typ einer Säulenbohrmaschine wurde ab 1890 in Deutschland von verschiedenen Herstellern in großer Stückzahl als »Katalogware« gefertigt. Die gezeigte Maschine eignete sich durch drei wählbare Geschwindigkeitsstufen für Bohrungen bis 13 mm Durchmesser. Der Vorschub des Bohrers erfolgte mittels Hand über einen Hebel mit Sperrrad, dessen Klinke selbsttätig ausrückte, wenn der Hebel zurückgelegt wurde. Das Ein- und Ausschalten geschah über ein Fußpedal.
Die hier gezeigte Maschine belegt die vielseitige Verwendung im Gewerbe. Sie war bis etwa 1980 bei der Münchner Ornamentenspenglerei Lorenz Sporer in der Rothmund-Straße im Einsatz und wurde dort 1927/28 bei der ersten Kupfereindeckung der Deutschen Bank am Lenbachplatz ebenso verwendet wie bei den Dacharbeiten des Münchner Doms und für die Herstellung der Magdeburger Halbkugeln am Deutschen Patentamt nach dem Zweiten Weltkrieg. // K. A.

Lit.: Kagerer, Felix: Maschinentechnisches Lexikon, Wien 1912; Grasser, Walter: Zwischen Himmel und Erde, in: München Mosaik 14 (1988), H. 2, S. 8 ff.

62. Motorisierung

Petroleummotor mit Glührohrzündung

Grob & Co.
Leipzig, 1891
Metall, teilweise geschnitten, 139 x 86 x 66, 313 kg
Deutsches Museum (1911–33753)

Im Jahr 1885 konstruierte Emil Capitaine erstmals funktionsfähige Petroleummotore, die ab 1890 von Grob & Co. in Größen bis 11 kW (15 PS) serienmäßig gefertigt wurden. Der gezeigte Motor leistete bei einem Kolbendurchmes-

64. A) Fernsprechapparat im Wandgehäuse

ser von 140 mm und einem ebenso großen Hub 1,5 kW (2 PS) bei 380 Umdrehungen in der Minute. Der Kraftstoff – das Petroleum – wurde durch eine Pumpe in ein von außen beheiztes Glührohr gespritzt, verdampfte dort und bildete mit der angesaugten Luft das notwendige Gasgemisch, das am Ende des Verdichtungshubes zündete. // K. A.

Lit.: Sass, Friedrich: Geschichte des Deutsches Verbrennungsmotorenbaues von 1860 bis 1918, Berlin 1962

63. Elektrifizierung

Gleichstrommotor mit Ringanker für 105 Volt. Manchester-Typ mit Riemenscheibe für Transmission

AEG München GmbH Nro. 8817, um 1890
Metall, 57 x 57 x 72, 295 kg
Deutsches Museum (81330)

Nutzte man in den 1880er-Jahren Elektroenergie zunächst vor allem für Beleuchtungszwecke, wurden ab Beginn der 1890er-Jahre zunehmend auch Elektromotoren eingesetzt. In den Fabrikhallen der Großindustrie ersetzte man die aufwändigen, von Dampfmaschinen getriebenen mechanischen Transmissionen durch »elektrische Kraftübertragungen«. In dem Maße, in dem öffentliche oder private Kraftwerke die Städte und Gemeinden versorgten, profitierten aber auch Handwerk und Gewerbe von der neuen Antriebsmaschine. Einfacher und preiswerter als mit den damals üblichen Alternativen Kleindampfmaschine und Gasmotor konnten nun im Handwerk und Gewerbe mechanische Verfahren Einzug halten, die die schwere körperliche Arbeit erleichterten und die Produktivität erhöhten. // F. D.

Lit.: Lindner, Helmut: Strom, Reinbek b. Hamburg 1985

64. Kommunikation

A) *Fernsprechapparat im Wandgehäuse*

Friedrich Reiner (1858–1918)
München, 1908
Metall, Holz, 19 x 31 x 36, 6,5 kg
Deutsches Museum (39225)

Nach dem Erwerb des Meisterbriefs gründete Friedrich Reiner 1882 in München eine Mechanikerwerkstatt, um Telefone zu produzieren, die 1877 in Deutschland bekannt geworden waren. Sein Hauptabnehmer und sicherer Vertragspartner war zunächst die Königlich Bayerische Generaldirektion der Posten und Telegraphen. Das Wandtelefon, von der Deutschen Reichs-Telegraphenverwaltung als »Modell 1908« bezeichnet, besitzt eine Gelenkvorrichtung, bei der das Mikrofon immer in der optimalen senkrechten Position gehalten wird. Die Verbindung zum »Fräulein vom Amt« erreichte man durch Drehen der Induktionskurbel. Ein zweipoliger Fernhörer und ein Wecker vervollständigten den Wandapparat für das Ortsnetz. Inzwischen war Reiners Werkstatt zur Telefonfabrik avanciert und konnte den gesamten Apparat selbst herstellen. // O. B.

Lit.: Handbuch der Elektrotechnik, Bd. 12, 2. Aufl., Leipzig 1907; Horstmann, Erwin: 75 Jahre Fernsprecher in Deutschland 1877–1952, o. O. 1952

66.c) Wagenrad (halbfertig als Demonstrationsobjekt)

b) *Hörstation: »Buchbinder Wanninger«*

Aufnahme mit Karl Valentin und Liesl Karlstadt aus dem Jahr 1940
Bearbeitung: Josef Focht

Zur Entstehungszeit des Wandtelefons von Friedrich Reiner hätte der Buchbinder Wanninger (Kat.-Nr. 130) wohl noch kein Telefon benutzt. Für kleinere Handwerksbetriebe wurde erst in den 1920er-Jahren der »Fernsprechapparat« üblich. // O. B.

65. Technische Innovation als Chance

Bandsägemaschine

Krumrein & Katz, Stuttgart (?)
Schwarzwald, um 1870
Holz, 199 x 114 x 199, 94 kg
Deutsches Museum (1910–25093)

Im Jahr 1808 erhielt der Londoner William Newberry ein erstes Patent auf eine Bandsäge, die sich allerdings noch nicht für den Einschnitt von Stämmen oder Sägeblöcken eignete, sondern lediglich bedingt für die Schnittholzverarbeitung. Dass diese Erfindung erst 40 Jahre später Eingang in die Praxis fand, lag in den unzulänglichen metallurgischen Möglichkeiten begründet, Stahl für Bandsägeblätter mit der notwendigen Elastizität und Schneidfähigkeit zu legieren.
Die hier gezeigte ganz aus Holz gefertigte und über eine Transmission angetriebene Bandsäge stammte vermutlich von dem Maschinenhersteller Krumrein & Katz aus Stuttgart. Da weder das Maschinengestell noch der Arbeitstisch und die Spannvorrichtung für die Säge Gebrauchsspuren aufweisen, könnte es sich dabei um ein Anschauungsobjekt für die interessierte Kundschaft gehandelt haben. // K. A.

Lit.: Finsterbusch, Edgar: Vom Steinbeil zum Sägegatter, Leipzig 1987

66. Wagner und Schreiner

a) *Große Transmissionsscheibe für eine Bandsäge*

Franz Hegelein (1871–1966)
Parsberg, um 1912
Holz und Eisen, Ø 65, T. 10,5
Burg-Museum Parsberg (1123)

b) *Kleine Transmissionsscheibe für eine Bandsäge*

Franz Hegelein (1871–1966)
Parsberg, um 1912
Fichte und Eisen, Ø 27, T. 10
Burg-Museum Parsberg (1126)

c) *Wagenrad (halbfertig als Demonstrationsobjekt)*

Franz Hegelein (geb. 1904)
Parsberg, 1982
Eiche (Radnabe), Buche und Eisen, Ø 84, T. 29
Burg-Museum Parsberg (1114)

d) *Felgenzirkel zum Ausmessen des Umfangs von Wagenrädern*

Wagnerei Hegelein
Parsberg, 1. Hälfte 20. Jahrhundert
Holz und Metall, 18 x 38,5 x 81
Burg-Museum Parsberg (1538/1+2)

66. B) Kleine Transmissionsscheibe für eine Bandsäge

66. D) Felgenzirkel zum Ausmessen des Umfangs von Wagenrädern

66. E) Lehrensatz zur Konstruktion einer Wagenradfelge

E) *Lehrensatz zur Konstruktion einer Wagenradfelge*

Wagnerei Hegelein
Parsberg, 1. Hälfte 20. Jahrhundert
Hartholzbrettchen, sechs Kreis-Segmente je 49 x 13 x 1
Burg-Museum Parsberg (1040–1046)

F) *Werkzeugkasten mit Inhalt*

Schreinerei Hegelein in Parsberg bis 1975
Holz und Eisen, 90 x 76 x 21
Im Werkzeugkasten befinden sich u. a. zwei Zirkel zum Anreißen von Kreislinien, zehn Stemmeisen in verschiedenen Formen und Größen, sieben Hobel und zwei Sägen
Burg-Museum Parsberg (9423; Werkzeug: 1392, 2329/34, 9424/52)

Im Jahr 1898 gründete der Wagnergeselle Franz Hegelein (1871–1966) in Parsberg seinen eigenen Betrieb. Zu diesem Zeitpunkt gab es am Ort keine Konkurrenz, denn zwei alteingesessene Wagner hatten um 1890 ihr Gewerbe eingestellt. Der Wagner Hegelein fertigte komplett verschiedene Arten von Wagen, Karren, Schlitten, Pflüge und Eggen, auch Tröge, hölzerne Kornschaufeln und Stiele für Werkzeuge.

Handwerke wie Wagner und Schreiner erhielten an der Wende vom 19. zum 20. Jahrhundert durch die technische Innovation der Bandsäge mit Elektroantrieb eine neue Chance, als ländliche Kleinbetriebe erfolgreich zu sein. Eine wesentliche Neuerung war im Jahr 1912 der Kauf einer schon elektrisch angetriebenen Bandsäge (Kat.-Nr. 42). Hierfür konstruierte Franz Hegelein selbst die erforderlichen Transmissionsscheiben für die unterschiedlichen Antriebsgeschwindigkeiten der Säge. Die Bandsäge ermöglichte nach dem Zweiten Weltkrieg die Umstellung von der Wagnerei, die infolge der einsetzenden Mechanisierung der Landwirtschaft nicht mehr rentabel war, auf eine Schreinerei, die vom ländlichen Bauboom profitieren konnte. Der Familienbetrieb wurde im Jahr 1975 in der dritten Generation von Franz Hegelein (geb. 1944) aufgegeben, der als angestellter Meister in einen größeren Betrieb wechselte. Ein Großteil des Inventars ist heute im Burg-Museum Parsberg ausgestellt. // C. L.

Lit.: Das heimische Handwerk in Parsberg und Umgebung, H. 1, hg. vom Burg-Museum Parsberg, Nürnberg 1988

67. Landhandwerk und Moderne

Holzfahrrad

Hersteller und Herstellungsort unbekannt
Zwischen 1888 und 1896
Rahmen Holz, eiserne Beschläge und Kette, 198 x 72 x 97, 18,5 kg
Deutsches Museum (1992–77)

In der Zeit zwischen 1880 und 1900 entwickelte sich das Fahrrad vom exklusiven Sport- und Freizeitgerät zum alltäglichen Verkehrsmittel. Kurz vor der Wende zum 20. Jahrhundert fielen die Preise für Fahrräder durch industrielle Massenproduktion, sodass sie weite Verbreitung in der Bevölkerung finden konnten. Bis dahin hatten sich vereinzelt findige Handwerker mit dem Bau eigener Fahrräder beholfen. Dazu benutzten sie Material, das sie gelernt hatten zu verarbeiten – wie etwa Holz. // R. S.

68. Neue Mobilität

68. Motorrad »Hildebrand & Wolfmüller«

Motorrad »Hildebrand & Wolfmüller«

Heinrich Hildebrand (1855–1925), Alois Wolfmüller (1864–1948)
München, 1894
Vorwiegend Metall, 165 x 95 x 50, 60 kg
Motor: wassergekühlter 2-Zylinder-Viertaktmotor
Hubraum: 1488 cm³
Leistung: 1,8 kW (2,5 PS) bei 250 U/min
Höchstgeschwindigkeit: 40 km/h
Deutsches Museum (011180)

Das Motorrad »Hildebrand & Wolfmüller« ist bekannt als das erste Serienmotorrad der Welt. Es geht auf eine Konstruktion von Alois Wolfmüller und Hans Geisenhöfer zurück, die sich die beiden Ingenieure 1894 patentieren ließen. Das neuartige Motorzweirad erhielt einen aus Rohren gefertigten Rahmen, der den ca. 12 kg schweren Zweizylinder-Viertaktmotor zu tragen vermochte. Der Antrieb erfolgte über Pleuelstangen direkt auf die Hinterachse. Als Zündung diente eine Glührohrzündung, die jedoch kompliziert zu bedienen war und in der Praxis nicht befriedigte.
Da sich das Patent nicht verkaufen ließ, gründete Alois Wolfmüller zusammen mit dem Münchner Kaufmann Heinrich Hildebrand 1894 eine eigene »Motor-Fahrrad-Fabrik« in der Kolosseumstraße in München, die für eine Jahresproduktion von erstaunlichen 3000 Stück ausgelegt war. Tatsächlich wurden jedoch sehr viel weniger Fahrzeuge gebaut, die genaue Zahl ist unbekannt. Vermehrte Kundenbeschwerden über die unpraktische Zündung trugen dazu bei, dass die Firma bereits im Herbst 1895 Konkurs anmelden musste. // B. G.

Lit.: Schwipps, Werner: Alois Wolfmüller. Erfinder und Flugtechniker, Planegg 1991; Spies, Jan: Die Braunschweiger Hildebrand & Wolfmüller. Das erste Serienmotorrad der Welt, Braunschweig 1988

67. Holzfahrrad

69. Propeller

69. Luftfahrt aus der Schreinerwerkstatt

Propeller

Fa. Gustav Otto
München, um 1912/13
Holz, 260 x 24,5 x 12,8, 11 kg
Deutsches Museum (2004/235)

Gustav Otto, Sohn des Erfinders des Viertaktmotors, Nikolaus August Otto, wurde 1883 in Mülheim an der Ruhr geboren. Er gründete 1909 eine Flugzeugfabrik, die neben Flugzeugen auch Propeller und Flugmotoren fertigte.
Die Propeller wurden aus mehrfach verleimten Holzlagen hergestellt, um so die nötige Festigkeit und Elastizität zu bekommen. Propeller sind großen Belastungen ausgesetzt wie den Fliehkräften. Sie müssen das Drehmoment der Antriebswelle des Flugmotors in einen Vortriebsschub umwandeln.
Bei der Propellerfertigung war ein hoher handwerklicher Aufwand nötig: Es wurden die einzelnen Holzbretter nach einer groben Hauptkontur gesägt. Die entsprechenden Holzlagen wurden unter Druck verleimt. Durch genaues Hobeln und Schleifen wurde die exakte endgültige Form geschaffen. Nach dem Bohren der Luftschraubennabe wurde der Propeller ausbalanciert, eingeölt und abschließend lackiert. Gustav Otto verkaufte im Ersten Weltkrieg sein Flugzeugwerk, das zusammen mit den ebenfalls in München ansässigen Rapp-Motorenwerken zur Fa. Bayerische Motoren Werke (BMW) fusionierte. Das Firmenlogo von BMW, der Kreis mit den weißblauen Feldern, der einen sich drehenden Flugzeugpropeller symbolisiert, erinnert noch heute an die fliegerischen Wurzeln. Gustav Otto starb 1926 durch Freitod. // H. H.

Lit.: Pletschacher, Peter: Die Königlich Bayerischen Fliegertruppen 1912–1919, Stuttgart 1978; Lange, Bruno: Typenhandbuch der deutschen Luftfahrttechnik, Koblenz 1986; Béjeuhr, Paul: Luftschrauben-Leitfaden für den Bau und die Behandlung von Propellern, Frankfurt am Main 1912

> > … …

...

BAYERISCHES HANDWERK GESTALTEN UND ERHALTEN

Wie in allen Bereichen des Handwerks, so haben die 200 Jahre von 1806 bis 2006, tief greifende Veränderungen für das gestaltende Handwerk mit sich gebracht. Der Bogen spannt sich vom zünftisch geprägten Meister, dessen Arbeit auf tradierter Erfahrung in einem vom Machen mit der Hand bestimmten Arbeitszyklus basiert, bis hin zum kunst- und designorientierten Gestalter, der vor der Frage steht, ob er Handwerker, Kunsthandwerker, Künstler oder Designer sein soll.

Vergleicht man die Zeit vom Aufblühen des Handwerks im Mittelalter bis 1806 mit jener Epoche, die Gegenstand dieser Ausstellung ist, so haben sich in den letzten 150 Jahren wohl die stärksten Veränderungen ergeben. Allein am Beispiel der Ausbildung in den gestaltenden Handwerken lässt sich dies eindrucksvoll beobachten.

Die Aufhebung der Zünfte im 19. Jahrhundert, die Arts-and-Crafts-Bewegung mit ihrer Internationalisierung, die ersten Weltausstellungen in London und Paris, die Kunstgewerbebewegung des 19. Jahrhunderts mit der Gründung von Museen, Vereinen und Schulen sowie die Entstehung von Handwerkskammern in Deutschland ab 1900 leiten einen starken Wandel im Handwerk parallel zur Industriegesellschaft ein.

Bereits ab der Mitte des 19. Jahrhunderts setzt in Bayern eine staatlich gelenkte Förderung des Handwerks und des Kunstgewerbes ein. Die ersten großen Vorbildersammlungen wie das Germanische Nationalmuseum in Nürnberg oder das Bayerische Nationalmuseum in München dienen auch der Anschauung vorbildlicher Handwerkskunst aus den unterschiedlichsten Regionen Bayerns. 1851 wird in München der Bayerische Kunstgewerbeverein als Zusammenschluss von Künstlern, Kunsthandwerkern und Unternehmern gegründet. Die Mitgliedschaft des bayerischen Königs zeigt, welche Bedeutung dieser dem Kunstgewerbe seiner Zeit beimisst. Bereits im 19. Jahrhundert beginnt auch die Gründungswelle der handwerklichen Fachschulen in fast allen Regionen Bayerns. Immer steht dahinter die Intention, dem Niedergang des traditionellen Handwerks durch eine hohe Qualität der Ausbildung zu begegnen, Techniken zu vermitteln, weiterzuentwickeln und gestalterische Anregungen zu geben. Handwerkliche Fachschulen dieser Art gibt es heute zum Beispiel noch für Korbflechter in Lichtenfels, für Glas in Zwiesel, für Keramik in Landshut, für Schmuck und Glas in Neu-Gablonz und für Geigenbau und Zupfinstrumente in Mittenwald, für Schreiner und Holzbildhauer in Garmisch-Partenkirchen, Oberammergau und Berchtesgaden.

Rolle und Zielsetzung dieser Schulen basieren noch auf der regionalen Bedeutung, die die einzelnen Handwerksberufe an den Standorten dieser Schulen einst hatten und zum Teil noch heute haben. Neben der beruflichen Ausbildung im Handwerk und im Kunsthandwerk sind diese Schulen wichtige Vermittler einer handwerklichen Kultur. Wie in allen zukünftigen Fragen wird auch auf diesem Gebiet die Qualität der Aus- und Weiterbildung im Hinblick auf die Gestaltungskompetenz, die junge Handwerker dort erfahren, von größter Bedeutung sein.

Die Qualität und Dichte des Kunsthandwerks in Bayern ist auch heute als hoch anzusehen. Dabei spielen nicht nur die Zentren wie München, Nürnberg oder Passau eine bedeutende Rolle. Die Stadtflucht vieler Kunsthandwerker in den ausgehenden 1960er- und 1970er-Jahren wirkt noch nach und so finden sich viele der Werkstätten in den ländlichen Regionen Bayerns. Wer sich für den Beruf des Kunsthandwerkers entscheidet, wählt auch eine eigene Lebensform, oft fernab von den Metropolen und weit entfernt vom großen Verdienst. In Bayern nimmt München eine Sonderstellung für das Kunsthandwerk ein.

71. A) Statue des hl. Georg im Kampf mit dem Drachen

ner war eine mindestens sechsjährige Geschäftsleitung nachzuweisen. Die »Vermögens-, Kredit-, Familienverhältnisse« der Bewerber mussten einwandfrei, die »königstreue Gesinnung« unzweifelhaft und der Leumund makellos sein. Das Geschäft musste selbstredend erstklassig sein. Nicht verliehen wurde der Titel an Pächter, Angestellte und juristische Personen wie Aktiengesellschaften. Bei Handwerkern war die Berechtigung zur Führung des Meistertitels Voraussetzung.
Einmal im Jahr trat die Hoftitelkommission zusammen und befand über die Bewerber, dann wurde das Gesuch dem König vorgelegt, der allerdings auch ohne die Hoftitelkommission einzubeziehen das Privileg gewähren konnte. Die Verleihung des Titels eines königlichen Hoflieferanten war nicht erblich und erlosch mit Aufgabe des Geschäfts, bei grobem Fehlverhalten oder dem Tod des Inhabers.
Für die Verleihung des Titels war eine Gebühr zwischen 300 und 3000 Mark zu entrichten. Kleine Gewerbetreibende durften auf eine Ermäßigung bis auf 50 Mark hoffen, für Großbetriebe konnte die Gebühr hingegen bis auf 15000 Mark steigen. Gültig wurde die Ernennung erst mit dem Abdruck im »Gesetz- und Verordnungsblatt für das Königreich Bayern«. Alljährlich veröffentlichte das »Münchner Jahrbuch« eine Liste sämtlicher Hoflieferanten. Noch heute gibt es in München Firmen, die sich mit dem traditionsreichen Titel des »Königlich Bayerischen Hoflieferanten« schmücken. Darunter sind Handwerksbetriebe bzw. ehemalige Handwerksbetriebe wie Roeckl Handschuhe, Benno Marstaller, Eduard Meier, die Hofpfisterei, die Franz Meyer'sche Hofkunstanstalt oder Rodenstock. // A. B.

Lit.: Kosler, Barbara: Königlich Bayerische Hoflieferanten. Geschichte und Geschichten, München 2003

71. Kunsthandwerk – Familie Miller

A) *Statue des hl. Georg im Kampf mit dem Drachen*

Von Miller'sche Erzgießerei
München, wohl 1925
Sign. in der Bodenplatte: » ... [möglicherweise: mod.] A. Seitz, v. Miller fud. / ... [möglicherweise: inv.] R. Seitz«
Rohguss, Bronze, gegossen, 68 x 53 x 33,5, 43 kg
Deutsches Museum (56391)

Bildwerke aus Bronze, einer Legierung aus Kupfer und Zinn, werden seit etwa 4000 v. Chr. nach dem Wachsausschmelzverfahren hergestellt. Die Vorform in Wachs, die entweder als Unikat direkt modelliert oder als Abguss eines bereits existierenden Werks entstanden sein kann, wird mit feuerfestem Material umhüllt und schmilzt – über zuvor angesetzte Abflusskanäle – beim Brennen dieses Mantels weg. Die »verlorene Form« des entstandenen Hohlraums wird anschließend – über entsprechende Zuflusskanäle – mit flüssiger Bronze gefüllt.
Um den komplizierten Herstellungsprozess von Bronzegüssen nach dem Wachsausschmelzverfahren nachvollziehbar zu machen, erwarb das Deutsche Museum von der Erzgießerei Ferdinand von Miller (der früheren Königlich Bayerischen Erzgießerei) 1926 drei Bronzebildwerke in verschiedenen Stadien der Bearbeitung, von der ersten Stufe des Rohgusses (Hirsch, Inv.-Nr. 56390) bis zur Ziselierung der Oberfläche (Büste Marias, Königin von Bayern, Inv.-Nr. 56392).
Der Rohguss des hl. Georg steht für einen Zwischenschritt: Ein Teil der mit Bronze gefüllten Zu- und Abflusskanäle ist noch zu sehen. Die Nagelstifte, die der Form beim Guss Halt gaben, wurden bereits entfernt, haben beim Herausziehen jedoch Löcher in die Oberfläche gerissen. So wird deutlich, dass als Nächstes die mühsamen Arbeitsprozesse des Schließens und Glättens der Oberfläche bevorstehen. // M. B.-Z.

71.B) Tafelaufsatz »hl. Hubertus«

B) *Tafelaufsatz »hl. Hubertus« (mit Trinkhorn)*

Fritz von Miller (1840–1921)
München, 1898
Silber, gegossen, in großen Partien vergoldet, teilweise auch tauschiert; farbige Schmucksteine und Perlen sowie Emailplaketten; Sockel aus Chrysopras (grünem Quarz); zugehörig: Horn einer Antilope (?) mit eingesetztem Silberbecher und Wappenplakette an montiertem (Messing?)-Ring, 65 x 45 x 35, Horn: L. 75,2, Ø 7,8, 40 kg
Deutsches Museum (67241)

Der Tafelaufsatz wurde wohl als Ehrengabe für einen hoch gestellten Jagdfreund oder für eine Jagdgenossenschaft in Auftrag gegeben. Hubertus, dem nach der Legende ein Hirsch mit einem Kruzifix im Geweih begegnet ist, gehört zu den Schutzpatronen der Jäger. Der Aufsatz trägt – in einem Schriftzug auf Niellogrund rund um das Bildwerk – die Inschrift: GOTT GIEB UNS / GNÄDIG DEIN GELEIT / DURCH DIESES LEBENS / WILD GEJAIT. Mit dem Trinkhorn diente es vermutlich zeremoniellen Zusammenkünften.

Der Ring mit der daran hängenden Wappenplakette ist vermutlich später an das Trinkhorn montiert worden, da er das passgenaue Einsetzen des Horns behindert und wohl aus Messing besteht. Das Wappen mit der Tanne und den Initialen »IF«, möglicherweise auch »HF« in Ligatur, und »S.« konnte bislang nicht identifiziert werden. Der Tafelaufsatz ist aus kostbaren Materialien, in der Kombination verschiedenster Techniken und mit feingliedrigen Details äußerst kunstvoll ausgeführt. Bemerkenswert ist auch die bildnerische Gestaltung, die mit den Motiven arbeitet, die von Albrecht Dürers Kupferstich »Hl. Eustachius« (1501) bekannt sind. Der römische Märtyrer Eustachius hatte nach der christlichen Überlieferung als Erster die Vision des kreuzgeschmückten Hirsches und kann somit als »Ahnherr« des Hubertus gelten. Miller gibt die Figuren Dürers – den Hirsch mit dem Kreuz und den davor knienden Jäger Eustachius bzw. Hubertus mit Renaissancegewand und Jagdutensilien – in den Einzelheiten sehr genau wieder, ordnet sie in der dreidimensionalen Komposition des Tafelaufsatzes jedoch räumlich ganz anders an. Die Bäume mit ihren Laubkronen bilden bei Miller eine Art von Baldachin, unter dessen Schirm die visionäre Begegnung stattfindet, während bei Dürer der Jäger vor den Bäumen kniet und der Hirsch zwischen den Bäumen hervortritt. Außerdem sind die bei Dürer im Vordergrund gezeigten Hunde bei Miller in eine zweite Ebene unterhalb der Hauptszene verlagert: in einen den Waldboden tragenden gebauten Raum, der mit seinen niedrigen Säulen und Kreuzgratgewölben wie eine Krypta wirkt. Miller hat Dürers Bildkomposition in gewisser Weise architektonisch umgesetzt und beweist so den hohen Anspruch seines Kunsthandwerks.

Dr. Ing. h.c. Fritz von Miller war der älteste Sohn Ferdinand von Millers d. Ä., der die Königlich Bayerische Erzgießerei übernommen hatte. Von seinem Vater zunächst zusammen mit den Brüdern Ferdinand d. J. und Ludwig als Nachfolger in der Erzgießerei eingesetzt, hat er sich jedoch der Goldschmiedekunst zugewandt.

Er arbeitete mit Vorliebe in der Formensprache der Renaissance und des Manierismus und suchte die Goldschmiedekunst in höchster technischer Virtuosität weiterzuentwickeln. So wurde er zu einem der bedeutendsten Vertreter des Historismus und hatte als Professor an der Münchner Kunstgewerbeschule von 1868 bis 1912, fast ein halbes Jahrhundert lang, großen Einfluss auf das Kunsthandwerk seiner Zeit. // M. B.-Z.

75. A) Buchkassette für das Stifterbuch des Deutschen Museums

wichtige Rolle. Ihr Schlusswort, gesprochen vom Schuhmacher und Poeten Hans Sachs: »Verachtet mir die Meister nicht und ehrt mir ihre Kunst.« wurde zum Inbegriff für den Handwerkerstolz. Die Epoche der deutschen Renaissance, in der Hans Sachs (1494–1576) gelebt hatte, galt für den Historismus als die Glanzzeit des deutschen Handwerks schlechthin.
Beim Besuch des bayerischen Prinzregenten Ludwig in Nürnberg im Sommer 1913, wenige Monate vor seiner Proklamation als König Ludwig III., präsentierte sich das offizielle Handwerk in den Trachten und mit den Attributen des 16. Jahrhunderts. Der Kostümfundus stammte wohl noch von der szenischen Aufführung »Hans Sachs«, die 1912 beim 8. Deutschen Sängerbundesfest am gleichen Ort, in der ehemaligen königlich-bayerischen Hauptwache, stattgefunden hatte. Das 1810 errichtete Gebäude nutzte die Handwerkskammer für Mittelfranken ab 1909 bis zum Umzug 1926 in ihr Areal an der Äußeren Sulzbacher Straße. // C. L.

Lit.: Diefenbacher, Michael / Endres, Rudolf (Hg): Stadtlexikon Nürnberg, Nürnberg 1999, S. 552 (Abb.), S. 415 (Abb.), S. 408; vgl. auch: Die Meistersinger und Richard Wagner, hg. vom Germanischen Nationalmuseum Nürnberg, Nürnberg 1981

75. Ein Haus für Meisterwerke

A) *Buchkassette für das Stifterbuch des Deutschen Museums*

Steinicke & Lohr, Kunstgewerbliche Werkstätte
München, 1907
Messing, getrieben, Halbedelsteine, 16 x 61,3 x 38, 10,45 kg
Deutsches Museum (2005–352)

Die Schutzkassette wurde für das Buch »Dem Deutschen Museum überwiesene Meisterwerke der Naturwissenschaft & Technik« angefertigt, in dem man die Objektstiftungen zugunsten des Deutschen Museums verzeichnete. Die Kassette ist der Truhe nachgebildet, die im Jahr 1906 im Grundstein des Museumsgebäudes eingemauert wurde. Steinicke & Lohr waren als Goldschmiede und Ziseleure eine anerkannte Herstellerfirma für kunsthandwerkliche Metallarbeiten im München der Prinzregentenzeit. // W. F., W. G.

Lit.: Adreßbuch für München und Umgebung 1908, München 1908; Lüers, Heinrich: Das Fachwissen des Buchbinders. Vorbereitungsbuch für die Fachprüfungen im Buchbindereigewerbe, 5. Aufl., Stuttgart 1950

B) *Zeitgenössische Filme zur Geschichte des Deutschen Museums*

Feier zur Grundsteinlegung des Deutschen Museums im Jahr 1906 (Film 382)
König Ludwig III. besichtigt die Baustelle im Jahr 1913 (Deutsches Museum, Archiv, AV 382)
Festzug zur Einweihung des Deutschen Museums im Jahr 1925 (Deutsches Museum, Archiv, AV 360)
Schnitt: Georg Schmidbauer
Deutsches Museum

76. Hoflieferanten – der Schuhmacher Eduard Meier

A) *Stiefel*

1930er-Jahre
Leder, H. 60
Eduard Meier GmbH

76. a) Stiefel

b) *Frackschuh*

Um 1910
Leder, L. 30
Eduard Meier GmbH

c) *Damenschuh*

Zwischen 1900–1910
Leder, L. 23
Eduard Meier GmbH
www.edmeier.com

Seit 13 Generationen in Familienbesitz ist Eduard Meier das älteste Schuhhaus Deutschlands. Das 1596 erstmals urkundlich erwähnte Unternehmen war ehemals »Königlich Bayerischer Hoflieferant«.
»Ein Schuh muss so sein, dass er seinen Träger gut durchs Leben führt«, ist die Devise des Hauses Eduard Meier. Der klassische Meier-Schuh bewerkstelligt dies zuverlässig: Er ist rahmengenäht, aus hochwertigem Leder gefertigt. Bedingt durch eine Korkschicht, die zwischen der eichenlohegegerbten Brandsohle und der Laufsohle eingearbeitet ist, verfügt der Meier-Schuh über eine gute Dämpfung, die isoliert, absorbiert und sich beim Einlaufen dem Fußbett individuell anpasst. So vereinen die Schuhe von Eduard Meier Tradition, Formschönheit und Funktionalität. // a. b.

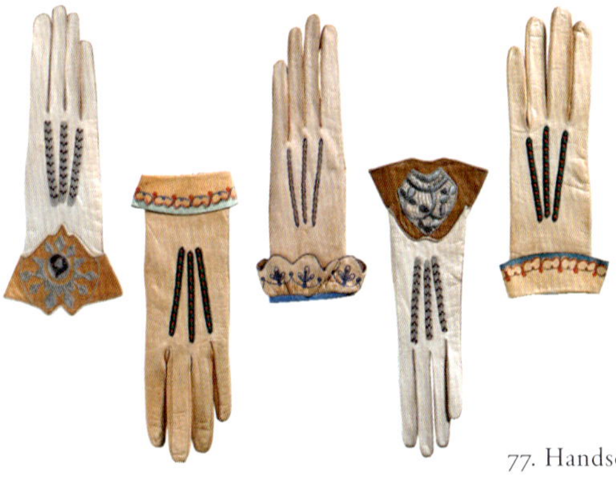

77. Handschuhe

77. Hoflieferanten – der Handschuhmacher Roeckl

Handschuhe

Um 1920
Ziegennappaleder, bestickt, L. 25
Roeckl Handschuhe & Accessoires GmbH & Co. KG
www.roeckl.com

Seit 1839 besteht das von dem Handschuhmachermeister Jakob Roeckl gegründete Münchner Traditionsunternehmen, das heute in der sechsten Generation geführt wird und sich »Königlich Bayerischer Hoflieferant« nennen durfte. Bereits 1870 hatte Christian Roeckl erste Filialen gegründet und ab 1890 exportierte Geheimrat Heinrich Roeckl nach Amerika. Nach der Zerstörung im Zweiten Weltkrieg wurden 1948 unter der Leitung von Dr. Heinrich Franz Roeckl die Leder- und Handschuhproduktion sowie das Filialnetz neu aufgebaut. Bis heute werden bei Roeckl hochwertige Lederhandschuhe in zeitloser Eleganz hergestellt. Das Unternehmen ist europäischer Marktführer der Branche und betreibt 23 eigene Fachgeschäfte. Roeckl-Handschuhe werden nach ganz Europa, in die USA, nach Südamerika, Australien und China exportiert. Seit der Entwicklung eines neuen patentierten Handschuhschnittes 1972 werden bei Roeckl auch Funktionshandschuhe für die Weltelite im Rad-, Reit-, Biathlon- und Langlaufsport, aber auch für den Breitensport entwickelt und gefertigt. Annette Roeckl hat die alleinige Geschäftsleitung von Roeckl Handschuhe und Accessoires inne, Stefan Roeckl jr. die alleinige Geschäftsleitung von Roeckl Sporthandschuhe. // a. b.

78. c) Bema-Stuhl

Überseekoffer bis zur speziell gestalteten Brieftasche, produziert. Die Anfertigung von Spezialkoffern wird im Hause Marstaller besonders gepflegt. Jahrzehntelange Erfahrung und ständige Weiterentwicklung stecken in diesen Konstruktionen.
Bei Benno Marstaller werden nur die besten und gediegensten Ledersorten verarbeitet, jedes Stück wird mit Kennerschaft ausgesucht. Mittlerweile werden bei Marstaller auch Aluminiumbleche und modernste Kunststoffe dort eingesetzt, wo Eigenschaften verlangt werden, die Leder nicht aufweist. // A. B.

Lit.: Westermayer, Sandra: Die Benno Marstaller KG München und der BEMA-Stuhl, unveröffentlichte Seminararbeit an der LMU München 2002/03

78. Hoflieferanten – der Feintäschner Benno Marstaller

A) *Schmuckschatulle*

1920er-Jahre
Leder, Messing, geöffnet: 28 x 34 x 30
Benno Marstaller KG

B) *Flaschentasche*

1950er-Jahre
Leder, H. 42
Benno Marstaller KG

C) *Bema-Stuhl*

1917
Holz, Segelleinen, Leder, 100 x 55 x 65
Benno Marstaller KG
www.marstaller.de

Das renommierte Koffer- und Lederwarengeschäft wurde 1893 von dem erst 23-jährigen Sattlermeister Benno Marstaller gegründet. Ursprünglich auf die Herstellung von kunstvollen Ledergeschirren für Pferde spezialisiert, verlegte sich der Betrieb bald auf die Fertigung qualitativ hochwertiger Spezialkoffer für Schiffs-, Eisenbahn- und Autoreisen. Bis heute werden bei Benno Marstaller individuell entworfene, exklusive Lederwaren, vom großen

79. Kunst und Handwerk begegnen sich

Baumsymbol des Kunsthandwerks

Entwurf und Modell: Heinrich Düll (1867–1956)
und Georg Pezold (1865–1942)
Ausführung: Theodor Heiden, Cosmas Leyrer, Adolf von Mayrhofer, Karl Rothmüller, Eduard Steinicken
München, 1912/13
Bronze, Silber, teilweise vergoldet, Halbedelsteine, Bergkristall, H. 55
Münchner Stadtmuseum (66/299)

Das Gemeinschaftswerk bedeutender Münchner Künstler und Kunsthandwerker war ein Ehrengeschenk des Bayerischen Kunstgewerbevereins zum 25-jährigen Amtsjubiläum des Wilhelm von Borscht. 1888 war dieser zum Zweiten Bürgermeister Münchens gewählt worden, seit 1893 war er Erster Bürgermeister und blieb es, schließlich mit der Bezeichnung Oberbürgermeister, bis 1919. Vor seinem Eintritt in die Stadtregierung Münchens war er Sekretär der großen »Deutschnationalen Kunstgewerbeausstellung« des Jahres 1888 gewesen. Von dort datierte seine besondere Affinität zum Kunstgewerbe, auf die sich der Bayerische Kunstgewerbeverein in seiner wechselvollen Geschichte immer wieder verlassen konnte. Ikonografisch spielt die Arbeit auf das traditionelle, aber auch immer aktuelle Programm der Kunstgewerbebewegung an, die Vereinigung von Kunst und Handwerk. Deren Personifikationen reichen sich am Stamm des Baumsymbols die Hand, an den Zweigen darüber sind zehn Symbole einzelner Gewerke zu sehen, als Bekrönung noch einmal die ineinander gelegten Hände, Symbol des Bayerischen Kunstgewerbevereins, entsprechend einem siegreichen Plakatentwurf von Max Feldbauer für einen Wettbewerb des Vereins im Jahr 1896. // N. G.

Lit.: Kunst und Handwerk 65 (1914/15), S. 222 und Abb. nach S. 228 und S. 229; Die Prinzregentenzeit, hg. von Norbert Götz und Clementine Schack-Simitzis unter Mitarbeit von Gabriele Schickel, München 1988, Kat.-Nr. 4.12.13, S. 337

79. Baumsymbol des Kunsthandwerks

80. Kunstgewerbe im frühen 20. Jahrhundert

A) *Schale*

Figurenmodell: Ernst Geiger
Ausführung: Firma C. F. Schmedding
Augsburg, um 1912
Silber, getrieben, gepresst, vergoldet, Bleikristall, 17 x 22,3
Münchner Stadtmuseum (63/1343)

80. A) Schale

Der Name der Goldschmiedefamilie Schmedding verbindet sich in der bayerischen Kunstgeschichte mit dem herausragenden Werk des so genannten Schwanenritter-Tafelaufsatzes, den die Stadt Augsburg und der oberschwäbische Kreis 1842 bis 1845 als Hochzeitsgeschenk für Kronprinz Maximilian fertigen ließen (Schloss Hohenschwangau, Schwanenrittersaal). Das von Franz Carl I. Schmedding ausgeführte Werk gilt als letzte große Arbeit der Augsburger Silberschmiedekunst vor der Einführung der Gewerbefreiheit 1868. Später verlegte sich die Firma auf die Produktion eines breiten Spektrums gediegener Silberwaren für das gehobene Bürgertum. Hierfür ist die Schale, deren Formen zwischen spätem Jugendstil und Neoklassizismus changieren, ein bezeichnendes Beispiel. // N. G.

B) *Ziergefäß*

Bogenhausener Keramik
(Heinrich Düll, Georg Pezold, Anna Katharina Schambeck)
München, nach 1922
Majolika, 40,7 x 29 x 12
Münchner Stadtmuseum (D 365)

Heinrich Düll und Georg Pezold gehörten in der Prinzregentenzeit zu den gut beschäftigten Münchner Bildhauern. Ihr wichtigstes Werk war der »Friedensengel« auf der Prinzregent-Luitpold-Terrasse, den sie von 1896 bis 1899 gemeinsam mit Max Heilmaier schufen. Als in den 20er-Jahren größer dimensionierte repräsentative Aufträge selten wurden, aktivierten sie ihre schon vorher fallweise betriebene keramische Produktion. 1922 trat Georg Pezolds spätere Ehefrau, die Keramikerin Anna Katharina Schambeck, in die Werkstatt ein. Gemeinsam firmierte man als »Bogenhausener Keramik«. Dies entsprach einer bezeichnenden Entwicklung. 1914 gab es in München fünf entsprechende keramische Betriebe, 1923 waren es bereits 19. Der preiswerte Werkstoff und die plastischen Möglichkeiten des Materials als Träger farbiger Dekore kamen auch in künstlerischer Hinsicht einer flexiblen Vorstellung von Kunstgewerbe in einer sich wandelnden Zeit entgegen. // N. G.

81. Vase, Jugendstil

81. Keramik des Jugendstils

Drei Vasen, zwei davon mit Glasurproben

Jakob Julius Scharvogel (1854–1938)
Ausführung: J. J. Scharvogel Kunsttöpferei München
München, um 1900/1903
Steinzeug, Scharffeuerglasur, H. 14,5; 18,8; 16,3
Münchner Stadtmuseum (K 73/954, K 72/488, K 89/18)

Zwischen 1898 und 1905 betrieb der naturwissenschaftlich-technisch ausgebildete Mainzer Jakob Julius Scharvogel eine Keramikfabrik in München-Sendling. Wie die Generation der modernen französischen Keramiker war auch Scharvogel von Material, Farben und Formen der japanischen Keramik beeindruckt. Hieraus erklären sich die Qualitäten seiner eigenen Produktion auf der Grundlage des Experimentierens mit feingeschlämmtem Steinzeug und geflammten Scharffeuerglasuren. Die Übersiedlung Scharvogels nach München erfolgte zum Zeitpunkt des künstlerischen Umbruchs zum Jugendstil. Er suchte die Nähe zu den Mitarbeitern der Künstler der »Vereinigten Werkstätten für Kunst im Handwerk«, von denen einige auch für seine Produktion als Entwerfer tätig wurden. Das Verhältnis von Kunst, Handwerk und Industrie beschäftigte ihn ein Leben lang. 1907 präsidierte Scharvogel der Gründungsversammlung des Deutschen Werkbundes in München. Seine Aufgabe sah er darin, einer »traurige(n) dünkelhafte(n) Thalmikultur« entgegenzuwirken. Von 1906 bis 1913 war er Direktor der Großherzoglichen Keramischen Manufaktur in Darmstadt. Nach dortigen wirtschaftlichen Schwierigkeiten, der Aufgabe seines Amts und verschiedenen Studienreisen verlegte er seinen beruflichen Schwerpunkt wieder nach München, wo er allerdings keine Werkstatt mehr eröffnete. Mehr und mehr war Scharvogel als Theoretiker und Autorität in kunstgewerblichen Fragen geschätzt. Seit 1915 unterrichtete er an der Technischen Hochschule das Fach Baukeramik. 1922 war er in München Präsident der »Deutschen Gewerbeschau«. // N. G.

Lit.: Jakob Julius Scharvogel. Keramiker des Jugendstils, Darmstadt 1995

Auf dem Weg in die Moderne

82. Konstruktivismus als künstlerischer Ausdruck der 1920er-Jahre

Vase

Form: Bruno Mauder (1877–1948)
Ausführung: Regenhütte, Krystallglasfabrik
Dekor: Fachschule Zwiesel
Regenhütte/Zwiesel, 1927
Farbloses Glas, formgeblasen, Email- und Goldmalerei, H. 18,5
Münchner Stadtmuseum (K 97/72)

Im Jahr 1910 wurde Bruno Mauder Direktor der Glasfachschule in Zwiesel, die 1904 als erste ihrer Art in Deutschland gegründet worden war. In seiner Geburtsstadt München hatte er nach einer Lehre und einigen Jahren Berufspraxis als Glas- und Porzellanmaler die Fach- und Gewerbeschule und von 1899 bis 1901 auch die Kunstgewerbeschule besucht. An der Glasfachschule intensivierte Mauder die Werkstattarbeit gegenüber den theoretischen Fächern und versuchte die Schüler frühzeitig in den Stand zu setzen, nicht nur Studienarbeiten, sondern auch selbstständige Entwürfe für die industrielle Fertigung zu liefern. In der Praxis erwies sich dies allerdings mitunter als schwierig, da die Schülerarbeiten oft zu aufwändig und kompliziert für die Industrieproduktion gerieten, denn Mauder versuchte darüber hinaus, insbesondere in der Aufbruchphase der 1920er-Jahre, mit den modernen Zeitströmungen in bildender Kunst und Kunstgewerbe Schritt zu halten. Dem entspricht der konstruktivistische Dekor der Vase, die die Zeitschrift »Die Kunst« 1928 gemeinsam mit entsprechenden Arbeiten in den direkten Zusammenhang mit den Intentionen der Schule stellte: »Das Ziel wäre nicht erreichbar, würde die Anstalt nur vorhandene gute Stücke aus alter Zeit kopieren lassen; dieser Art ausgebildete Kräfte würden wohl geschickte Techniker, aber es würde ihnen gerade das Wesentliche, die Erfassung des Fortschrittlichen fehlen.« // N. G.

Lit.: Die Kunst 58 (1928), Abb. S. 240; Schöne-Chotjewitz, Katrin: Die Fachschule für Glasindustrie in Zwiesel unter der Leitung von Bruno Mauder (1910–1948), Passau 1997 (Schriften des Passauer Glasmuseums 2), Kat.-Nr. 130, S. 182 (Form)

82. Vase, Konstruktivismus

83. Zwischen den Weltkriegen – Moderne Keramik für den täglichen Gebrauch

Teile eines Teeservices

Firma Alfons und Ernst Königbauer
München, Ausführung um 1934
Keramik, Kanne H. 17,5, Milchkännchen H. 12, Zuckerdose H. 12, Tasse H. 5,5, Untertasse Ø 14; Kuchenteller Ø 18
Münchner Stadtmuseum (K91/23)

Die 1919 von Josef Königbauer gegründete Werkstatt war für viele wichtige Entwerfer tätig, wie für Josef Wackerle oder German Bestelmeyer. Als der aus einer niederbayerischen Töpferfamilie stammende Gründer bereits 1928 verstarb, wurde die Firma von Alfons und Ernst Königbauer übernommen, die die Produktion stärker auf die Moderne der 20er-Jahre ausrichteten, auch stärker, als dies bei der vergleichbaren Münchner Werkstatt Josef und Karl Leipfinger der Fall war. Diese Linie behielt die Firma Königbauer bis über den Beginn der NS-Zeit hinaus bei. // N. G.

84. A) Großer Teller

84. Die Faszination der asiatischen Keramik

Gusso (Gustav Otto) Reuss

1885 .... geboren in Göggingen bei Augsburg
1902–1911 .... Chemiestudium in Berlin und London
1914 .... Auftragsreisen für die Glasindustrie nach Indien, Japan, China
1924 .... Einrichtung einer Keramikwerkstatt in Schöngeising
1937 .... Präsentation auf der Weltausstellung und Auszeichnung mit der Goldmedaille
1962 .... gestorben in Fürstenfeldbruck

> > ... ...

85. B) Tasche

A) *Großer Teller*

Schöngeising, nicht datiert
Steinzeug, Kupfer-Reduktionsglasur, sog. »Sungrot«, Ø 37
Stadtmuseum Fürstenfeldbruck (07069)

B) *Kugelvase*

Schöngeising, 1934
Steinzeug, Kupfer-Reduktionsglasur, sog. »Sungrot«, H. 19,5, Ø 20
Stadtmuseum Fürstenfeldbruck (4875)

Noch vor Ausbruch des Ersten Weltkriegs reiste Gusso Reuss unter anderem nach Ostasien, um für ein englisches Konsortium Glashütten zu reorganisieren. In China entdeckte er sein Faible für Keramiken der Sung-Zeit (960–1279). Er begann mit großer Leidenschaft, die glasurtechnischen Besonderheiten der leuchtend kupferroten Glasuren zu erforschen.
Nach dem Ersten Weltkrieg gründete Gusso Reuss in München einen eigenen keramischen Betrieb, den er 1924 nach Schöngeising nahe Fürstenfeldbruck verlegte. In experimentellen Variationen der Tonmischung, der chemischen Zusammensetzung der Glasur und in einem aufwändigen Kohle-Brand suchte er die Geheimnisse der altchinesischen und später der babylonischen, persischen und japanischen Töpfer zu entdecken. Mit dem »Sungrot«, dem »Claire de Lune«, dem »Kang-Shi-Rot« und »Rauchgrau« gelangen ihm aufregende Glasurergebnisse, die ihn als Keramiker berühmt machten. // A. B.

Lit.: Spielmann, Heinz: Moderne deutsche Keramik, Hamburg 1972, S. 90–92; Reineking von Bock, Gisela: Keramik des 20. Jahrhunderts, Deutschland, München 1975, S. 268 f.; Spielmann, Heinz / Thiemann, Hans (Hg.): Europäische Keramik seit 1950. Sammlung Dr. Hans Thiemann, Hamburg 1979, S. 6, 13, 20, 74 f., 218–220, 260, 562 f., 594; Wichmann, Hans. Industrial Design, München 1985, S. 122, 513; Klinge, Ekkart: Deutsche Keramik 1950–1980. Sammlung Dr. Vehring, Düsseldorf 1986, S. 162 f.; Kaisergelb und Schlangenhaut. Die Entdeckungen des Keramikkünstlers Gusso Reuss (1885–1962), hg. von Angelika Mundorff und Eva von Seckendorff im Auftrag der Stadt Fürstenfeldbruck, Fürstenfeldbruck 2003

Von der Nachkriegszeit zur Gegenwart

85. Zentrum der Flechttechnik – Lichtenfels

A) *Deckelkorb*

Alfred Schneider
Lichtenfels, 1969
Weiden- und Stockschienen, Feinflechterei, gedrückt und gefitzt, 19 x 22,5 x 17
Staatliche Berufsfachschule für Korbflechterei Lichtenfels (1.0548)

B) *Tasche*

Adam Zasche
Lichtenfels, 1955
Weidenschienen, Feinflechterei, gefitzt, gestäbt, H. 26, Ø 24
Staatliche Berufsfachschule für Korbflechterei Lichtenfels (1.0491)

Die Staatliche Berufsfachschule für Korbflechterei, die 1904 gegründet wurde, ist die einzige ihrer Art in Europa. Sie erfüllt mehrere Aufgaben: Sie sorgt für die Ausbildung des Nachwuchses im Korbflechterhandwerk und dient der Bewahrung des handwerklichen Könnens in diesem Bereich. Mit der Fertigung zeitgemäßer Flechtwerke gibt sie auch Impulse für die Weiterentwicklung dieses Handwerks.
Adam Zasche war von 1922 bis 1966 Fachlehrer in Lichtenfels. Alfred Schneider war von 1955 bis 1978 als Fachlehrer an der Staatlichen Berufsfachschule für Korbflechterei in Lichtenfels tätig, von 1978 bis 1999 leitete er die Schule. Die Staatliche Berufsfachschule für Korbflechterei in Lichtenfels trägt wesentlich dazu bei, eines der ältesten Handwerke der Welt zu bewahren, die Ausbildung der Korbmacher und Rattanmöbelbauer auf einem hohen

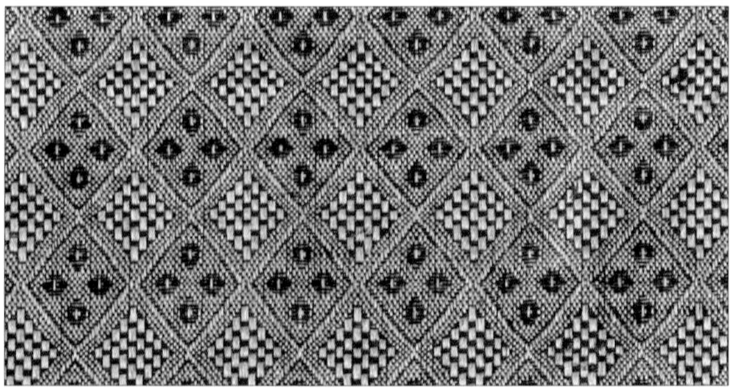

86. Tischdecke

Stand zu halten und sie vom Handwerk zum Kunsthandwerk und auch zur Industrie zu führen. Die Ausbildung dauert drei Jahre und endet mit der Gesellenprüfung. Schwerpunkte in der Ausbildung sind die Vollweidenarbeit, der Korbmöbelbau, verschiedene Sondertechniken und nicht zuletzt die Feinflechterei, also das Flechten von zierlichen Körben aus gespaltenen und gehobelten Weiden, eine Technik, die im Fränkischen seit der Mitte des 18. Jahrhunderts angewandt wird. // A. B.

Lit.: 125 Jahre Bayerischer Kunstgewerbeverein, München 1976; Deutsches Korbmuseum Michelau. Begleitbuch zur Dauerausstellung, Michelau 1994

86. Nützlich und schön – Wegscheider Leinen

Tischdecken

Monika Holler
Wegscheid, 1996
Leinen, gewebt, Muster HO 82
Monika Holler, Kasberg / Wegscheid

Das bleibende Verdienst der 1904 gegründeten und im Jahr 2002 aufgelösten Wegscheider Handwebergenossenschaft ist es, dass sie die Existenz der Weber im Bayerischen Wald über lange Zeit hin sicherte, deren hohe handwerkliche Fähigkeiten förderte und den Formenreichtum der Webmuster bewahrte. Die Vielfalt des historischen Leinens gibt Zeugnis für den Reichtum dieses Handwerks.

Die von der Wegscheider Handwebergenossenschaft hergestellte Tischwäsche ist ein geschichtlicher und kultureller Schatz, dessen Bedeutung allzu leicht unterschätzt wird. Unter anderem wurde dort auf mit Hand und Fuß betriebenen hölzernen Jacquardwebstühlen gearbeitet, mit denen man komplizierte Muster weben konnte. Es handelte sich dabei um das erste programmgesteuerte Produktionssystem der Technikgeschichte. Die von den Wegscheider Webern eingesetzten Webstühle entsprechen noch ganz den ersten Ausführungen dieser Technik. Meist kamen aber die Kontermarsch- und Schaftwebstühle zum Einsatz. Die Qualität der auf diese Weise gewebten Tischwäsche ist bis heute bestechend in ihrer zeitlosen Schönheit. Als einziges Mitglied der ehemaligen Wegscheider Handwebergenossenschaft webt Monika Holler noch heute in dieser Tradition. // A. B.

Lit.: Porträt der Meister, hg. vom Bayerischen Handwerkstag, München 1995

87. Akademie und Handwerk

Franz Eska

1910 .... in München geboren
1924–1928 .... Besuch der Keramikfachschule in Landshut und Meisterprüfung
1930–1935 .... Studium an der Staatsschule für Angewandte Kunst in München
1935–1940 .... eigene Werkstatt in München
1940–1945 .... Wehrdienst
1945–1948 .... treuhänderische Leitung der Keramikwerkstätten in Kochel
Ab 1948 .... eigene Werkstatt in München
Ab 1950 .... Leiter der Studienwerkstätte für Keramik an der Akademie der Bildenden Künste München
1961–1964 .... Vorsitzender des Gesellenprüfungsausschusses der Landesinnung der Bayerischen Töpfer
1965–1966 .... Lehrauftrag an der School of Arts and Crafts in Kingston / Jamaica
1973–1979 .... Honorarprofessor an der Akademie der Bildenden Künste München, Lehrstuhl für Keramik
Ab 1980 .... eigene Werkstatt
1986 .... gestorben

Fahnenteller

Zwischen 1979 und 1981
Keramik, bei 1060° gebrannt, Reduktionsbrand, Reduktion in der Abkühlphase zwischen 860°–790°, Glasur: Mangan, Eisen, Edelmetall
Privatbesitz

Franz Eska war eine der großen Münchner und bayerischen Künstler- und Keramikerpersönlichkeiten der 1950er- bis 1970er-Jahre. Sein Werk ist gekennzeichnet von einer differenzierten Glasuranwendung, die er sich in jahrelangem Experimentieren angeeignet hatte. Bekannt sind seine großen Schalen, Krüge, Wandplatten und seine Baukeramiken. Formal erinnern manche der großen Schalen oder Teller an das traditionelle altbayerische Hafnergeschirr, dessen formale Qualität und Funktionalität Eska sehr schätzte. Bemerkenswert und für seine Zeit typisch sind große Wand- und Raumgestaltungen im In- und Ausland.
Franz Eska war von 1973 bis 1979 Professor für Keramik an der Akademie der Bildenden Künste in München. Als Mitglied der Münchner Künstlervereinigung Seerose gehörte er zur Schwabinger Künstlerszene. Dem Handwerk war er als Mitglied des Prüfungsausschusses für das Keramikerhandwerk eng verbunden. // W. L.

87. Fahnenteller

88. Keramik der Nachkriegszeit

Ernst Lösche

1923 .... in München geboren
1942 .... Abitur
1945–1947 .... handwerkliche Ausbildung bei Gustav Frosch, künstlerische Ausbildung bei Professor Karl Lösche
Seit 1945 .... eigene Werkstatt in Dießen am Ammersee
Seit 1963 .... Forschungs- und Grabungsstätte »Alt-Dießener Keramik«
1968 .... Mitbegründer der Galerie Handwerk München

Lebt und arbeitet in Dießen am Ammersee

Vasen mit roter Selenglasur

Dießen, 1950-er/60er-Jahre
Steinzeugton, frei gedreht, Glasur: Selen, mit Kobalt eingefärbte und eingebrannte Krakelees, bei 1080° oxidierend gebrannt,
H. 57, Ø 20; H. 35, Ø 10; H. 11, Ø 17
Ernst Lösche (146, 53 und 226/9)

88. Vasen mit roter Selenglasur

Ernst Lösche gründete 1945 in Dießen am Ammersee zusammen mit seinem Vater Prof. Karl Lösche die Keramikwerkstatt, die er bis heute führt. Bereits in den 1950er-Jahren machte sich die Werkstatt, vor allem über die Frankfurter Messen und in den 60er-Jahren über die Handwerksmesse in München, einen Namen für Gefäßkeramiken, die sich am damaligen Stil der Zeit orientierten und sich auf die Gestaltung von Innenräumen bezogen. Eine klare werkbündische Formensprache und Glasuranwendung bestimmte bis in die 70er-Jahre den Stil der Werkstatt. Ernst Lösche war 1968 zusammen mit dem Kunstschmied Manfred Bergmeister (Kat.-Nr. 94) Mitbegründer der Galerie Handwerk in München und von 1972 bis 1974 Leiter der Ausstellungen in der Galerie Handwerk.
In den 60er-Jahren begann er, durch Bodenfunde auf dem eigenen Grundstück in Dießen angeregt, sich der Keramikforschung zu widmen und entdeckte die handwerklichen Fayencen des 17. Jahrhunderts in Dießen. Ihnen widmet er von nun an einen Teil seiner Arbeit, indem er in seinen Keramiken die historischen Formen und Dekore wieder-

belebt. Parallel dazu entwickelte er in Forschungsreihen Pflanzenascheglasuren auf Steinzeug und Porzellan, im offenen Feuer reduzierend gebrannt. Seit 40 Jahren führt Ernst Lösche in selbst gebauten Holzöfen die Brenntechnik der schwarz gebrannten Keramik aus. Bis heute arbeitet er fasziniert an der Entwicklung neuer Pflanzenascheglasuren. // W. L.

Lit.: Cremer, Gottfried (Hg.): Deutsche keramische Kunst der Gegenwart, Keramische Künstler und ihr Schaffen, Frechen 1968, S. 133 bis 138 m. Abb.; Wichmann, Hans: Aufbruch zum Wohnen. Deutsche Werkstätten und WK-Verband (1898–1970), Basel / Stuttgart 1978, S. 378 o. Abb.; Reineking von Bock, Gisela: Keramik des 20. Jahrhunderts. Deutschland, München 1979, S. 332 m. Abb.; Kruse, Joachim (Hg.): Keramik heute in Bayern II. Kunstsammlungen der Veste Coburg, Coburg 1980, S. 99f. m. Abb.; Erde – Feuer – Asche. Keramische Glasuren. Geschichte und Technologie der Glasuren am Beispiel der Diessener Keramik, hg. vom Bayerischen Handwerkstag e.V., München 1956, m. Abb.; Hölz, Christoph (Hg.): Schön und gut. 150 Jahre Bayerischer Kunstgewerbeverein, Münchner Stadtmuseum, Benediktbeuern 2003, S. 74 m. Abb.

89. Meister der Glasur

Albrecht Hohlt

1928 .... in München geboren
1947–1948 .... Begegnung mit der Keramik von Jan Bontjes van Beek
1949 .... Besuch einer Ausstellung alter chinesischer Keramik, danach systematische Beschäftigung mit Reduktionsglasuren
1951 .... Besuch der Akademie der Bildenden Künste München, Studiengang Bildhauerei und Keramik
1951 .... Gesellenprüfung bei Franz Eska
Ab 1955 .... eigene Entwicklung für handgedrehtes Porzellan
1960 .... in Freiburg gestorben

Steinzeugvase mit Reduktionsglasur

1958
Steinzeug, grau-rosa-rot gewölkte Reduktionsglasur »Magnolien-Blatt«, H. 68
Görge Hohlt

89. Steinzeugvase mit Reduktionsglasur

Im Jahr 1945 begann Otto Hohlt zusammen mit seinem Sohn Görge die keramische »Werkstatt Hohlt« aufzubauen. Nach seiner Rückkehr aus der Schweiz 1946 erlernte Albrecht Hohlt von seinem Bruder Görge das Drehen, um ebenfalls in der Werkstatt in Katzbach mitzuarbeiten. Albrecht Hohlt war der Überzeugung, dass Material, Mittel und künstlerische Gesinnung zusammen erst vollkommene Ergebnisse entstehen lassen. Den Reduktionsbrand betrachtete er als das optimale Verfahren für seine keramischen Arbeiten und schuf damit einmalige, unwiederholbare Gefäße. Intensiv hat sich Albrecht Hohlt mit technologischen Fragen und chemischen Analysen befasst. Seine Arbeit war gekennzeichnet von Leidenschaft und Kompromisslosigkeit, von technischen Kenntnissen und manuellen Fähigkeiten. Das Ergebnis waren Glasurfarben, die in ihrer Intensität oft die der chinesischen Keramik übertrafen. // A. B.

Lit.: Köllmann, Erich: Albrecht Hohlt, in: »Keramos« 12 (1961); Albrecht Hohlt – das hinterlassene Werk. Die Neue Sammlung München, München 1961 (Hans Eckstein); Moderne deutsche Keramik: Jan Bontjes van Beek (Sammlung Petersen u. neue Arbeiten 1961). Otto Hohlt. Albrecht Hohlt. Keramik-Werkstätten der Gegenwart, hg. vom Kunstgewerbeverein Hamburg, Hamburg 1962; Hohlt, Albrecht: Keramik von Albrecht Hohlt, Zürich 1963 (Wegleitung des Kunstgewerbemuseums der Stadt Zürich 253); Spielmann, Heinz: Die Keramik Albrecht Hohlt's 1965, hg. von Theodor G. G. Ganslmayr, Braunschweig 1965; Klinge, Ekkart: Deutsche Keramik 1950 bis 1980. Sammlung Dr. Vehring, Düsseldorf 1986; Werkstatt Hohlt. Otto Hohlt, Albrecht Hohlt, Görge Hohlt. Eine Ausstellung zum 50jährigen Bestehen der Werkstatt, hg. vom Bayerischen Handwerkstag, München 1995; Albrecht Hohlt. Sonderausstellung Hetjens-Museum, Düsseldorf 1978; Hagenah, Peter: Die Kultur des Keramischen Gefässes – 50 Jahre Werkstatt Hohlt, in: Keramik-Magazin 5 (1995)

> > ... ...

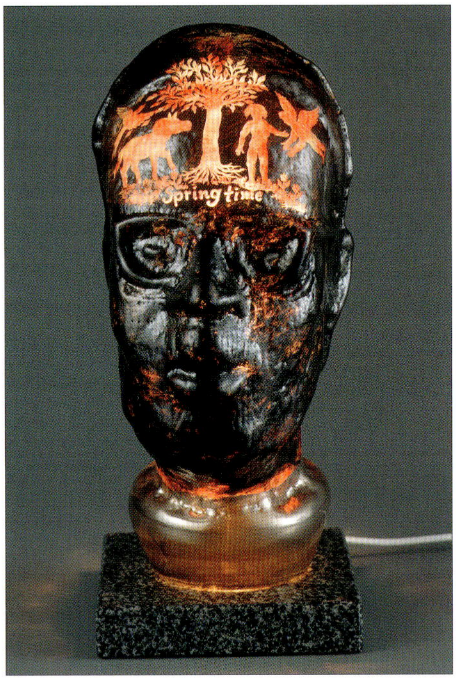

93. Glaskopf mit dem Porträt Harvey K. Littletons

zess des Machens interessiert ihn. Er geht bei seinen Glasarbeiten wider alle Konventionen vor. Entscheidend für seine Arbeit war die Begegnung mit Harvey Littleton, dem Begründer der Studioglasbewegung in den USA. Erwin Eisch selbst wurde zum Wegbereiter der Studioglasbewegung in Europa. Für die Glashütte Eisch ist er noch heute wichtiger Impulsgeber und »Querdenker«.
Das Porträt Harvey K. Littletons gehört zu einer Serie von Glasköpfen, die seit 1976 für Littleton entstanden sind. Die Skulptur ist charakteristisch für das innovative Schaffen Eischs. Die Köpfe werden geblasen, das heißt, zuerst wird die Grundform modelliert, dann eine Negativform erstellt, in diese Hohlform wird die Glasmasse geblasen. Nach dem Erkalten wird der Glaskörper durch Malerei und Gravur so lange überarbeitet, bis ein »inneres Bild« äußere Gestalt annimmt. // A. B.

Lit.: Spielmann, Heinz: Erwin Eisch, Narziß – ein Interieur, Hamburg 1971; Erwin Eisch – Retrospective – Glass and Drawings, University of North Carolina 1980; Erwin Eisch. Glas – Gemälde – Graphik 1959–1979, hg. vom Museum der Stadt Regensburg, Regensburg 1980 (Text: P. Kobbe); Glashütte Valentin Eisch KG Frauenau (Hg.): Künstlerisches Glas von Erwin Eisch, Dokumente – Pressestimmen – Materialien, Frauenau 1 (1979) und 2 (1985); Eisch, Katharina: Die Eisch-Hütte. Porträt einer Bayerwald-Glashütte im 20. Jahrhundert, Grafenau 1988; Eisch, Erwin (Hg.): Wachsen aus Vergänglichkeit, zum Streit um die Erweiterung des Nationalparks Bayerischer Wald, Viechtach 1996; Erwin Eisch »Dialog«, hg. vom TÜV Rheinland Group Japan, Yokohama 2005; Erwin Eisch. »Am Anfang war das Bild«, hg. vom Landschaftsverband Westfalen-Lippe, Gernheim 2005

94. Gestaltung in Metall

Manfred Bergmeister

1927 .... geboren in Ebersberg
1946–1951 .... nach der Gesellenprüfung zehn Semester Meisterschule für Kunstschmiede in München (Luisenschule) bei Karl Nowack und H. Panzer
1947 .... Gründung einer Ausbildungswerkstatt im Metallhandwerk für arbeitslose Jugendliche in Ebersberg
1954 .... Gründung einer eigenen Kunstschmiedewerkstatt in Ebersberg
1955 .... Meisterprüfung als Kunstschmied

Lebt und arbeitet in Ebersberg

A) *Modell eines Gitters*

Ebersberg, 2005
Eisen und Bronze, 46 x 61 x 2
Manfred Bergmeister Kunstschmiede Ebersberg

B) *Modell eines Gitters*

Ebersberg, 2005
Eisen und Bronze, 95 x 95 x 14
Manfred Bergmeister Kunstschmiede Ebersberg

Der Ebersberger Kunstschmied Manfred Bergmeister blickt heute auf ein über 50-jähriges Berufsleben zurück. Er hat mit seinem Bruder German Larasser drei große Metallbaubetriebe aufgebaut: die Kunstschmiede, den Metallbau und die Lampenherstellung. Er war auch einer der Mitbegründer der Galerie Handwerk in München.

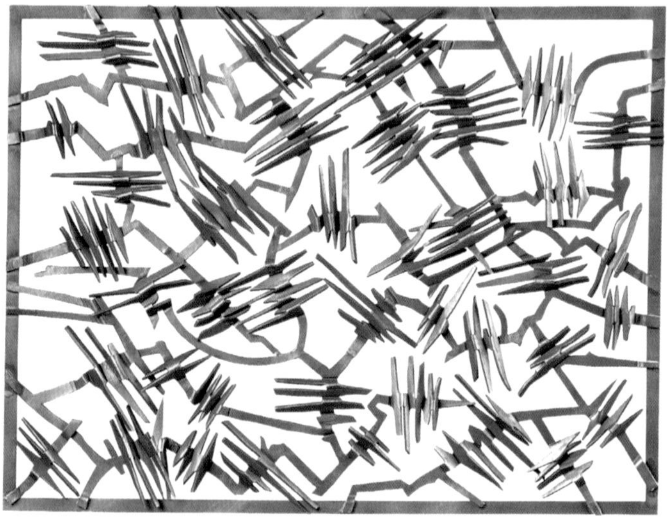

94. A) Modell eines Gitters

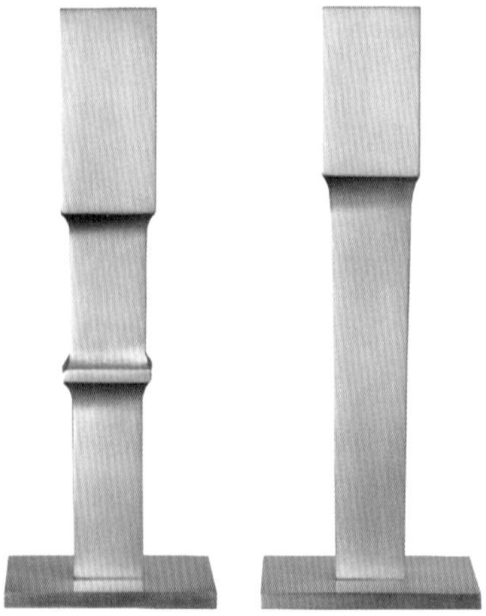

95. Zwei Tischleuchter

Bereits in den 1960er- und 1970er-Jahren hat Bergmeister zu einer für ihn kennzeichnenden Formensprache von hoher handwerklicher Qualität gefunden. Diese machte ihn zu einem geschätzten Partner von Architekten wie zum Beispiel Alexander von Branca, für den er die Gitter der Neuen Pinakothek in München gestaltete.
Monumentale Arbeiten hat er für Kriegsgräberfriedhöfe in Italien, Frankreich, Griechenland und Nordafrika gestaltet. Besondere Bedeutung haben auch Bergmeisters Schmiedearbeiten für Kirchenräume: die Kapellengitter im Liebfrauendom zu München und die Kreuzganggitter im Freisinger Dom. Erwähnenswert sind auch die Arbeiten, die in Zusammenarbeit mit Bildhauern und Architekten entstanden. Exemplarisch hierfür steht der Tabernakel in der Herz-Jesu-Kirche in München (Entwurf: Allmann, Sattler und Wappner). In ähnlicher Weise wichtig sind auch seine Arbeiten für den öffentlichen Raum. Auch das Design seines umfangreichen Lampenprogramms hatte großen Erfolg. Es prägt das Bild von vielen Orten in Deutschland und darüber hinaus. Besonders verdient gemacht hat sich Manfred Bergmeister auch in der Ausbildung junger Handwerker. // W. L.

Lit.: Bergmeister, Manfred: Bronze + Stahl. Schmiedearbeiten, Bad Wörishofen 1970; Geschmiedete Grabkreuze, hg. vom Bayerischen Handwerkstag e. V., München 1993; Pracht, Klaus: Manfred Bergmeister. Schmiedearbeiten, Tübingen / Berlin 1997

95. Metall – Konkret

Hans Berchtenbreiter

1929 .... in Augsburg geboren
1951 .... Meisterprüfung in Augsburg
1951 – 1952 .... Werkkunstschule Münster
1952 – 1958 .... Akademie der Bildenden Künste München bei Prof. Franz Rickert
1959 – 1961 .... Künstlerische Leitung einer Werkstätte in Wil, Schweiz
1961 .... selbstständige Arbeit in Landshut und München
Seit 1985 .... selbstständige Arbeit in Augsburg

Zwei Tischleuchter

Augsburg, 1995
Tombak, montiert, versilbert, H. 17
Hans Berchtenbreiter

Zwei große Lehrer prägten den Augsburger Silberschmied Hans Berchtenbreiter: der Gold- und Silberschmied Professor Franz Rickert und der Entwerfer und Maler Hugo Kükelhaus. Eine weitere Inspirationsquelle ist das Ideengut von Werkbund und Bauhaus.
Die Breite des Œuvres von Hans Berchtenbreiter ist ungewöhnlich, umfasst kirchliches wie profanes Gefäß und Gerät, Skulptur und Schmuck sowie räumliche Ausgestaltungen. Dabei greift er auf eine Vielfalt von Materialien, unter anderem auf Gold, Silber, Bronze, Tombak, Edelstahl und Acrylglas zurück.

> > ... ...

Das Wissen um manuell wie industriell geprägte Entstehungsprozesse erlaubt Hans Berchtenbreiter immer wieder neue, überzeugende Wege zu finden. Allen seinen Arbeiten ist gemeinsam, dass sie Konstruktives, Sinnliches, mitunter auch Expressives miteinander zu konkreten Formen verbinden. // A. B.

Lit.: Wichmann, Hans: Die Arbeit des Silberschmiedes Hans Berchtenbreiter, in: Das Münster (1967); Pfeiffer-Belli, Erich: Christliche Kunst heute, in: Feuilleton Süddeutsche Zeitung (1971); Nickl, Peter: Klarheit und Konsequenz. Die Arbeiten im Hohen Dom zu Augsburg, Augsburg 1992; Luidl, Philipp: Moderner Schmuck 1981. Galerie Hermanns München, München 1981; Hufnagl, Florian: Versuch einer Überschau anlässlich der Ausstellungseröffnung im Holbeinhaus Augsburg, Augsburg 1995; Berchtenbreiter, Hans: Werkkataloge, 3 Bde., Augsburg 2002

96. B) Kerzenleuchter »T-Stock«

96. Wege zur Form

Paul Müller

1956 .... in Thannhausen / Schwaben geboren
1972–1975 .... Goldschmiedelehre in Augsburg
1976–1977 .... Fachhochschule für Gestaltung
1978–1981 .... als Goldschmied in Augsburg tätig
1981–1988 .... Studium an der Akademie der Bildenden Künste in Nürnberg bei Prof. Erhard Hößle, Gold- und Silberschmiedeklasse
Seit 1988 .... eigenes Atelier in Nürnberg
1988–1992 .... Mitglied der »Gruppe Buntmetall«
Seit 1996 .... Mitglied im Forum für Angewandte Kunst in Nürnberg

A) *Kerzenleuchter »Höhenfeuer«*

Nürnberg, 2005
Stahl, hart gelötet, schwarz gebrannt, H. 35, Ø 8
Paul Müller

B) *Kerzenleuchter »T-Stock«*

Nürnberg, 2003
Bronze, gegossen, 20 x 30 x 6,5
Paul Müller

Paul Müller gehört zur Gruppe der Nürnberger Silberschmiede, die in den 1980er-Jahren bei Erhard Hößle (Kat.-Nr. 97) an der Akademie in Nürnberg studierten und in dieser Zeit wichtige Impulse für ihre Arbeit erhielten. 1988 machte er als Meisterschüler dort sein Diplom. Von 1988 bis 1992 war Müller Mitglied der »Gruppe Buntmetall«. Paul Müllers Metallarbeiten sind von klarer Formensprache geprägt. Sie sind auf das Wesentliche reduziert, wirken dabei aber immer kraftvoll, ausdrucksstark und in manchen Fällen sakral. Paul Müllers Metallkunst ist konkret bis minimalistisch.
Als Dozent an der Werkbundwerkstatt Nürnberg (1990 bis 1992), als Projektleiter des »Modellversuches für Schmiede« an der Akademie für Gestaltung in München (1993 bis 1994), als Dozent an der Akademie für Gestaltung im Handwerk in München (1998–2001) und als Kursleiter der überbetrieblichen Lehrlingsunterweisung für Metallbauer im Bereich Gestaltung der Handwerkskammer für München und Oberbayern nimmt Paul Müller eine wichtige Funktion in der Ausbildung junger Handwerker ein. // W. L.

Lit.: Weber, Christianne (Hg.): Silbergestaltung: zeitgenössische Formen und Tendenzen. 10. Silbertriennale, München 1992, S. 123 m. Abb.; 20th Century Silver. Crafts Council, London 1993, S. 56 m. Abb.; LiturgieGefäße. Kirche und Design, hg. vom Deutschen Liturgischen Institut, Trier 1997, 68/69, 128/129, Kat.-Nr. 51, 52, 54 m. Abb.; Hölz, Christoph (Hg.): Schön und gut. 150 Jahre Bayerischer Kunstgewerbeverein, München 2003, S. 70 m. Abb.; In eigener Sache: Das Forum für Angewandte Kunst stellt aus, hg. vom Forum für Angewandte Kunst e. V., Nürnberg 2003

97. Form und Funktion

Erhard Hößle

1929 .... in Memmenhausen geboren
1946–1949 .... Gold- und Silberschmiedelehre bei Prof. Franz Rickert
1949–1955 .... Studium der Goldschmiedekunst an der Akademie der Bildenden Künste München
1953 .... Meisterprüfung als Silberschmied
1955–1969 .... eigene Werkstatt in München
1969–1991 .... Leitung der Klasse für Gold- und Silberschmiede an der Akademie der Bildenden Künste in Nürnberg

Lebt und arbeitet in Ebenhausen

A) *Zwei Teekannen*

Nürnberg, 1990
Tombak, montiert, patiniert, 16 x 11 x 27 bzw. 20 x 18 x 16
Erhard Hößle

B) *Tabakdose*

Ebenhausen, 1993
Bronze, gegossen und montiert, H. 7, Ø 16
Erhard Hößle

97. B) Tabakdose

97. A) Zwei Teekannen

Der Silberschmied Erhard Hößle leitete von 1969 bis 1991 in der Nachfolge von Andreas Moritz die Klasse für Gold- und Silberschmiedekunst an der Akademie der Bildenden Künste in Nürnberg. Als Lehrerpersönlichkeit prägte er eine ganze Generation junger Silberschmiede. Kennzeichnend für seine Arbeiten sind eine klare, oft durch mechanische Details verfeinerte Formensprache und die Verwendung von Buntmetallen neben Gold und Silber. Bis zur Berufung nach Nürnberg war Hößle überwiegend im Auftrag der Kirche tätig. Danach entstanden neben seinen Silberschmiedearbeiten auch groß dimensionierte Objekte. Für die Stadt München fertigte er das Windrad am Turm des Alten Rathauses, das Glockenspiel für die Carl-von-Linde-Realschule an der Ridlerstraße und ein Solar-Mobile in der Stadtbibliothek am Gasteig. Ein für ihn ungeheuer inspirierendes Thema war die Entwicklung von Fesseldrachen. Seit Jahren setzt er sich auch mit der Gestaltung und dem Bau von gasbetriebenen Kochgeräten und Feuerskulpturen auseinander. Hößle gilt als Erfinder, Konstrukteur und Erbauer einer zauberhaften Welt von Flug- und Bewegungsmaschinen und als hervorragender Silberschmied, der handwerkliches und künstlerisches Arbeiten im besten Sinn vereint. // W. L.

Lit.: Erhard und Therese Hößle, in: Das Münster 18/3, 4 (1965); Gold + Silber, Schmuck + Gerät, München 1979, S. 26, 159, Abb. 65; Schmitt, Peter: Glas und Silber 1980, Karlsruhe 1980, S. 70–75 m. Abb.; Die Klasse Hößle an der Akademie Nürnberg, Hanau 1985, S. 85 m. Abb.; Hufnagl, Florian (Hg.): Goldschmiede, Silberschmiede: von der Weimarer Zeit bis heute: Franz Rickert, Hermann Jünger, Erhard Hößle, Ulla Mayer, Otto Künzli, München 1993; Bauer, Helmut (Hg.): Münchner Goldschmiede. Schmuck und Gerät, München 1993; Zischka, Ulrike / Ottomeyer, Hans / Bäumler, Susanne (Hg.): Die anständige Lust. Von Esskultur und Tafelsitten, München 1993

98. Silber zum Anfassen

Christina Weck

1942 .... in Diebach / Rothenburg ob der Tauber geboren
1960–1964 .... Goldschmiedelehre mit Gesellenprüfung, München
1964–1965 .... als Gesellin in der Schweiz tätig
1965–1966 .... Studium an der Werkkunstschule Schwäbisch Gmünd
1966–1969 .... Studium an der Akademie der Bildenden Künste in Nürnberg bei Prof. Andreas Moritz
1969 .... Diplom als Silberschmiedin

Seit 1970 als Gold- und Silberschmiedin in München in eigener Werkstatt tätig

> > ... ...

98. Mokkakännchen und Zuckerschale

Mokkakännchen und Zuckerschale

München, 1990
Silber, planiert, montiert, geschliffen und poliert, Acryl, geleimt,
Kanne: 13,5 x 17,2 x 8,2; Schälchen: H. 5,2, Ø 7,5
Christina Weck

Christina Weck verbindet in ihren Arbeiten Silber mit modernen Materialien wie Acryl in handwerklich perfekter Ausführung. Sie kommt so zu neuen, ungewöhnlichen Kombinationen. Bei ihrem Mokkakännchen stehen Griff und Henkel in bewusstem Kontrast zu den klassischen Proportionen und dem traditionellen Metall. Wichtig ist ihr, dass die Stücke gebrauchsfähig sind, dass die Einheit von Form und Funktion gewährleistet ist.
Christina Weck will mit ihrem Silbergerät und ihrem Schmuck haptisch und ästhetisch Vergnügen bereiten. Dass sich dabei die Funktion und Form ihrer Gefäße in sinnvoller, materialgerechter Verarbeitung harmonisch vereinen, ist für sie selbstverständlich. // A. B.

Lit.: Zeitgenössisches deutsches und britisches Kunsthandwerk, bearb. von Margrit Bauer, Frankfurt am Main 1978, S. 208; Nickl, Peter: Im Glanz des Schwäbischen Kunsthandwerks, Teil 2: Das historische Erbe. Tendenzen der Gegenwart, hg. von der Benno und Therese Danner'schen Kunstgewerbestiftung, Augsburg 1985; Deutsches Kunsthandwerk 1986, Frankfurt am Main 1986, S. 115; Zeitgenössisches deutsches und finnisches Kunsthandwerk, 4. Triennale 1987/88, Frankfurt am Main 1987, S. 103; GEDOK: »Fantasie und Form«, Köln 1990, S. 58; Janssens, Vic (Hg.): Duits zilver na Bauhaus – De Verzameling Vic Janssens, Antwerpen 2003, S. 129–132

99. Thema »Schale«

Annette Zey

1964 .... in Limburg/Lahn geboren
1983–1987 .... Ausbildung zur Goldschmiedin
1987–1989 .... Ausbildung zur Silberschmiedin an der Zeichenakademie Hanau
1989–1991 .... Gesellenjahre
1991–1996 .... Studium an der Akademie der Bildenden Künste in Nürnberg
1995 .... Meisterprüfung
1996 .... Meisterschülerin
Seit 1997 .... eigenes Atelier in Nürnberg
1997 .... DAAD-Stipendium für Stockholm
1999 .... Lehrauftrag an der Hochschule für Gestaltung Pforzheim
Seit 1999 .... Dozentin an der Werkbundwerkstatt Nürnberg

Schale

Nürnberg, 2005
Kupfer patiniert, 24 Karat Blattgold, H. 16, Ø 19
Annette Zey

Die gelernte Gold- und Silberschmiedin Annette Zey studierte nach ihren Gesellenjahren an der Akademie der Bildenden Künste in Nürnberg. Seit 1997 arbeitet sie im eigenen Atelier in Nürnberg. 1992 fing Annette Zey an, sich intensiv mit dem Thema »Schale« zu befassen. Sie nähert sich dieser Thematik auf immer wieder andere Weise und setzt ihre Ideen mit großem handwerklichen Können um.
Die hier gezeigte Schale besteht aus gleichen Formenelementen, die scheinbar locker zu einem Gefäß zusammengelötet sind und eine Art Gewebe entstehen lassen. Im Inneren der Schale sind die exzentrisch aufgelöteten Kreisscheiben vergoldet, um einen wertvollen Inhalt zu assoziieren. Patiniertes Kupfer überzieht die Außenseite und gibt dem Gefäß eine kräftige, schwere Wirkung. // A. B.

Lit.: Wertsachen. Gold- und Silberschmiedeklasse der Akademie der Bildenden Künste Nürnberg, Nürnberg 1997; Hölz, Christoph (Hg.): Schön und gut. 150 Jahre Bayerischer Kunstgewerbeverein, München 2003; »Das gehört zu mir«. Schalen und Tischgerät von Annette Zey, Istanbul 2002

99. Schale

100. A) Anhänger

100. Münchner Schmuck

Karl Rothmüller

1860 .... geboren in Teisenbach, Niederbayern
1876 .... Besuch der Königlichen Kunstgewerbeschule in München
1882 .... Besuch der Kunstgewerbeschule in Wien
1883–1885 .... Besuch der Königlichen Kunstgewerbeschule in München und Studium der Bildhauerei bei Adolf Halbreiter
1886 .... Gründung der eigenen Goldschmiedewerkstatt in München
1900 .... Silber- und Bronzemedaille im internationalen Wettbewerb bei der Pariser Weltausstellung
1925 .... Ernennung zum Professor der Bildenden Künste
1930 .... gestorben

A) *Anhänger*

München, um 1910
Gold, Brillanten, Rubine, Orientperlen, Email, 4,6 x 3
Privatbesitz

B) *Anhänger und Nadel*

München, um 1927
Gold, rosa Turmalin, Brillanten, Email, 3,1 x 2,3 bzw. 5
Privatbesitz

Die Rolle, die Karl Rothmüller über den Zeitraum von 40 Jahren in der künstlerischen Entwicklung des Münchner Schmucks und des Kunsthandwerks spielte, kann nicht hoch genug eingeschätzt werden. Karl Rothmüller war einer der führenden Goldschmiede in Deutschland. Gemeinsam mit dem Goldschmied Theodor Heiden (vgl. Kat.-Nr. 72) setzte er sich zudem im Bayerischen Kunstgewerbeverein für alle Belange des Lehrlingswesens und für die Förderung des bayerischen Kunsthandwerks im Allgemeinen ein. Im Jahr 1900 wurden Karl Rothmüller im internationalen Wettbewerb bei der Pariser Weltausstellung die Silber- und die Bronzemedaille zuerkannt.

Der vermutlich um 1910 entstandene Anhänger mit Orchideenblüte zeigt das beeindruckende Können des Münchner Meisters und seine außerordentlich feine, differenzierte Arbeitsweise, die technisch kaum zu überbieten ist. Zweifellos ist der Anhänger eine der schönsten und kostbarsten Arbeiten Karl Rothmüllers, die zeigt, warum er damals als »Münchner Lalique« bezeichnet wurde.
// A. B.

Lit.: Zeitschrift des Bayerischen Kunstgewerbevereins, München 1896, S. 80; Joppien, Rüdiger / Treskow, Elisabeth: Goldschmiedekunst des 20. Jahrhunderts, Köln 1990, S. 11 und S. 28 f.; Danner-Stiftung (Hg.): Münchner Schmuck 1900 – 1940, bearb. von Graham Dry, München 1990, S. 42–49

> > ... ...

und bedient sich dabei neuester Technologien. Seine Arbeiten führen den Schmuckbegriff weiter, entfernen sich von traditionellen Materialien und Verarbeitungstechniken, ohne diese jedoch völlig auszuklammern.
Auf den Oberflächen der schwarzen Kunststoffscheiben des Anhängers »Spiegel« ist die Schnittbogenzeichnung der Metallkonstruktion mittels Laser eingraviert. Die Zeichnung und die konstruktiven Elemente wurden am Computer entwickelt. // A. B.

Lit.: Van, Marthe le (Hg.): 1000 Brooches, New York 2004; Van, Marthe le (Hg.): 1000 Rings, New York 2004, S. 305, 394; Holder, Elisabeth / Hermsen, Herman: Zeitgenössische Schmuckkunst aus Deutschland – ein Lesebuch, Düsseldorf 2005, S. 128–135; Danner-Preis 2005, hg. von der Benno und Therese Danner'schen Kunstgewerbestiftung, München 2005, S. 158–163, 188f.

104. Frauen machen Mode

Gerdi Westermeyr

1935	in München geboren
1953	Gesellenprüfung
1958	Meisterprüfung im Damenschneiderhandwerk
Seit 1958	eigenes Maßatelier in Prien am Chiemsee
1973–1994	Obermeisterin der Innung des Bekleidungshandwerks Rosenheim
Seit 1976	Landesinnungsmeisterin des Damenschneiderhandwerks in Bayern
1979–1997	Stellvertretende Vorsitzende des Bundesverbandes des Maßschneiderhandwerks
1990–2004	Präsidentin des Deutschen Modeinstituts e.V.
1990–1999	Präsidiumsmitglied des Zentralverbandes des Deutschen Handwerks, Bonn
1994–2004	Vizepräsidentin der Handwerkskammer für München und Oberbayern
1995–1999	Senatorin im Bayerischen Senat

Couture-Abendkleid

Prien, 2001
Entworfen für die Pressekollektion des Deutschen Modeinstituts
Bestickte Spitze, unterlegt mit reinseidenem Taft, großer zweifacher Volantkragen, Rosen aus Seidenorganza unter den Kragen gesteckt, Größe 38
Gerdi Westermeyr

Das Handwerk der Maßschneiderei ist heute selten geworden. Abendkleider oder Roben für außergewöhnliche

104. Couture-Abendkleid

Anlässe lassen sich nur noch wenige Frauen anfertigen. Maßgefertigte »Kleider« muss man tragen, so Gerdi Westermeyr, nur dann versteht man, was Haute Couture wirklich bedeutet. Hochwertige Stoffe wie Samt, Seide, Brokat, Organza, eine passgenaue, meisterliche Verarbeitung wie auch das perfekte Zusammenspiel von Farbe und Form lassen im Maßschneideratelier Kreationen entstehen, die die Persönlichkeit und das Aussehen der Trägerin aufs Beste zu unterstreichen und zu betonen wissen.
»Stil ist zeitlos, Qualität selbstverständlich, Kreativität wesentlich.« Das sind die Prämissen, die das Schaffen von Gerdi Westermeyr prägen. Maßschneiderhandwerk ist unverwechselbare Qualitätsarbeit und hebt sich von der Massenproduktion ab. Die Stoffe sind sorgsam ausgewählt, die Schnitte sind auf die Trägerin abgestimmt, die Verarbeitung ist perfekt.
Gerdi Westermeyr hat seit ihrer Ateliergründung im Jahr 1958 zahlreiche junge Menschen ausgebildet, viele ihrer Mitarbeiter wurden mit Preisen ausgezeichnet. // A. B.

105. Wundertütenkleid

105. Kleider wie Bilder

Olga von Moorende

1960 .... in Bremen geboren
1980–1987 .... Studium der Malerei in Nürnberg, erste textile Experimente, Meisterschülerin bei Prof. Georg K. Pfahler
1990–1992 .... Förderstipendium des Bayerischen Staatsministeriums für Wissenschaft und Kunst
1996–1999 .... Ladenatelier »Liese Lustig Laden«, München

Lebt und arbeitet in Kleinsendelbach

Wundertütenkleid

Kleinsendelbach, 2006 (Entwurf: München, 1995)
Baumwolldruck und Webstoffe, Größe 36
Olga von Moorende

Olga von Moorende erschafft Kleider, die wie Bilder wirken. Doch statt mit Ölfarben experimentiert sie mit Stoffen. Olga von Moorende stellt einzelne Bahnen her und schneidert sie raffiniert zu Röcken, Kleidern und Jacken zusammen – bis zu vier Stoffarten liegen bisweilen übereinander. Reißverschlüsse kommen zum Einsatz, aber nicht als notwendiges Übel, sondern als bewusst rhythmisierendes Motiv. Olga von Moorende verwendet für ihre Kreationen Muster, die fein aufeinander abgestimmt und niemals zufällig angeordnet sind. Das Muster, das eine zentrale Rolle bei diesen Kleidern spielt, harmoniert stets mit der Form. Olga von Moorende sucht nach Ordnung, Ruhe, Strenge, gepaart mit Witz, Humor und Fantasie.
Reifkleider, Parasolhüte, Rosenhosen und Lochanzüge, Wundertüten und Früchteroben, ebenso fantasievoll, unorthodox und farbenfroh wie die Namen sind auch die Stücke selbst. Eine völlig neue Art von Kleidung entsteht, die bis ins praktische Detail durchdacht und funktional, dabei aber zauberhaft und unverwechselbar ist. // A. B.

Lit.: Klotz, Uta: Olga von Moorende. Nicht Mode, sondern Kleidung, in: Kunsthandwerk und Design 4 (1999), S. 4–11; Danner-Preis 2005, hg. von der Benno und Therese Danner'schen Kunstgewerbestiftung, München 2005

106. Die Modistin

Nicki Marquardt

1970 .... in München geboren
1993–1996 .... Lehre als Modistin
1998 .... Meisterprüfung
Seit 1997 .... selbstständig

A) *Schwarze Crinolkappe*

München, 2005
100% Polyester, 8 mm breite Crinolborte, genäht auf Einfadennähmaschine, 20 x 20 x 20
Nicki Marquardt

106. A) Schwarze Crinolkappe

107. B) Henkeltasche

B) *Rote Zopfkappe*

München, 2004
100 % Polyester, 8 mm breite Crinolborte, genäht auf Einfadennähmaschine, 20 x 36 x 16
Nicki Marquardt

Die Hüte von Nicki Marquardt werden in der Hand hergestellt und nicht über eine Form gezogen. Diese Arbeitsweise begünstigt die Entstehung von etwas völlig Neuem und Anderem. Bei der Formgebung lässt sich die Münchner Modistin vom Material inspirieren.
Die Crinolkappen sind eigentlich Hutskulpturen. Die 8 mm schmale Polyesterborte wurde spiralförmig gelegt und auf einer Einfadennähmaschine, einer heute nicht mehr gebräuchlichen Strohhutnähmaschine, genäht. Raumgreifende dreidimensionale Objekte von großer Lebendigkeit und Eleganz entstehen, die sich jedoch am Kopf der Trägerin in kleidsame Hüte verwandeln. Fast wie Frisuren legen sich die Kappen über den Kopf und umschmeicheln das Gesicht. Ein Hut ist immer erst mit seiner Trägerin komplett. Das Zusammenspiel muss stimmen. // A. B.

Lit.: Talente '98. Ein Internationaler Wettbewerb für Nachwuchskräfte im Handwerk, München 1998, S. 198 f. m. Abb.; Nova. Internationaler Südtiroler Handwerkspreis, Produktgestaltung im Handwerk, Bozen 2005; Danner-Preis 2005, hg. von der Benno und Therese Danner'schen Kunstgewerbestiftung, München 2005; Fuhr, Lisa / Jeshel, Ursula: Mein Laden – mein Leben. Handel und Wandel in München, München 2005

107. Taschenobjekte

Maria Verburg

1945 .... in Bielefeld geboren
Seit 1982 .... eigene Werkstatt für individuelle Verpackungen, Buchbinderei und Buchreparatur
Seit 1985 .... Taschenobjekte

Lebt und arbeitet in Augsburg

A) *Rote-Finger-Tasche*

Augsburg, 2005
Pappe, Papier (Kleisterpapier), 21 x 16 x 6
Maria Verburg

B) *Henkeltasche*

Augsburg, 2001
Pappe, Papier (Dermtoid, Handdruck), 13 x 23 x 5
Maria Verburg

C) *Täschchen »prächtig Blau-gold«*

Pappe, Papier (Dermtoid, Metallmoiré), 15 x 16 x 7
Maria Verburg

Maria Verburg arbeitet mit den klassischen Buchbindetechniken, doch sie beschränkt sich nicht auf die Herstellung der traditionellen Produkte wie Bücher, Mappen oder Kästchen. Seit 20 Jahren fertigt sie Täschchen aus Papier und Pappe. Maria Verburg interessiert sich für Farben, die Kombinationen verschiedener, raffinierter Muster, das Entdecken optisch überraschender Effekte. Sie erfindet Scharniere und Verschlüsse für ihre Kreationen und zaubert kleine, elegante, farbenfrohe Accessoires.
Maria Verburg verwendet ungewöhnliche Materialien, alte Restpapiere, auch brüchige, vergilbte, verknickte, wenig dauerhafte, eben »ungeeignete«, aber oft ungemein reizvolle und bunte Papiere. Diese Papiere macht sie mit restauratorischen Maßnahmen gefügig und beständig. Bemusterungen erzeugt sie nicht mehr nur durch traditionelle Färbemaßnahmen, wie Kleister- oder Marmorpapier, sondern durch Aneinanderreihung kleiner Teile, also Patchworks, Flechtungen aus Papierstreifen und Applikationen. // A. B.

Lit.: Lebendig und zeitlos. Auswahl zum Danner-Preis 2002, hg. von der Benno und Therese Danner'schen Kunstgewerbestiftung, Pliezhausen 2002, S. 172 f.; Kunsthandwerk aus Schwaben, hg. vom Bezirk Schwaben, Augsburg 2005 (Schriftenreihe der Museen 34), S. 10 und 40–43; Petschek-Sommer, Brigitta / Schwarz, Ulrike (Hg.): Die Handtasche. Kleine Kulturgeschichte eines Frauenlieblings im Stadtmuseum, Deggendorf 2005 (Deggendorfer Museumshefte 6), S. 57; 120 Definitions of Temptation. International Invitational Exhibition 2005, Ausstellungskatalog der Cheongju International Biennale 2005, Cheongju 2005, S. 250 f.

108. Einbandkunst

Mechthild Lobisch

1940	in Hirschberg / Schlesien geboren
1956–1959	Buchbinderlehre mit Gesellenprüfung
1961–1964	Studium der französischen Sprache, Literatur und Kunstgeschichte an der Sorbonne in Paris, gleichzeitig Ausbildung im Handvergolden und Einbandentwurf an der Ecole Estienne, Paris
1965–1967	Folkwangschule für Gestaltung, Essen
1966	Meisterprüfung
1970–1971	Aufbaustudium an der Hochschule für visuelle Künste, La Cambre in Brüssel
1978–1995	eigene Werkstatt in Gauting
1995–2006	Professorin an der Burg Giebichenstein, Hochschule für Kunst und Design, Halle

Drei Bucheinbände

A) Pierre Lecuire, Panorama général
Mit elf Farbholzschnitten von Serge Charchoune
Handsatz von Fequet und Baudier auf Richard-de-Bas-Bütten
Auflage 66 Exemplare, Pierre Lecuire, Paris 1983
Dreiseitig eingefasster Halbfranzband aus dunkelmalvenfarbenem Maroquin, Bord-à-bord-Überzüge und -Spiegel sowie fliegende Blätter und Schuber in einem Streifenpatchwork aus acht verschiedenen mehrfarbigen Kleisterpapieren auf Handbütten, Ganzleder-Chemise aus dem Maroquin des Einbandes, Längstitel auf dem Einband malvenfarben, metallisierte und auf der Chemise weiß und grün schattierte Prägung (Roquefort), 16,5 x 33
Mechthild Lobisch

B) Alain Robbe-Grillet: Momentaufnahmen
Carl Hanser Verlag, München 1963
Pappband in zweiteiliger Kassette
2001
Design für Vorsatz und Überzüge am Computer erstellt, Tintenstrahldruck auf hellem f-Color 90 g, 11,6 x 21,2
Mechthild Lobisch

102. B) Bucheinband, Alain Robbe-Grillet: Momentaufnahmen

C) Samuel Becket – Bing
Mit 24 Radierungen von Georg Baselitz
Michael Werner, Köln / New York 1991
1993
Franzband in hellgrauem Ziegenleder, auf beiden Deckeln graue, rostfarbene und silberfarbene Folienprägungen, Titel silberfarben, Bord-à-bord-Spiegel und fliegende Blätter, grau-rosa Kleisterpapiere mit einem Geflecht feiner grauer Linien, Halbleder-Chemise mit silberfarbigem Längstitel und Schuber, beide ebenfalls mit grau-rosa Kleisterpapier-Überzügen, 23 x 35
Mechthild Lobisch

Der Werdegang von Mechthild Lobisch stand unter dem Einfluss der französischen und belgischen Einbandkunst. Heute zählt sie zu den führenden Buchbinderinnen Europas. Die Technik gilt bei Mechthild Lobisch einzig dem Ziel, ihre Vorstellung vom jeweiligen Einband sowohl in seiner plastischen als auch in seiner Oberflächenqualität verwirklichen zu können. Wenn eine Idee umgesetzt werden konnte, wenn sie gelingt, dann ist im besten Fall eine Form, eine Kunstform aus zwei »kombinierten Wirklichkeiten, die dennoch eins sind« (Husserl), entstanden. // A. B.

Lit.: Bröker, Reinhard (Hg.): Mechthild Lobisch, von Taschenbuch bis Raumbuch, München 1996 (Schriften des Bayerischen Kunstgewerbevereins 17); Bulletin du bibliophile Nr. 1, Paris 1999; Hölz, Christoph (Hg.): Schön und gut. 150 Jahre Bayerischer Kunstgewerbeverein, Benediktbeuern 2003, S. 74 m. Abb.; Nina Wiedemeyer, Bucheinband – Mechthild Lobisch, in: Hölz, Christoph: Form – vollendet. Der Bayerische Kunstgewerbeverein 1851 bis 2001, München 2000

> > ... ...

109. Esszimmerschrank

110. Spazierstöcke mit geschnitzen Griffen

109. Meisterliches aus Holz

Esszimmerschrank

Meisterstück von Michael Daume (geb. 1971) aus dem Jahr 2004
Lärche, massiv, 206 x 79 x 40
Michael Daume, München

Die 1928 gegründete Münchner Meisterschule für Schreiner ist eine international anerkannte Fachschule, deren Ausbildungsinhalte weit über das Ziel der Meisterprüfung hinaus reichen. Die Ausbildung orientiert sich an der beruflichen Zukunft der Absolventen als Führungskräfte oder Unternehmer und setzt so die Schwerpunkte in den Bereichen Gestaltung und Konstruktion sowie Unternehmensführung. Der Unterricht wird weitgehend mit fachübergreifenden Projekten durchgeführt. Die Fertigungstechnik wird dabei nicht vernachlässigt, sie ist die selbstverständliche Grundlage und wird durch moderne Ausstattung auf höchstem Niveau gehalten. Sichtbarer Beweis für die Ausbildungsleistung der Schule sind nicht nur die vielen Ausstellungs- und Wettbewerbserfolge, sondern vor allem der berufliche Erfolg der Schüler. Münchner Meisterschüler arbeiten heute europa- und weltweit als Führungskräfte in Holz verarbeitenden Betrieben, Planungsbüros und einschlägigen Handelsunternehmen. // V. L.

110. Holz als Begleiter

Spazierstöcke mit geschnitzten Griffen

Arbeiten aus dem Entwurfsunterricht für Holzbildhauer in den Jahren 1988/89
Eibe, Nuss, Ulme, Birne, Ahorn, L. 120, T. 5–20
Berufsfachschule für Holzschnitzerei und Schreinerei des Berchtesgadener Landes

Berchtesgaden ist neben Oberammergau ein Zentrum der Holzschnitzerei. Aufgrund der begrenzten Nutzungsmöglichkeiten für die Landwirtschaft in den Gebirgsregionen und des Waldreichtums hat sich das Handwerk der Schnitzer dort vor Jahrhunderten etabliert und bis heute erhalten. Die Berchtesgadener Schnitzkunst gründete sich, ähnlich wie in Oberammergau, im 19. Jahrhundert auch auf die Herstellung von hölzernem Spielzeug. Um eine gute Ausbildung in den Holzberufen zu schaffen und um die Qualität der heimischen Erzeugnisse zu verbessern, wurde 1840 in Berchtesgaden eine Industrie- und Zeichenschule gegründet und ab 1858 unter dem Namen »Schnitzschule« weitergeführt. 1905 wurde die Schule um die Schreinerklassen erweitert und führt seitdem die Bezeichnung »Berufsfachschule für Holzschnitzerei und Schreinerei«. Die Berufsfachschule in Berchtesgaden gehört neben der Schule für Schreiner und Holzbildhauer in Garmisch-Partenkirchen zu den wichtigen Ausbildungsstätten in den handwerklichen Holzberufen. Träger der Berufsfachschule für Holzschnitzerei und Schreinerei in Berchtesgaden ist der Landkreis Berchtesgadener Land mit Unterstützung des Bezirks Oberbayern. Ziel der Schule ist es, den Schülern alle notwendigen handwerklichen Voraussetzungen sowie Material- und Formgefühl nahe zu bringen. Dabei wird auf die Entwicklung der künstlerischen Gestaltung besonders geachtet. // W. L.

III. Kumme

Kumme und Dose mit Deckel

Augsburg, 2005
Grenadill, die Drehkörper sind auf der laufenden Drehbank mit Wiener Kalk und Mandelöl poliert, Deckel der Dose aus Ahorn mit Gratleiste, lasiert, Kumme: H. 10, Ø 10, Deckeldose: H. 12, Ø 8
Adam Löffler

III. Thema: Holz

Adam Löffler

- 1944 .... in Offenbach / Main geboren
- 1959 – 1962 .... Lehre und Facharbeiterbrief als Modellschreiner, Gießereipraktikum
- 1964 – 1968 .... Studium und Diplom Hochbau an der Staatsbauschule Frankfurt
- 1971 – 1974 .... Berufspraxis als angestellter Architekt, freier Fotograf und Designer, Journalist und stellv. Chefredakteur in Architekturzeitschriften (Baumeister, db)
- 1975 – 1981 .... eigene Werkstatt für Entwurf und Ausführung von Möbelunikaten in Paris
- 1982 .... Gründung des »Generalsekretariats für Genauigkeit & Seele« in München
- 1982 – 1983 .... Lehrauftrag für Möbelbau im FG Industrielle Gestaltung am FB Innenarchitektur der Fachhochschule Rosenheim
- Seit 1983 .... Professur für Holzgestaltung an der Akademie für Bildende Künste in der Johannes-Gutenberg-Universität Mainz

Nach einer handwerklichen Ausbildung zum Modellschreiner studierte Adam Löffler Hochbau. Zunächst arbeitete er als Architekt, später als freiberuflicher Fotograf und Designer sowie als Redakteur für verschiedene Architekturfachzeitschriften. Während eines mehrjährigen Aufenthalts in Paris entstehen erste Möbelunikate und freie plastische Arbeiten. Nach seiner Rückkehr nach München bekommt er einen Lehrauftrag für Möbelbau am Fachbereich Innenarchitektur der Fachhochschule Rosenheim, betreibt eine eigene Werkstatt in München und gründet dort sein »Generalsekretariat für Genauigkeit & Seele«. Seit 1983 ist Adam Löffler Professor für Holzgestaltung an der Akademie für Bildende Künste in der Johannes-Gutenberg-Universität Mainz. Seine filigranen Möbelarbeiten in der so genannten Grünholztechnik, deren Anwendung die Schwindungsprozesse im Material für die Stabilität von besonderen Holzverbindungen nützt, sind kennzeichnend für die 1980er-Jahre. Seit einigen Jahren beschäftigt sich Adam Löffler intensiv mit der Arbeit an der Holzdrehbank und der Applikation unterschiedlicher farbiger Lackoberflächen auf Gebrauchsgegenständen aus Holz. // W. L.

> > ... ...

BAYERISCHES HANDWERK KLANG UND FORM

Einen speziellen Bereich des Handwerks bildet der Musikinstrumentenbau. Einige der ab 1806 zum Königreich Bayern zusammengeschlossenen Gebiete blickten darin auf eine lange Tradition zurück: So gilt Füssen als Wiege des Lautenbaus, Nürnberg war seit dem 16. Jahrhundert ein Zentrum des Blasinstrumentenbaus, Mittenwald seit dem 17. Jahrhundert eines der Fertigung von Saiteninstrumenten, von Augsburg gingen im 18. Jahrhundert wichtige Impulse für den Klavierbau aus, Berchtesgaden war zur selben Zeit für seine Kinder- und Holzblasinstrumente bekannt. War in den ersten Jahrzehnten des 19. Jahrhunderts in Bayern noch eine annähernd Flächen deckende Verbreitung von Instrumentenbauern gegeben, ist im Verlauf des Jahrhunderts eine Konzentration von Betrieben auf die Städte München, Augsburg, Nürnberg und Würzburg sowie das Aufblühen des Verlagshandels etwa in Mittenwald zu beobachten. Nach dem Zweiten Weltkrieg bildeten sich durch die Ansiedlung von Instrumentenbauern aus dem Egerland in Geretsried und Bubenreuth neue Zentren.

Musikinstrumente stellten bereits im 19. Jahrhundert einen für die bayerische Wirtschaft durchaus bedeutenden Exportartikel dar, wie auch der 1826 im »Kunst- und Gewerbeblatt« erschienene Text »Fabrikation musikalischer Instrumente in Bayern« betont. Musikinstrumentenbauer des 19. Jahrhunderts präsentierten ihre Produkte auf den seit 1817 in Bayern abgehaltenen Gewerbeausstellungen wie die des 20. Jahrhunderts auf Fachmessen und den Handwerksmessen der Handwerkskammer. Bis heute stehen im Instrumentenbau kleine Werkstätten neben großen Betrieben, die Orientierung an der Tradition neben der Entwicklung neuer Techniken und Instrumente.

Das Deutsche Museum, das seit seiner Gründung bemüht ist, historische wie zeitgenössische Entwicklungen zu zeigen, verfügt in seinen Sammlungen über interessante Instrumente bayerischer Hersteller. Mit dem Beginn des Königreichs Bayern eng verbunden ist ein Hammerflügel von Louis Dulcken: Joséphine, die Frau Napoleons, erwarb während ihres Aufenthalts in der Residenzstadt 1805/06 mehrere Instrumente des Münchner Hofklavierbaumeisters. Andere Instrumente zeigen exemplarisch den Einfluss bayerischer Hersteller auf Entwicklungen in Instrumentenbau und Musik. Zu diesen zählen Theobald Boehm mit seiner neu konstruierten Querflöte, C. F. Steinmeyer mit einer pneumatischen Orgel und Harmonien, die Firmen Neupert, Maendler-Schramm und Wittmayer mit Cembali, Rainer Weber mit Blasinstrumenten, die an der Verbreitung historischer Instrumente im 20. Jahrhundert wesentlichen Anteil hatten, und die AWB Dachau mit elektronischen Orgeln. Mit der Wagnertuba von Ursula Menzel besitzt das Deutsche Museum zudem das Meisterstück der ersten Frau, die in Deutschland den Meistertitel als Blechblasinstrumentenbauerin erwarb.

In der Ausstellung werden aus dem weiten, von Tasteninstrumenten, über Streich- und Zupfinstrumente, Holz- und Blechblasinstrumente, Harmonikas sowie Schlaginstrumente bis zu elektronischen Instrumenten reichenden Gebiet exemplarisch einige Aspekte herausgegriffen.
// Silke Berdux

Lit.: Fabrikation musikalischer Instrumente in Bayern, in: Kunst- und Gewerbeblatt des polytechnischen Vereins für das Königreich Bayern 12/22 (1826), Sp. 338 f.; Meer, John Henry van der: Musikinstrumentenbau in Bayern bis 1800, in: Musik in Bayern, Bd. 2, Ausstellungskatalog, Tutzing 1972, S. 17–38; Tremmel, Erich: Der Musikinstrumentenbau im Königreich Bayern während des 19. Jahrhunderts im Lichte der Gewerbestatistiken, in: Augsburger Jahrbuch für Musikwissenschaft 1990, S. 117–175

112. Lieferant der bayerischen Armee

Fanfarentrompete in Es

Michael Saurle d. Ä. (1772–1845)
München, 1. Hälfte 19. Jahrhundert
Messing, 67, Ø 12, 0,6 kg
Deutsches Museum (35711)

Die königlich bayerischen Militärkapellen bezogen ihre Instrumente von Instrumentenbauern, mit denen Exklusivverträge abgeschlossen wurden. 1818 erhielt der Münchner Hofinstrumentenbauer Michael Saurle einen solchen Vertrag für die Lieferung der Blechblasinstrumente. Dies schützte ihn vor Konkurrenz und war Grundlage für seinen wirtschaftlichen Erfolg, nicht nur in Bayern, sondern auch in Italien und den USA. Neben den modernen Ventilinstrumenten, an deren Entwicklung er mit einem Ventilflügelhorn teilhatte, fertigte Saurle lange auch ventillose Instrumente wie das hier gezeigte Exemplar. Eine solche »Trompete in Es« gab sogar einer Erzählung von Ludwig Steub den Titel, die auf Saurle Bezug nimmt. // S. B.

112. Fanfarentrompete in Es

Lit.: Seifers, Heinrich: Deutsches Museum. Katalog der Blasinstrumente, München 1980, S. 135; Tremmel, Erich: Blasinstrumentenbau im 19. Jahrhundert in Südbayern, Augsburg 1993

113. Ein Meister der Innovation

Querflöte

Benedikt Pentenrieder (1809–1849)
München, um 1840
Buchsbaum, Messing, Horn, 76, Ø 3, 0,26 kg
Deutsches Museum (1992–101)

Wie andere Instrumentenbauer nutzte auch Benedikt Pentenrieder die im 19. Jahrhundert entstehenden Möglichkeiten, seine Produkte zu vermarkten. Mehrfach nahm er an den Münchner Gewerbeausstellungen teil, 1845 stellte er seine Entwicklungen im Kunst- und Gewerbeblatt vor, das der Polytechnische Verein im Königreich Bayern zur Förderung des Gewerbes herausgab, und machte diese so einem größeren Kreis bekannt. 1840 erhielt Pentenrieder ein Privileg auf die von ihm entwickelten Klappensysteme für Klarinetten, Oboen und Querflöten, die anders als die Instrumente Theobald Boehms (Kat.-Nr. 116) die traditionellen Griffweisen beizubehalten versuchten. Die Einsprüche von Kontrahenten, die die Originalität der von Pentenrieder geschilderten Erfindungen anzweifelten, hatten keinen Erfolg. // S. B.

Lit.: Masel, Andreas: Der Münchener Holzblasinstrumentenmacher Benedikt Pentenrieder (1809–1849), unveröffentlichte Magisterarbeit an der Universität München 1986; Tremmel, Erich: Blasinstrumentenbau im 19. Jahrhundert in Südbayern, Augsburg 1993

114. Sphärenklänge

Melodion

Max Ainmiller (1807–1870)
München, um 1830
Holz, Metall, 176 x 177 x 51, 72 kg
Deutsches Museum (9529)

Das Melodion kam 1907 aus dem Kloster Andechs in das Deutsche Museum. Gefertigt hatte es kein Instrumentenbauer, sondern der Maler und spätere Leiter der Königlichen Glasmalanstalt Max Ainmiller. Er orientierte sich an einem um 1805 von Johann Christian Dietz in Emmerich / Rhein entwickelten Instrument, das in den ersten Jahrzehnten des 19. Jahrhunderts in ganz Deutschland vorgeführt wurde. Bei Druck einer Taste wird ein Metallröhrchen gegen eine durch ein Pedal in Rotation gesetzte Walze gedrückt. So entsteht ein sphärischer, dem der Anfang des 19. Jahrhunderts beliebten Glasharmonika ähnlicher Klang. // S. B.

Lit.: Fuchs, Franz: Der Aufbau der Technischen Akustik im Deutschen Museum, München 1963, S. 16 f.; Heise, Birgit: Membranophone und Idiophone. Europäische Schlag- und Friktionsinstrumente, Halle / Leipzig 2002 (Musikinstrumentenmuseum der Universität Leipzig, Katalog), S. 130–133

114. Melodion

115. Schnittmodell eines Konzertflügels

115. Hoflieferant

Schnittmodell eines Konzertflügels

Königlich Bayerische Hofpianofortefabrik Valentin Berdux
München, um 1912
Holz, Metall, 42 x 105 x 40, 54 kg
Deutsches Museum (40091)

In der zweiten Hälfte des 19. Jahrhunderts lösten im Klavierbau zunehmend industriell arbeitende Fabriken (vgl. auch Kap. »Krise und Innovation«) die Handwerksbetriebe ab. Gleichzeitig etablierten sich Zulieferbetriebe für einzelne Teile wie Mechaniken, Gussrahmen, Tastenbeläge, Firmenschilder etc. In Bayern war die Produktion von Klavieren mit Firmen wie Steingraeber in Bayreuth, Neupert in Bamberg und Berdux in München ein beachtlicher Wirtschaftszweig. Etwa 30 000 Pianinos und Flügel stellten allein die drei beispielhaft genannten Firmen in der Zeit von etwa 1870 bis 1900 her. Zu den von Valentin Berdux zum Patent angemeldeten Bauteilen zählte auch die im Modell gezeigte Konstruktion der Saitenanhangplatte. // S. B.

Lit.: Henkel, Hubert: »Klavier«, in: Die Musik in Geschichte und Gegenwart, 2. Aufl., Sachteil, Bd. 5 (1996), Sp. 283–313; ders.: Lexikon deutscher Klavierbauer, Frankfurt am Main 2000; ders.: Lexikon deutscher Zulieferbetriebe für die Klavierindustrie, Frankfurt am Main 2002

116. Eine bayerische Erfindung von Weltruf

Querflöte nach dem System Theobald Boehms mit Etui

Boehm & Mendler
München, um 1870
Jacaranda, Silber, Etui: 5 x 41,5 x 20, 0,42 kg
Deutsches Museum (1987–31)

Eine Revolution der Flöte bedeutete die Arbeit des Münchner Goldschmieds, Flötisten und Instrumentenbauers Theobald Boehm (1794–1881). Im zweiten Viertel des 19. Jahrhunderts entwickelte er in mehreren Schritten die nach ihm benannte Querflöte, die heute allgemein gespielt wird. Damals brach sie mit zahlreichen Konventionen. So ersetzte Boehm die empirische Suche nach der richtigen Position der Tonlöcher durch exakte Berechnungen auf der Grundlage akustischer Forschungen. Die Erreichbarkeit der Löcher durch die Finger stellte er zunächst durch Ringklappen, später durch ein von ihm entwickeltes Klappensystem sicher, das eine neue, eigene Griffweise bedingte. Schließlich wählte er statt der bis dahin üblichen konischen eine zylindrische Innenbohrung und empfahl Metall als Werkstoff. So entstand ein Instrument, das über den gesamten Umfang und in allen Tonarten rein und einheitlich klingt und einen tragfähigen Ton hat.

> > … …

…

HANDWERK IN DER WEIMARER REPUBLIK

Rückblickend wird die Weimarer Republik vor allem als Zeit der Krisen angesehen. Der Ausgang des Ersten Weltkriegs, der Sturz der deutschen Monarchien und die damit einhergehenden Wirren, die Reparationsleistungen und die bis 1923 gewaltig steigende Inflation erschütterten die Wirtschaft schwer. Nach einer raschen Erholung durch die Einführung der Rentenmark und einem wirtschaftlichen und kulturellen Aufschwung leitete die Weltwirtschaftskrise 1929 den Niedergang der Republik ein.

Das mittelständische Handwerk führte in der Weimarer Republik den Kampf an zwei Fronten: gegen die industrielle Konkurrenz und gegen die Forderungen der Gewerkschaften, die höhere Löhne und verbesserte Sozialleistungen für Handwerksgesellen einforderten. Durch seine Kundennähe und Fähigkeit zur Ausgaben- und Verbrauchsbeschränkung erwies sich das Handwerk auch während der Krisenjahre als verhältnismäßig widerstandsfähig.

Die schlechte wirtschaftliche Lage traf umso mehr die Lehrlinge und Gesellen. Die Mehrzahl der Selbstständigen erreichte 1928 nicht den Lohn eines Facharbeiters. Doch rief die technische Entwicklung neue Reparaturhandwerke wie das des Automechanikers ins Leben oder das der Schmiede, die sich der Landmaschinenreparatur oder dem Installateurshandwerk zuwandten. Neue Medien wie das Kino schufen, vor allem in den Städten, neue berufliche Möglichkeiten. Die Städte versuchten, gefördert durch Kredite ausländischer Banken, mit großen Projekten wie dem sozialen Wohnungsbau, die Wirtschaft anzukurbeln. Allein in München wurden zwischen 1928 und 1932 ca. 11 000 Wohnungen gebaut.

In der Weimarer Republik setzten sich auch kleinere Betriebe fort. Rationellere Betriebsführung, Werbung, Kalkulation und Buchführung veränderten das Gesicht vieler Handwerksbetriebe. Besonders die Handwerkerfrauen, die nach den Kriegsjahren oft vergebens auf die Rückkehr ihres Mannes warteten, sorgten für die Aufrechterhaltung und den Neuaufbau der Betriebe. In den Statistiken als »mithelfende Familienangehörige« versteckt, waren die Frauen für die Betriebsführung unentbehrlich. Sie waren es vor allem, die in den Jahren der Krise mit dem spärlichen Einkommen haushalten mussten. Doch waren es auch die Frauen aus dem wohlhabenden Handwerk, in den Jahren der wirtschaftlichen Erholung in Mode und Körperbewusstsein ihre Stellung betonten, angeregt durch das Vorbild der modernen Frau in den Städten.

Die Handwerker schlossen sich immer mehr an berufsständische Organisationen. Die Einführung der Handwerksrolle 1929, in der die Kammern alle selbstständigen Handwerker verzeichnen mussten, wurde allgemein begrüßt. In der Weimarer Republik hielt die Handwerksorganisation zünftlerische Einstellungen hoch und betonte – nicht zuletzt in politisch-propagandistischer Absicht – die Sonderrolle des Standes in Staat und Gesellschaft. Politisch war der bayerische Mittelstand in den katholischen Landesteilen in der 1918 gegründeten BVP, dem ehemaligen bayerischen Zentrum, verwurzelt, während das protestantische Franken eher der Mittelpartei, ab 1924 Deutschnationale Volkspartei, seine Stimme gab. Die Verunsicherung durch die Inflation und die instabile Wirtschaftslage des Mittelstands in den frühen 1930er-Jahren bot den Nationalsozialisten einen willkommenen Ansatzpunkt bei Handwerk und Einzelhandel, doch blieb ihr Einfluss bis 1933 gering. // Wolfgang Schuster

Lit.: Winkler, Heinrich August: Der gewerbliche Mittelstand in der Weimarer Republik, in: Winkler, Heinrich August: Zwischen Marx und Monopolen. Der deutsche Mittelstand vom Kaiserreich zur Bundesrepublik Deutschland, Frankfurt am Main 1991, S. 38–51

121. Der Münchner Gesellenmord vom Mai 1919

A) *Andenken an die 21 unschuldigen Todesopfer des katholischen Gesellenvereins München, St. Josef vom 6. Mai 1919*

Postkarte (R)
Kolpingverein München-Zentral

B) *Todesanzeige aus dem Bayerischen Kurier vom 8. Mai 1919*

Druck / Papier (R)
Geschichtswerkstatt Neuhausen

Die Revolution in Bayern, die mit Kurt Eisner im November 1918 gewaltlos begonnen hatte, endete Anfang Mai 1919 mit der brutalen Niederschlagung der Münchner Räterepublik. Im Zuge der Eroberung der Stadt kam es zu grausamen Ausschreitungen sowohl aufseiten der Roten Armee, die die Räterepublik verteidigte, wie auch bei den Weißen Garden, bestehend aus regulären preußischen, württembergischen und bayerischen Truppen und den Freikorps. Das Blutbad an den 21 Mitgliedern des katholischen Gesellenvereins St. Joseph am 6. Mai 1919, vier Tage nach der Besetzung Münchens, war das blutigste Verbrechen des Terrors, das Weiße Truppen verübten. Am Abend des 6. Mai trafen sich, wie jeden Dienstag, im Maxkasino in der Augustenstraße die Mitglieder des katholischen Gesellenvereins, allesamt regierungstreu und Mitglieder der neu gegründeten Bayerischen Volkspartei. Einer Kompanie der Regierungstruppen war aber berichtet worden, dass sich hier heimlich Spartakisten, also Anhänger der Räterepublik, versammeln wollten. Kurz vor Ende der Zusammenkunft wurden die anwesenden 25 Männer von einer Patrouille verhaftet und zum Karolinenplatz getrieben. Schon auf dem Weg dorthin kam es zu gewaltsamen Übergriffen vonseiten der Soldaten. Im Hof und im Keller des Prinz-Georg-Palais wurden dann 21 Gesellen bestialisch ermordet und ausgeraubt. Die restlichen vier Handwerker überlebten, weil sie für tot gehalten wurden. Die Beerdigung der Opfer fand unter großer Anteilnahme der Münchner Bevölkerung statt, die Grabrede hielt Pater Rupert Mayer. In den folgenden Jahren strebten die Hinterbliebenen Gerichtsverfahren an, zum Teil mithilfe der Bayerischen Volkspartei. Doch keiner der Täter wurde jemals belangt. // W. SCH.

Lit.: Hillmayr, Heinrich: Roter und Weißer Terror in Bayern nach 1918. Ursachen, Erscheinungsformen und Folgen der Gewalttätigkeiten im Verlauf der revolutionären Ereignisse nach dem Ende des Ersten Weltkrieges, München 1974; Baumann, Günther: Gesellenmord am Ende der Räterepublik, in: Neuhauser Werkstatt-Nachrichten 8 (2002), S. 94 f.

122. Folgen des Kriegs

Orthopädisches Kunstbein mit Gleit-Brems-Kniegelenk

Johann Hopf, 1931
Modell: Leder, Holz (laminiert), Metall, Filz,
H. (gesamt) 40, Ø (Fuß) 9
Gewerbemuseum im Germanischen Nationalmuseum,
Nürnberg (LGA 9775)

Bei diesem Modell handelt es sich um ein Gleit-Brems-Kniegelenk, das vermutlich das Meisterstück des Orthopädiemechanikers Johann Hopf darstellt. Im Jahr 1931 übergab Hopf sein Meisterstück dem Gewerbemuseum. Das Bein im Maßstab 1:2 gliedert sich in die Oberschenkelprothese, das obere Sprunggelenk, das Kniegelenk und

den Hängelagerfuß mit Filzsohle und Filzspitze. Das Kniegelenk steuert die Abrollbewegung genau so, dass die Rollbewegung nach vorn und nach hinten durch die Bremswirkung jeweils wieder eingefangen wird. Die über Rollen laufenden seitlichen Ledergurte gewähren in Bewegung auch die notwendige Dehnung und Spannung. Das Bein wurde mit ledernen Gurten über die Schultern gespannt und mit einem Taillengurt in halber Körperhöhe fixiert.
Die Beinprothese zeigt die bis zu Beginn der 1970er-Jahre vorzugsweise verwendeten Materialien Leder, Holz und Metall. Um am Körper Druck- oder Scheuerstellen zu vermeiden, musste das Holz aufwändig geschliffen und poliert werden. Mit der Einführung des Silikons als Ausgangsmaterial für die Prothesenherstellung entfiel dieser langwierige Aufbereitungsprozess. Die zu ersetzenden Körperteile wurden unmittelbar am Körper angepasst. Ein Ventil zum Absaugen der zwischen Körper und Prothese befindlichen Luft bewirkte gleichzeitig das Festhaften am Körperteil. // S. G.

121.A) Andenken an die 21 unschuldigen Todesopfer des katholischen Gesellenvereins München, St. Josef vom 6. Mai 1919

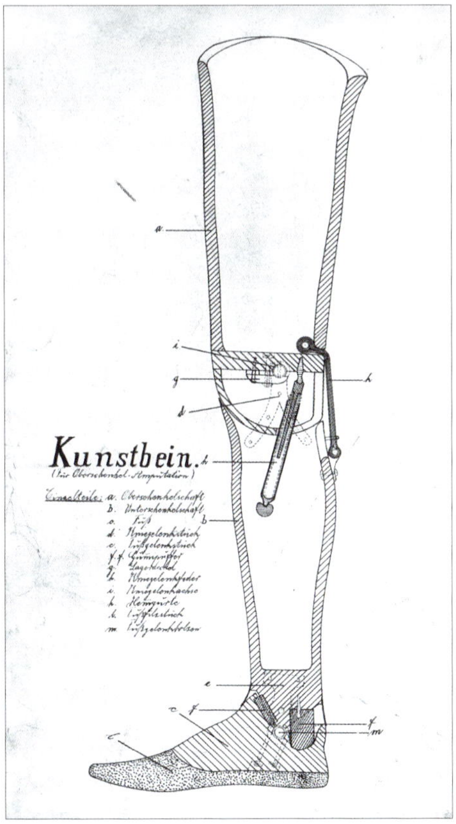

122. Orthopädisches Kunstbein mit Gleit-Brems-Kniegelenk

123. Friseurhandwerk im Wandel der Mode

Perückenkopf als Dekoration eines Friseurgeschäfts

Franken, 19. Jahrhundert (?)
Holz, geschnitzt und farbig gefasst, 35 x 22 x 14
Volkskundemuseum der Stadt Treuchtlingen (8850)

Ursprüngliche Herkunft und Verwendungszweck der Frauenbüste mit ihrer farbenfrohen und im besten Sinne naiven Malerei sind heute nicht mehr feststellbar. Bei der Holzskulptur könnte sich es um einen alten Frisurkopf für Perücken handeln. Noch in der ersten Hälfte des 20. Jahrhunderts schmückte die schöne Dame als Schaufensterdekoration ein Friseurgeschäft in Treuchtlingen. Das Friseurhandwerk erlebte im frühen 20. Jahrhundert einen tief greifenden Wandel sowohl in technischer als auch in modischer Hinsicht. Neue Apparaturen wie die Trockenhaube (Kat.-Nr. 123) oder die elektrische Dauerwelle standen dabei neben geradezu revolutionären Trends wie der Kurzhaarfrisur für Damen, dem »Bubikopf« der 20er-Jahre. War der Gang zum Friseur bisher eine Männerdomäne gewesen, so wurde nun der Damensalon im-

> > … …

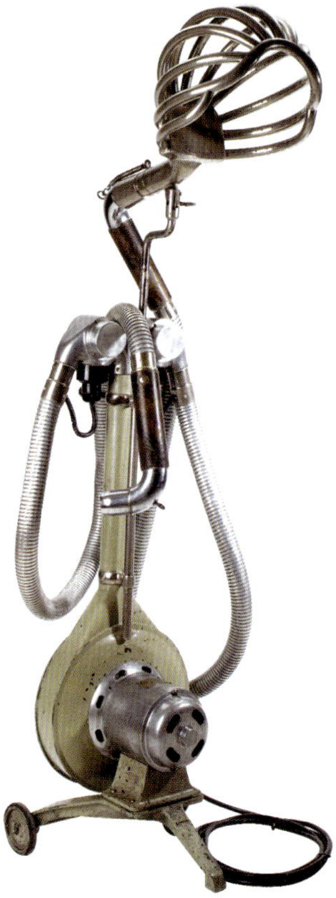

124. Elektrische Haartrockenhaube »Velox«

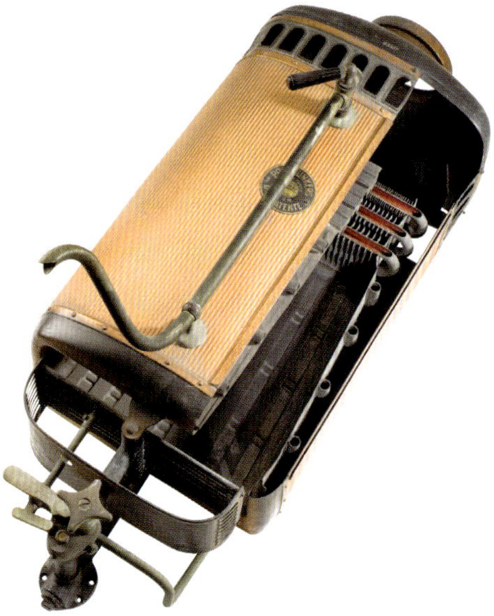

125.B) Junkers Badeofen W 32

mer mehr zu einem Standbein der Friseure und zugleich wuchs der Beschäftigungsanteil der Frauen in diesem Handwerk. // C. L.

124. Friseurhandwerk und Technik

Elektrische Haartrockenhaube »Velox« mit Motor 220 V Wechselstrom, 50 Hertz (Perioden), 100 W, Nr. 6700 2635

Velox GmbH, Frankfurt am Main, vor 1915
Metall, teilweise verchromt, 59 x 39 x 136,7, 25 kg
Deutsches Museum (1991–645)

Um 1910 wurden im Friseurhandwerk die ersten Haartrockner eingeführt. Sie drückten das neue Selbstbewusstsein eines modernen, auf Technik setzenden Berufsstandes aus. Das gezeigte Gerät hatte einen schweren, kräftigen Motor für das Gebläse und konnte daher zwei Hauben gleichzeitig betreiben. Erst ab den 1935er-Jahren gab es Motoren, die klein genug waren, um einen einzelnen Trockner zu betreiben. // D. B.

Lit.: Trupat, Christina: Kopf-Arbeit – Zur Entwicklung des Friseurhandwerks seit 1871, Berlin 1990

125. Installateur als neuer Handwerksberuf

A) *Gasgliederofen (Radiator) »Prometheus« System Palo, automatic*

Prometheus GmbH, Frankfurt am Main, 1928
Gusseisen, Kupfer, 67 x 40 x 100, 63,5 kg
Deutsches Museum (62965)

Einfache Gasöfen und -brenner waren in ganz Europa bereits seit 1860 verbreitet. Seit jedoch 1902 erstmals bei der Meurer AG in Cossebaude ein »Element-Gasheizofen« gebaut wurde, beherrschten Gasradiatoren wie dieser wegen ihrer zweckmäßigen Konstruktion über Jahrzehnte

126. Rundfunkempfänger für Lang- und Mittelwelle, Type Rfe 24 (1) mit Stromversorgungsgerät »Heizanode«

den deutschen Markt. Je nach Gliederzahl erbrachten sie eine Heizleistung von 3,5 bis 21 kW. // D. B.

Lit.: Schrader, Julia: Radiatoren: Gusseiserne Heizkörper, Suderburg-Hösseringen 2002

B) *Junkers Badeofen W 32, geschnitten*

Junkers & Co., Dessau, 1929
Kupfer, Eisen, 40 x 35 x 90, 20 kg
Deutsches Museum (63557)

Lange bevor Hugo Junkers (1859–1935) mit dem Flugzeugbau begann, erhielt er am 29. Juni 1892 ein Patent für das »Kalorimeter«. Das Gerät diente zur Messung des Heizwertes von Brenngasen und war ursprünglich ein Hilfsmittel zum Betrieb des Gasmotors. In Dessau entwickelte er auf dieser Basis den ersten Gasbadeofen. Zusammen mit einem Investor gründete er 1895 die Warmwasser-Apparatefabrik »Junkers & Co.«. Mit den Gasbadeöfen hatte Junkers ein elementares Bedürfnis getroffen. »Jeder Tag ist Badetag«, lautete ein Werbemotto. Die Produkte verkauften sich über alle Krisen hinweg so gut, dass in der Fabrik sogar Schichtarbeit eingeführt wurde. Daneben wuchs das Angebot an Gas-Warmwasserapparaturen in allen Größen und Ausführungen, dazu Mess- und Regulierungselemente sowie auch weiterhin das Junkers-Kalorimeter. Im Jahr 1912 baute Junkers & Co. den 100000. Warmwasser-Durchlauferhitzer. // D. B.

Lit.: Irmer, R.: Hugo Junkers, Pionier der industriellen Forschung, Festschrift der Hugo Junkers-Gesellschaft zur Enthüllung der Junkers-Büste im Ehrensaal des Deutschen Museums am 6. Mai 1968, Köln 1968; Erfurth, Helmut: Im Rhythmus der Zeit: Hugo Junkers und die zwanziger Jahre in Dessau, Dessau 1994

126. Neue Medien

Rundfunkempfänger für Lang- und Mittelwelle, Type Rfe 24 (1) mit Stromversorgungsgerät »Heizanode«, S & H, Type 10 b (2)

Siemens & Halske AG, Berlin, 1928
5-Röhren-Geradeausempfänger (Röhrenbestückung: 3 x RE 074, RE 054, RE 134) mit einem zweistufigen Hochfrequenzverstärker, einer Audionstufe – zur Gleichrichtung der hochfrequenten Schwingung – und einem zweistufigen Niederfrequenzverstärker
Holz, Metall, industrielle Fertigung,
(1) 23,2 x 48,8 x 24, 11,05 kg
(2) 19,5 x 34,5 x 17,5, 4,7 kg
Deutsches Museum (73/79258,1–2)

Zum Betrieb dieses Rundfunkgeräts benötigte man einen Lautsprecher, eine Hoch- oder Zimmerantenne (Länge 10 bis 20 m) und einen Erdanschluss, außerdem einen 4-Volt-Akkumulator und zwei 100-Volt-Anodenbatterien oder die oben erwähnte Heizanode. Zur Abstimmung des Geräts auf eine gewünschte Senderfrequenz waren Vorwissen und Fingerfertigkeit nötig. Der mit einer Neutrodynschaltung ausgestattete Empfänger, der störende Kapazitäten in ihrer Wirkung kompensiert, kostete im Jahr 1928 – ohne Röhren und ohne die Betriebsmittel – stolze 325 Reichsmark. // P. A. L.

Lit.: Deutsches Rundfunk Museum (Hg.): Archiv des Rundfunk Museums, Berlin 1992, Loseblatt 28 SI 01; Erb, H. Ernst: Radio-Katalog, Bd. 1, Luzern 1998

> > ... ...

128.c) Franziska Grubauer

128. Frau im Handwerk

a) *Lehrzeugnis der Schneiderin Franziska Grubauer*

28. November 1927
Papier/Handschrift, Druck, 20,5 x 33
Privatbesitz

b) *Gesellenbrief der Schneiderin Franziska Grubauer*

13. Februar 1928
Papier/Handschrift, Druck, 24,7 x 36,9
Privatbesitz

c) *Franziska Grubauer*

1935
Fotografie (R)
Privatbesitz

Die Frau im Handwerk begegnete und begegnet vor allem als Ehefrau des Meisters, in der Statistik »mithelfende Familienangehörige« genannt. Doch hat sich ihre Bedeutung grundlegend geändert. Im 19. Jahrhundert, als Lehrlinge und Gesellen noch bei ihren Meistern wohnten, hatte die Rolle der Meistersfrau einen wichtigen familiären und erzieherischen Aspekt. Während des Kriegs und danach musste sie oft die Leitung des Betriebs ihres im Krieg dienenden oder gefallenden Mannes übernehmen. Vor allem im Handwerk mit Ladengeschäft waren und sind die Ehefrauen unverzichtbar, ebenso bei der im 20. Jahrhundert immer wichtiger werdenden Buchführung. Frauen als gelernte Handwerkerinnen begegnen in den 1920er-Jahren vor allem in der Näherei, Wäscherei, Putz- und Hutmacherei mit einem Anteil von über 75 Prozent der Beschäftigten. Im Schneiderhandwerk stellten Frauen mehr als die Hälfte. Die Schneiderei galt als klassisches Frauenhandwerk. Auch Franziska Grubauer, verheiratete Frankenberger, geb. 1908 in München, wo sie heute noch lebt, arbeitete als Schneiderin.

In den hier genannten Tätigkeitsfeldern trat mit rund einem Drittel aller Beschäftigten die häusliche Alleinarbeit besonders hervor. Auffallend gering war der Anteil der Frauen am Barbiergewerbe, dem heutigen Friseurhandwerk, mit 20 Prozent. Damals gab es schon keinen Handwerkszweig mehr, in dem keine Frauen tätig waren, selbst wenn ihre Zahl in manchen Bereichen, wie beim Bau und der Spenglerei, verschwindend gering war. Auch waren Meisterinnen in fast allen Handwerksbereichen tätig. Schon zu Beginn des 20. Jahrhunderts gab es Bestrebungen, die Ausbildung der Frauen im Handwerk qualitativ zu heben und zu regeln. Vorreiter war hier 1902 die Handwerkskammer Augsburg mit einschlägigen Bestimmungen. Mit dem Beginn der Weimarer Republik erhielten die Handwerkerinnen das passive Wahlrecht zu den Innungen. In der Folge entstanden erstmals Innungen für Frauen, teils selbstständig, teils eingegliedert in schon vorhandene. // w. sch.

Lit.: Gewerbe und Handel in Bayern. Nach der Betriebszählung vom 16. Juni 1925, bearb. von Philipp Schwartz, München 1927 (Beiträge zur Statistik Bayerns 114); Schwartz, Philipp: Die Frau im Handwerk, in: Das bayerische Handwerk. Wissenschaftliche Ergebnisse der Ausstellung München 1927, hg. von Ferdinand Knoblauch und Ludwig Pfeuffer, München 1927, S. 102–104; Brodmeier, Beate: Die Frau im Handwerk in historischer und moderner Sicht, Münster 1963; Specht, Agnete von (Hg.): Geschichte der Frauen in Bayern. Von der Völkerwanderung bis heute, Augsburg 1998 (Veröffentlichungen zur Bayerischen Geschichte und Kultur 39/98), S. 209–230

129. Bayerisches Handwerk 1927

A) *Begleitbuch zur Ausstellung »Das Bayerische Handwerk« in München 1927*

Das bayerische Handwerk. Wissenschaftliche Ergebnisse der Ausstellung München 1927 von Ferdinand Knoblauch und Ludwig Pfeuffer
160 Seiten, 58 Tafeln mit teils faksimilierten Abbildungen, 30 x 22
Privatbesitz

B) *Blick in die Ausstellungshalle »Goldene Stadt«*

Zeitgenössische Fotografie (R, neu koloriert)
Haus der Bayerischen Geschichte, Augsburg

Glanzlicht und besonderer Ausdruck der wieder optimistischen Stimmung in den Jahren des Aufschwungs der Weimarer Republik war 1927 die Ausstellung »Das Bayerische Handwerk« in den Messehallen auf der Münchner Theresienhöhe. Sie beherbergte für ein halbes Jahr auch mehr als 60 lebende Werkstätten.
Die Kulisse einer mittelalterlichen Stadt in der Ausstellungshalle war auch Programm für die Handwerksorganisationen. Dem von der Konkurrenz durch Handel und Industrie und durch die relative Gewerbefreiheit verunsicherten Handwerk erschien das rückwärts gewandte Leitbild des Mittelalters mit seiner zünftischen Ordnung und seiner ständisch aufgeteilten Gesellschaft als erstrebenswertes Ideal. In dieser Kulisse wurde die Ausstellung am 14. Mai 1927 mit einem großen mittelalterlichen Festspiel eröffnet. Die Diskussion um die berufsständische Ordnung zog sich durch die gesamte Weimarer Zeit.
Begleitend zur Ausstellung gab es auch verschiedene Veröffentlichungen, neben dem Ausstellungskatalog sogar eine eigene Zeitschrift »Kultur des Handwerks« mit zwölf Ausgaben für die Zeit der Ausstellungsdauer. »Das Bayerische Handwerk« wurde von Ferdinand Knoblauch, dem Syndikus der Handwerkskammer von Oberbayern, und Ludwig Pfeuffer, dem Leiter der Abteilung Organisation und Statistik der Ausstellung, herausgegeben. Darin waren die wissenschaftlichen Erkenntnisse zusammengefasst, die die Vorarbeiten der Ausstellung erbracht hatten. Namhafte Wissenschaftler und Ökonomen der Zeit veröffentlichten darin Artikel wie »Handwerk und Reklame«, »Arbeiterschutz«, »Gewerbehygiene« oder »Die Frau im Handwerk«. // W. SCH.

129.B) Blick in die Ausstellungshalle »Goldene Stadt«

130. Handwerker und Künstler – Karl Valentin

A) *Karl Valentin als Schreinerlehrling um 1897*

Fotografie bzw. Fotomontage (R)
Valentin-Karlstadt-Musäum, München

B) *Karl Valentin und Liesl Karlstadt als Elektrikergeselle und Lehrbub in »Der reparierte Scheinwerfer«*

Fotografie (R)
Valentin-Karlstadt-Musäum, München

C) *»Der reparierte Scheinwerfer« (auch: »Der verhexte Scheinwerfer«)*

Filmstation
Bearbeitung: Georg Schmidbauer

D) *Karl Valentin in der Werkstatt seines Hauses in Planegg um 1946*

Fotografie (R)
Haus der Bayerischen Geschichte, Augsburg

Nach mehr oder weniger erfolgreichen acht Jahren Schulzeit, die er selbst mit einer Zuchthausstrafe verglich, begann Karl Valentin 1897 eine Ausbildung als Schreiner. Er erlernte das Handwerk beim Schreinermeister Johann Hallhuber in der Weißenburgerstraße 28. Der Stadtteil Haidhausen war damals, wie die benachbarte Au, in der Karl Valentin aufwuchs, ein typisches Arbeiter- und Handwerkerviertel. Jedoch hängte Karl Valentin nach lediglich zwei Gesellenjahren seinen Beruf an den berühmten

> > … …

130. A) Karl Valentin als Schreinerlehrling um 1897

Nagel (heute noch im Valentin-Karlstadt-Musäum zu besichtigen) und ging einem anderen »Handwerk« nach: Er wurde zunächst Musik-Clown.
Auch hierfür bedurfte es einigen handwerklichen Geschicks. Drei Jahre lang baute er an seinem Orchestrion, das nach eigenen Angaben aus 30 Instrumenten bestand. Damit tingelte er durch die Lande. Nach anfänglichen Fehlschlägen konnte er 1908 erste Triumphe als Komiker mit dem Monolog »Das Aquarium« feiern. Sein handwerkliches Geschick und seine Ausbildung waren ihm beim Bühnen- und Requisitenbau, Herstellen von Jahrmarktsattraktionen sowie bei der Einrichtung seiner Museen »Panoptikum« und »Ritterspelunke« von Nutzen. Vieles hierfür entwarf oder fertigte er selbst.
Karl Valentin war nicht nur der bekannte Volkssänger und Komiker, er war vielmehr ein multimedialer Künstler. Er experimentierte mit Fotografie, Tonaufzeichnung, Film und multimedialen Inszenierungen auf der Bühne und in seinem Panoptikum. Als Komiker, Schauspieler, Autor wie Filmemacher (er war einer der Ersten überhaupt, der in München einen Film drehte) war er ein akribischer Medienhandwerker, der in seiner Arbeit eine außerordentliche Präzision entwickelte.
Das Handwerk spielt im Gesamtwerk Karl Valentins eine wesentliche Rolle. Seine Couplets, Stücke, Szenen, Dialoge und Monologe sind zumeist in einem einfachen Milieu angesiedelt. Protagonisten sind neben Rittern und Soldaten niedriger Dienstgrade unter anderem Trödler, Hausmeister, Lehrlinge, (Orchester-)Musiker, Schausteller und Handwerker. In »Der reparierte Scheinwerfer« beispielsweise mimt Karl Valentin einen Elektrotechniker. Dieser soll einen defekten Bühnenscheinwerfer möglichst schnell reparieren. Der Auftraggeber lernt das Leid in vollem Ausmaß kennen, einem Handwerker auf Gedeih und Verderb ausgeliefert zu sein: von der Unfähigkeit, den Schaden zu lokalisieren, dem nicht vorhandenen nötigen Werkzeug bis zur Brotzeit, die Vorrang vor allem hat. Nachdem Lehrling (Liesl Karlstadt) wie Geselle ausführlich mit Werkzeug, Leitern und Elektrik gekämpft haben, brennt schließlich der Scheinwerfer, nur ist es der falsche: »Ja den ham ma g'richt, aber der brennt.«
Dass das Leben eines Handwerkers nicht nur mit den Tücken des Objekts, sondern auch mit den Fährnissen des Alltags verbunden ist, erfährt schmerzlich der »Buchbinder Wanninger« (Kat.-Nr. 64). Am Telefon von Pontius zu Pilatus vermittelt, versucht er verzweifelt herauszufinden, wo er die fertigen Bücher und, was noch wichtiger erscheint, die Rechnung hinschicken darf. Um korrekte Sprachwendungen für sein Anliegen ringend, gelingt ihm dies nicht, sodass sein ergebnisloses Bemühen schließlich in den Ausruf »Saubande dreckade« gipfelt.
Während und nach dem Zweiten Weltkrieg war Karl Valentin wieder auf das ursprünglich erlernte Schreinerhandwerk angewiesen, um zu überleben. Nach 1940 trat er nicht mehr auf, in der Nachkriegszeit war Karl Valentin beinahe in Vergessenheit geraten. In seiner Kellerwerkstatt fertigte er kleine Haushaltsgegenstände aus Holz. Oft vergeblich versuchte er diese zu verkaufen oder zu tauschen, die meisten hielten dies für einen Witz. Aus dieser Zeit stammt auch der Holzhammer, mit dem die erste deutsche Ministerpräsidentenkonferenz nach dem Krieg am 6. Juni 1947 eröffnet wurde (Kat.-Nr. 144). Weil keine Glocke vorhanden war, erinnerte sich der technische Organisator der Konferenz an den Nachbarn seiner Schwester in Planegg. Der vermeintliche Drechsler, der den Holzhammer für die Eröffnung fertigte, war niemand anderer als Karl Valentin.
Karl Valentin starb kurze Zeit später am 9. Februar 1948, einem Rosenmontag. Am Aschermittwoch wurde er beerdigt. // S. R.

Lit.: Schulte, Michael: Karl Valentin, Hamburg 1982; Bachmeier, Helmut/Faust, Manfred (Hg.): Karl Valentin. Sämtliche Werke in acht Bänden, Bd. 7: Autobiographisches und Vermischtes, hg. von Stefan Henze, Andrea Heinzmann und Max Auer, München 1996

DAS HANDWERK IN DER ZEIT DES NATIONALSOZIALISMUS 1933 BIS 1945

Nach der Ernennung Hitlers zum Reichskanzler am 30. Januar 1933 zog die neue Reichsregierung rasch diktatorische Befugnisse an sich. Die für die NSDAP und ihren Koalitionspartner, die Kampffront Schwarzweißrot, erfolgreichen Wahlen vom 5. März 1933 schienen dies zu legitimieren. Auch wenn in Bayern die Ergebnisse der Wahl für die Hitlerregierung knapp unter dem Reichsdurchschnitt blieben, waren doch auch im Freistaat die Zugewinne um 12,6 Prozent auf insgesamt 43,9 Prozent sehr hoch. Sofort nach den Reichstagswahlen erhöhte Hitler den Druck auf die bayerische Regierung unter dem geschäftsführenden Ministerpräsidenten Heinrich Held. Am 9. März setzte die Reichsregierung schließlich Franz Ritter von Epp als Reichsstatthalter in Bayern ein, nachdem sich Held geweigert hatte, einem von der NSDAP verlangten Generalstaatskommissar Platz zu machen. Epp ernannte am 12. April den Nationalsozialisten Ludwig Siebert zum neuen bayerischen Ministerpräsidenten. Die Hoheitsrechte der Länder wurden im Zuge der Gleichschaltung und abschließend mit dem »Gesetz zum Neuaufbau des Reiches« (30.1.1934) an das Reich übertragen. Im zentralistisch organisierten Führerstaat war Bayern fortan zu einer Reichsprovinz degradiert, doch blieb das Land mit Regierung und traditionellen Behörden vorerst bestehen und behielt bis zum Ende des Dritten Reichs einen Rest seiner Sonderstellung.

Das Regime überformte weite Teile der Gesellschaft durch Mobilisierung zur Volksgemeinschaft, die eine Identität des Willens des Führers und des Volkes suggerierte. Gleichzeitig wurden politische Gegner und Juden systematisch ausgegrenzt und brutal verfolgt. Die Masse der Bevölkerung wurde in zahlreiche Organisationen eingebunden, die das Leben möglichst umfassend lenken sollten. Nach Auflösung der Gewerkschaften wurden Arbeitnehmer und Arbeitgeber in der 1933 gegründeten Deutschen Arbeitsfront organisiert, die mit 25 Millionen Mitgliedern zur größten Massenorganisation des NS-Regimes wuchs. Das Handwerk wurde gleichgeschaltet, im Reichsstand des deutschen Handwerks zusammengefasst und mit dem Gesetz über den vorläufigen Aufbau des deutschen Handwerks am 29.11.1933 organisiert. Gleichzeitig umgaben das Regime und die NS-Organisationen die Deutschen zur Indoktrination und Integration mit einer Zeichenwelt von bisher nicht erlebter Dichte: Aufmärsche, Fackelzüge, Symbole und Mythen, Reden, Musik und gekonnt inszenierte Massenveranstaltungen kennzeichneten die zahlreichen Feiern des NS-»Festjahres«, die die Menschen in einem fortwährenden Bekenntnisrausch halten sollten. Die Mittel der modernen Massenkommunikation wurden massiv eingesetzt, um mit bis in die ersten Kriegsjahre wachsendem Erfolg Akzeptanz und Zustimmung zu erlangen.

Der NS-Staat versuchte anfangs die versprochene Neuordnung der Handwerkspolitik umzusetzen. 1934 erfüllte er mit Pflichtmitgliedschaft in den Innungen und 1935 mit dem »Großen Befähigungsnachweis« alte Forderungen des organisierten Handwerks: Der Meisterbrief wurde Voraussetzung für die selbstständige Betätigung und die betriebliche Ausbildung von Lehrlingen. Dies war ein Grund, warum das organisierte Handwerk der NS-Regierung zu Anfang nicht ohne Sympathie gegenüberstand. Jedoch begünstigten die in Angriff genommenen Fördermaßnahmen der Regierung wie zinsverbilligte Darlehen, Staatsbürgschaften u. ä. vor allem Industrie und Landwirtschaft. Die angebotenen Mittelstandskredite waren für die wenigsten Handwerker erschwinglich.

Im Zuge der Gleichschaltung wurden schon 1933 die Handwerksverbände nach dem Führerprinzip umorganisiert

und missliebige Amtsträger durch Parteigenossen oder NS-Sympathisanten ersetzt, etwa der langjährige Vorsitzende der Handwerkskammer Mittelfranken Jeremias Weinberger gegen den Schreinermeister und Parteigenossen Karl Friedrich Wirth. So gelangte auch 1937 der Chauffeur Hitlers, Emil Maurice, ein gelernter Uhrmacher, an die Spitze der Handwerkskammer München-Oberbayern. Im Zuge der NS-Rassenpolitik wurden jüdische Bürger durch zunehmende Entrechtung, Boykottaufrufe und 1938 durch das Pogrom in der so genannten Reichskristallnacht sowie durch Arisierung und Liquidation von Betrieben aus dem Wirtschaftsleben gezwungen. In München hatte die »Arisierung« zur Folge, dass von den im Jahr 1933 bestehenden 2250 jüdischen Geschäften und Betrieben im Jahr 1938 nur mehr 1700 und 1939 nur mehr 27 existierten. Jüdische Handwerker lebten zuvor vor allem in den größeren Städten und in ländlichen Regionen in Franken und Schwaben. Dort hatten sich in den jüdischen Gemeinden zum Teil typische Handwerksbetriebe entwickelt, wie Metzgereien und Bäckereien für koschere Lebensmittel. Die jüdischen Gemeinden wurden im Lauf der Jahre 1938 und 1939 gewaltsam aufgelöst, ihre Mitglieder, soweit sie nicht emigrieren konnten, später deportiert. Nur wenige von ihnen überlebten die Vernichtungslager.
Trotz manch symbolträchtiger Aktionen wie der Ernennung von Frankfurt am Main zur »Stadt des deutschen Handwerks« musste das Handwerk bald erkennen, dass es im Gefüge des NS-Staates und seiner Wirtschaftspolitik letztlich von nachrangiger Bedeutung war. Seit der zweiten Hälfte der 30er-Jahre konnten zwar zahlreiche Handwerksbetriebe als Zulieferer vom Rüstungsboom profitieren, viele jedoch litten unter staatlichen Eingriffen und vor allem unter der unzureichenden Rohstoffzuweisung. Die Zahl der Handwerksbetriebe ging von 169343 auf 112854 zugunsten straff organisierter Großbetriebe unter der Leitung von »Wehrwirtschaftsführern« und dem Einfluss der »Deutschen Arbeitsfront« zurück. Während des Kriegs führten Arbeitskräftemangel und Rohstoffknappheit zu zahlreichen Betriebsschließungen im Handwerk. Im Jahr 1943 arbeiteten immerhin etwa 35 Prozent der Betriebe für die Rüstung, vor allem im Baugewerbe, in der Metall- und Holzverarbeitung. Mit den zunehmenden Bombardierungsschäden und dem wachsendem Verschleiß an Alltagsgegenständen und Haushaltsgeräten gewannen Reparaturen an Bedeutung. Ab 1943 verlor das Handwerk durch die zwangsweise Eingliederung der Handwerkskammern in zentrale Gauwirtschaftskammern seine organisatorische Selbstständigkeit.
// Wolfgang Schuster

Lit.: Keller, Bernhard: Das Handwerk im faschistischen Deutschland. Zum Problem der Massenbasis, Köln 1980; Saldern, Adelheid von: Mittelstand im »Dritten Reich«. Handwerker, Einzelhändler, Bauern, Frankfurt / New York 1979; Boyer, Christoph: »Deutsche Handwerksordnung« oder »zügellose Gewerbefreiheit«. Das Handwerk zwischen Kriegswirtschaft und Wirtschaftswunder, in Broszat, Martin / Henke, Klaus-Dietmar / Woller, Hans (Hg.): Von Stalingrad zur Währungsreform. Zur Sozialgeschichte des Umbruchs in Deutschland, München 1988 (Quellen und Darstellungen zur Zeitgeschichte 26), S. 427–467

131. NSDAP-Wähler in Bayern

Skizze: Organisationsschema des Handwerks nach der Gleichschaltung, aus: Was jeder Handwerker wissen muss, S. 49.

Die Entwicklung der Wahlergebnisse der Völkischen bzw. der NSDAP zeigt, dass die Anhänger Hitlers in Bayern selbst nach dem Putschversuch 1923 noch beträchtliche Ressonanz fanden, zunächst deutlich mehr als im Reichsdurchschnitt. Allerdings sank von 1924 bis 1928 der Wähleranteil für Hitler in Bayern von 16 auf 6,8 Prozent. Erst mit der Weltwirtschaftskrise verfing die Propaganda der Nationalsozialisten erneut und führte bei den zahlreichen Wahlen bis 1933 zu sprunghaften Zuwächsen der NSDAP, nun aber im Reichsdurchschnitt stärker als in Bayern. Bei den Reichstagswahlen im Juli 1932 gewann die NSDAP reichsweit 37,3 Prozent und in Bayern 32,9 Prozent der Wähler. Doch nach der Machtübernahme Hitlers erreichte die NSDAP bei den letzten formal noch freien, freilich von massiver NS- und Regierungspropaganda und SA-Aktivitäten beeinflussten, Wahlen am 5. März auch in Bayern einen Stimmenzuwachs um 12,6 auf insgesamt 43,1 Prozent. Damit blieb das bayerische Ergebnis nur noch 0,8 Prozent hinter dem Reichsdurchschnitt zurück. Im innerbayerischen regionalen Vergleich fällt auf, dass die NSDAP bei den Wahlen seit 1930 in der Rheinpfalz und in Mittelfranken am 5. März 1933 überraschenderweise auch in Niederbayern besonders erfolgreich war. Dagegen blieben die Ergebnisse in München und Oberbayern, wo die Partei ihre »Geburtsstätte« hatte, außerdem in der Oberpfalz und in Unterfranken deutlich unter dem Durchschnitt, wenngleich auch in diesen Hochburgen des Katholizismus und der konservativen Bayerischen Volkspartei die Zuwächse für die NSDAP nun beträchtlich waren.

Die Forschung der 60er- und 70er-Jahre beschrieb den Mittelstand und das Handwerk als sehr anfällig für die Versprechungen der NSDAP. Diese weitverbreitete These ist aufgrund differenzierter Analysen des Wahlverhaltens mittlerweile hinterfragt, vor allem weil die Gruppe der Selbstständigen und des Handwerks äußerst heterogen war und andere Faktoren, wie ältere Bindungen an Parteien, die Konfession oder auch die Lebenswelt in Stadt oder Land eine wichtige Rolle spielten. Nach der Machtübernahme ist sogar teilweise ein Rückzug von Meisterhandwerkern und Kleingewerbetreibenden von der NSDAP festgestellt worden. Eine spezifische Perspektive eröffnet die Untersuchung der Mitgliedschaft und Funktionsträger der NSDAP. Hier waren die Selbstständigen deutlich über dem Durchschnitt ihres Anteils an der Erwerbsbevölkerung vertreten. Innerhalb der Gruppe der Selbstständigen in der Partei waren offensichtlich Freiberufler mit akademischer Ausbildung und Inhaber von Kleingewerben noch stärker überrepräsentiert als Meisterhandwerker. Da die offiziellen Statistiken die Handwerker meist nicht separat und in sich differenziert auswiesen, sind präzisere Rückschlüsse häufig nur über Lokal- und Regionalstudien zu gewinnen. So kamen 1935 rund 18 Prozent der bayerischen NS-Kreisleiter aus der Gruppe der Selbstständigen, die aber nur 9,6 Prozent der Erwerbsbevölkerung ausmachten. Im NS-Gau München-Oberbayern, der 1933 rund 13 000 Mitglieder zählte, waren 1933 von 3376 Selbstständigen 1090 Handwerker. In Rosenheim war der Anteil der Handwerker mit Fachausbildung in der Anfangsphase der NSDAP-Ortsgruppe doppelt so hoch wie ihr Anteil an der Bevölkerung. Gleichwohl waren von den 1137 Handwerkern der Stadt nur 21 Mitglieder der NSDAP-Ortsgruppe, die zu dem Zeitpunkt insgesamt 244 Mitglieder zählte. Überrepräsentiert waren selbstständige Handwerker auch in der Ortsgruppe in Passau. Andererseits waren die Handwerker ohne Meisterbrief, die nichtselbstständigen Handwerker und Handwerksgehilfen unterrepräsentiert.

Früh versuchte die NSDAP in den Handwerksverbänden Einfluss zu gewinnen, doch blieb ihr der Erfolg vor der Machtübernahme Hitlers am 30. Januar 1933 meist versagt. In München konnte die NSDAP bis dahin in nur fünf von 40 Innungen größeren Einfluss gewinnen. Nach der Machtübernahme wurden die Handwerksverbände rasch gleichgeschaltet. Die Autonomie der Berufsgruppen war mit dem »Führerprinzip« unvereinbar. Im so genannten Ermächtigungsgesetz für das Handwerk vom 29.11.1933 und in den folgenden Verordnungen wurden

> > … …

die rechtlichen Grundlagen für die Reorganisation der Handwerksverbände im Sinne des NS-Regimes geschaffen. Dem »Führerprinzip« entsprechend, leitete und vertrat der Reichshandwerksmeister »alles umfassend« das deutsche Handwerk. Eingesetzt vom Reichswirtschaftsminister, war er gleichzeitig Leiter der Reichsgruppe Handwerk, Präsident des Deutschen Handwerks- und Gewerbetags und Leiter der Reichsbetriebsgemeinschaft »Das Deutsche Handwerk« in der Deutschen Arbeitsfront. Von 1934 bis 1936 war der Klempnermeister und Handwerkskammerpräsident Wilhelm Georg Schmidt Reichshandwerksmeister. Ab November 1936 übernahm sein Stellvertreter, der Präsident der Handwerkskammer Berlin Willy Lohmeier, die Aufgabe kommissarisch.

Dem Reichshandwerksmeister direkt unterstellt waren die Landeshandwerksmeister als persönliche Vertreter in den einzelnen deutschen Wirtschaftsbezirken, den vormaligen Ländern. Die Landeshandwerksmeister wurden von ihm mit Zustimmung des Reichswirtschaftsministers ernannt. Die bayerischen Landeshandwerksmeister waren ab 1933 Josef Roos und ab 1937 Hitlers vormaliger Fahrer Emil Maurice, der zugleich die Funktion des Vertreters des Reichshandwerksmeisters in der Hauptstadt der Bewegung ausübte. Bayern zählte neun Handwerkskammern: München-Oberbayern, Niederbayern, Oberpfalz, Pfalz, Oberfranken, Mittelfranken, Unterfranken, Schwaben und Coburg. Sie unterstanden der Aufsicht des Reichswirtschaftsministeriums, das auch die Präsidenten ernannte. Die Kammern sollten im NS-Regime keine Interessenvertretung mehr sein, sondern die »subjektiven Interessen« durch »objektive Wirtschaftspflege« ersetzen. Ihre Aufgaben lagen wie bisher auf dem Gebiet der Gewerbeförderung, im Ausbildungs- und Prüfungswesen. Durch die Aufgaben im Zuge der Erfüllung der Wirtschaftspläne des Regimes, durch die Organisation der Auftragsverteilung und die Einrichtung von Großwerkstätten sowie die Mitwirkung bei Betriebsstilllegungen nahmen ihre Zuständigkeiten beträchtlich zu. Dies hatte eine wachsende Macht gegenüber der Handwerkerschaft zur Folge. Die von den Kammern geübte Ehrengerichtsbarkeit, die »Standesehre« und »Gemeingeist« aufrechterhalten sollte, kombinierte eine berufsspezifische Disziplinargewalt mit Gerichtsbarkeit in Steuer- und Wettbewerbssachen. Trotzdem waren die Kammern im »Dritten Reich« auch Interessenvertretungen der Handwerkerschaft, die Einfluss auf die Verwaltung nahmen. Zumindest in berufspolitischen Angelegenheiten bildeten sich Möglichkeiten der Mitsprache heraus, die auf dem Wissensvorsprung der Kammern gegenüber der Staatsverwaltung beruhte.

Mit der Pflichtmitgliedschaft von Handwerkern in den nach Gewerken organisierten Innungen seit dem 15.6.1934 erfüllte das »Dritte Reich« eine Forderung der Handwerksverbände. Allerdings waren auch die von den Handwerkskammern zu errichtenden Innungen keineswegs echte Selbstverwaltungskörperschaften, eher hatten sie die Funktion einer Art Auftragsverwaltung. Nach dem Führerprinzip leitete ein Obermeister die Innung, der ein Meister mit gutem Fachkönnen und »in der Regel ein älteres, bewährtes Mitlied der NSDAP« sein sollte. Auch bei den Innungen wuchsen Aufgaben und Kompetenzen, vor allem im Krieg, etwa durch die Mitwirkung bei den Betriebsschließungen beträchtlich. Offiziell wurde die Bedeutung der Pflichtinnung für die Unterbindung von »wirtschaftlichem Egoismus« und »rücksichtslosem Konkurrenzkampf« betont. Auch die Innung sollte ein Abbild der »Volksgemeinschaft« sein und der wirtschaftlichen Leistungssteigerung im Handwerk dienen.

// Wolfgang Schuster

Lit.: Boyer, Christoph / Schlemmer, Thomas: Handwerkerland Bayern? Entwicklung, Organisation und Politik der bayerischen Handwerker 1945–1975, in Schlemmer, Thomas / Woller, Hans (Hg.): Bayern im Bund, Bd. 2, München 2002, S. 87–178; Boyer, Christoph: »Deutsche Handwerksordnung« oder »zügellose Gewerbefreiheit«. Das Handwerk zwischen Kriegswirtschaft und Wirtschaftswunder, in: Broszat, Martin / Henke, Klaus-Dietmar / Woller, Hans (Hg.): Von Stalingrad zur Währungsreform. Zur Sozialgeschichte des Umbruchs in Deutschland, München 1988 (Quellen und Darstellungen zur Zeitgeschichte 26), S. 427–467; Falter, Jürgen W.: Hitlers Wähler, München 1991; Manstein, Peter: Die Mitglieder und Wähler der NSDAP 1919–1933, 3. Aufl., Frankfurt 1990; Ziegler, Walter: Bayern im NS-Staat 1933–1945, in: Spindler, Max / Schmid, Alois (Hg.): Handbuch der Bayerischen Geschichte, Bd. 4, 2. Aufl., München 2003; Thränhardt, Dietrich: Wahlen und politische Strukturen in Bayern 1848–1953, Düsseldorf 1973; Stäbler, Wolfgang: Weltwirtschaftskrise und Provinz. Studien zum wirtschaftlichen, sozialen und politischen Wandel im Osten Altbayerns 1928–1933, Kallmünz 1992

132. NS-Funktionäre und Täter aus dem Handwerk

A) *Emil Maurice, Uhrmacher*

Fotografie (R)
Haus der Bayerischen Geschichte, Augsburg

(1897–1972) geboren in Westermoor / Schleswig-Holstein, gelernter Uhrmacher; Teilnahme am Ersten Weltkrieg im bayerischen Heer. Frühes Mitglied der NSDAP und der SA sowie der SS. Leibwächter und Chauffeur Hitlers, nach dem Hitlerputsch mit ihm zusammen 1924/25 in Landsberger Festungshaft, ab 1933 im Münchner Stadtrat, 1934 Teilnahme an der Niederschlagung des »Röhm-Putsches«; 1937 Präsident der Handwerkskammer München, zog sich nach 1945 ins Privatleben zurück. // W. SCH.

B) *Joseph (Sepp) Dietrich, Metzger*

Fotografie (R)
Bayerische Staatsbibliothek, München (hoff-797)

(1892–1966), geboren in Hawangen / Allgäu, arbeitete als Metzgerlehrling, bevor er 1911 seine militärische und paramilitärische Karriere begann; Teilnahme am Ersten Weltkrieg im bayerischen Heer, zuletzt als Panzersoldat. 1918 Mitglied eines Soldatenrats. 1919 Freikorpsmitglied, 1923 Putschteilnehmer, 1928 NSDAP-Mitglied, Mitbegründer der SS, 1930 Reichstagsabgeordneter; ab 1933 als Führer der 1. SS-Standarte »Adolf Hitler« für Hitlers persönlichen Schutz zuständig; unmittelbare Beteiligung an den Ermordungen im Zuge der Niederschlagung des »Röhm-Putsches«; im Zweiten Weltkrieg Kommandeur der 1. SS-Panzerdivision, später Befehlshaber der 6. SS-Panzerarmee; 1946 wegen Kriegsverbrechen zu lebenslanger Haft verurteilt, 1955 entlassen; 1957 wegen Beihilfe zum Totschlag (Röhm-Putsch) erneut verurteilt und 1958/59 inhaftiert. // W. SCH.

C) *Hans Zöberlein, Maurer und Steinhauer*

Fotografie (R)
Bayerische Staatsbibliothek, München (hoff-4072)

(1895–1964), geboren in Nürnberg, erlernte das Maurer- und Steinhauerhandwerk; Teilnahme als Infanterist am Ersten Weltkrieg, unter anderem Träger der Goldenen Bayerischen Tapferkeitsmedaille und 1919 Mitglied des Freikorps Epp. 1921 Eintritt in NSDAP und SA, Putschteilnehmer 1923; Weiterbildung zum Architekten, 1931 Veröffentlichung seines ersten Romans »Der Glaube an Deutschland«, einem der erfolgreichsten zeitgenössischen Bücher über den Weltkrieg; NSDAP-Stadtrat in München, 1933 Dichterpreis der Stadt München; ab 1934 Leiter des Münchner Kulturamtes. Noch kurz vor Kriegsende 1945 als Führer eines »Werwolf«-Kommandos hauptverantwortlich für die Penzberger Mordnacht vom 28./29. April, bei der 16 Zivilisten, darunter eine schwangere Frau, ermordet wurden; 1948 dafür zum Tod, später zu lebenslanger Haft verurteilt, 1958 aus gesundheitlichen Gründen Haftverschonung (Kat.-Nr. 134). // W. SCH.

Lit.: Wistrich, Robert: Wer war wer im Dritten Reich? Ein biographisches Lexikon. Anhänger, Mitläufer, Gegner aus Politik, Wirtschaft und Militär, Kunst und Wissenschaft. Aus dem Englischen übers. von Joachim Rehork, überarb. und erw. von Hermann Weiß, München 1983; Klee, Ernst: Das Personenlexikon zum Dritten Reich. Wer war was vor und nach 1945?, Frankfurt am Main 2003; Große Bayerische Biographische Enzyklopädie, hg. von Hans-Michael Körner unter Mitarbeit von Bruno Jahn, München 2005; Im Dienst am Ganzen. Hundert Jahre Handwerkskammer für München und Oberbayern, München 1999, S. 66

133. Verfolgte und Opfer aus dem Handwerk

A) *Thomas Wimmer, Schreiner*

Fotografie (R)
Stadtarchiv München (R 2161/IV/1)

Thomas Wimmer wurde 1887 in Siglfing bei Erding geboren als uneheliches Kind einer Dienstmagd und eines Schmieds, die später heirateten. Nach der Schulzeit erlernte Wimmer das Schreinerhandwerk. 1903 zog er nach der erfolgreich bestandenen Gesellenprüfung nach München. Im folgenden Jahr begann seine neunmonatige

> > … …

133. E) Georg Elser

rem Mann Hugo Schuster die Bäckerei und die damit verbundenen Aufgaben für die jüdische Gemeinde. Hugo Schuster, geboren am 17. August 1879 in Birstein / Hessen, hatte das Bäckerhandwerk und das Zubereiten des Mazzot bei Oppenheimer erlernt.

Rechas Bruder Hugo floh schon 1933 vor den Nationalsozialisten und emigrierte nach Palästina. Er verhalf in den folgenden Jahren seinen Geschwistern zur Flucht aus Deutschland und verschaffte 1938 auch der Familie Schuster eine Möglichkeit zur Ausreise. Diese lehnten jedoch ab aus Verantwortung für die Versorgung der jüdischen Gemeinde. Lediglich die Tochter Ruth, geboren am 23. November 1918, gelangte mit dem Kindertransport nach England und konnte so überleben. Sie emigrierte später in die Vereinigten Staaten und gründete hier eine Familie.

Recha Rahel und Hugo Schuster wurden 1941 von Fürth nach Riga deportiert und 1942 ermordet. Ihre beiden Töchter Berta und Nelly starben vermutlich am 19. Januar 1945 bzw. am 13. Juni 1943 im Konzentrationslager Stutthof bei Danzig. Im gleichen Jahr 1943 fiel das Anwesen in der Hirschenstraße an das Deutsche Reich. // W. SCH.

(Angaben von Uri Oppenheimer, Ruth Goldmann, geb. Schuster, Michaela Fröhlich, Jüdisches Museum Franken, und Dr. Helmut Richter, Stadtarchiv Fürth)

E) *Georg Elser, Schreiner*

Fotografie (R)
Bayerische Staatsbibliothek, München (hoff-28879)

Am 8. November 1939 wurde der Schreiner Georg Elser in Konstanz bei einem Fluchtversuch in die Schweiz verhaftet. Eine Stunde später explodierte im Münchner Bürgerbräukeller, in dem die jährliche Gedenkfeier anlässlich des »Hitlerputsches« von 1923 stattfand, eine Sprengladung. Die Bombe hätte den Hauptredner, Adolf Hitler, töten sollen, doch dieser hatte ganz unerwartet kurz zuvor das Lokal verlassen. Der Bombenleger und Attentäter war Georg Elser.

Georg Elser wurde 1903 als ältestes von sechs Kindern eines Landwirts und Holzhändlers und seiner späteren Frau in Hermaringen / Württemberg geboren. Ein Jahr darauf zog die Familie nach Königsbronn. Nachdem er eine Eisendreherlehre aus gesundheitlichen Gründen abbrechen musste, begann Georg Elser 1919 eine Schreinerlehre, die er 1922 als Bester in der Gesellenprüfung abschloss. Von 1925 bis 1932 verdingte er sich in seiner Wanderzeit bei verschiedenen Betrieben in Süddeutschland und der Schweiz. 1929 trat Elser in Konstanz dem Roten Frontkämpferbund bei. 1930 wurde er Vater eines Sohnes. Nach seiner Heimkehr arbeitete er bei verschiedenen Meistern und versuchte sich mit einer kleinen Schreinerei selbstständig zu machen. Im Zusammenhang mit seiner Tätigkeit in einer Armaturenfabrik erfuhr er 1938 von der Sonderabteilung für Rüstungsaufträge und sah die Gefahr eines kommenden Krieges. Bald darauf fasste er den Entschluss zum Attentat, um diesen Krieg zu verhindern. Im November 1938 besuchte er die Feiern im Bürgerbräukeller und beschloss, im kommenden Jahr hier den Anschlag durchzuführen. Im Sommer 1939 zog er nach München und ließ sich zwischen August und November unbemerkt 30 Nächte lang im Bürgerbräukeller einschließen, um hier seine selbst gebaute Bombe mit Zeitzünder in einer Säule einzubauen.

Hitler sprach an diesem 8. November 1939 deutlich kürzer als sonst, da er noch am selben Abend nach Berlin zurückkehren musste. Er war bei der Explosion der Bombe nicht mehr anwesend. Der Anschlag forderte acht Tote und über 60 Verletzte. Nachdem Elser an der Schweizer Grenze aufgegriffen worden war, wurde er an die Gestapo überstellt und verhört. Er gestand das Attentat und kam als Sonderhäftling in Einzelhaft in das Konzentrationslager Sachsenhausen. Ende 1944 oder Anfang 1945 verlegte man ihn in das Konzentrationslager Dachau. Nach Ende des Krieges planten die Nationalsozialisten einen Schauprozess gegen ihn zu führen, doch als die Niederlage absehbar wurde, ließ man Georg Elser am 9. April 1945 auf höchsten Befehl erschießen. // W. SCH.

Lit.: »Ich habe den Krieg verhindern wollen« – Georg Elser und das Attentat vom 8. November 1939. Eine Dokumentation, hg. von Peter Steinbach und Johannes Tuchel, Berlin 1997; Bauernfeind, Martina: 100 Jahre Handwerkskammer für Mittelfranken, Nürnberg 2000; Eiber, Ludwig, »Ich wußte, es wird schlimm«: die Verfolgung der Sinti und Roma in München 1933–1945, hg. von der Landeshauptstadt München 1993; Ohorn, Falk: Thomas Wimmer, in: Handwerkerbiografien, München 2006; Steinbach, Peter (Hg.): Widerstand gegen die nationalsozialistische Diktatur 1933–1945, Bonn 2004 (Schriftenreihe der Bundeszentrale für politische Bildung 438); Weiss, Ruth: Wege im harten Gras, Wuppertal 1994; www.georg-elser.de

134. Memento der Penzberger Mordnacht 1945

134. Kriegsende

Memento der Penzberger Mordnacht 1945

Schwarzes, mit Rosen und Palmetten bemaltes Holzkästchen, darin Teilstück eines Hanfstrickes und ein Metallkruzifix, Handschrift auf einem Zettel an der Innenseite des Deckels, 17,6 x 12 x 6,6
Stadtmuseum Penzberg

In den frühen Morgenstunden des 28. April 1945 rief die Freiheitsaktion Bayern (FAB) über die Radiosender zum aktiven Widerstand gegen die Vernichtungswut des untergehenden Naziregimes auf. Auch in der rund 50 km südlich von München gelegenen Bergarbeiterstadt Penzberg fand sich unter der Führung des ehemaligen Bürgermeisters Hans Rummer eine Gruppe von Regimegegnern zusammen, um das Bergwerk, die Lebensgrundlage der Stadt, vor der Zerstörung zu bewahren, die der so genannte »Nero«-Befehl vorsah. Doch der Einzug der Widerständler in das Rathaus und die Absetzung des Nazi-Bürgermeisters währten nur wenige Stunden, dann wurden die sieben Männer von dem Kommandierenden eines durchziehenden Truppenteils verhaftet und noch am selben Tag erschossen. In den Abendstunden kam ein Werwolf-Kommando unter Leitung von Hans Zöberlein (Kat.-Nr. 132) nach Penzberg, um durch Terrorakte Vergeltung zu üben und die Bevölkerung einzuschüchtern. In dieser Nacht starben weitere sieben Männer und zwei Frauen, sieben von ihnen erhängte man an den Bäumen in der Nähe des Rathauses.
Der etwa zehn Jahre alte Sohn eines der Opfer bekam einen Rest des Strickes, mit dem sein Vater erhängt worden war, in die Hand gedrückt. Er bewahrte ihn auf. Später verschloss er ihn in einem kleinen, säuberlich in Fraktur beschrifteten Kästchen, in das er noch ein Kruzifix legte: »Mit diesen Strick wurde mein Vater in der Nacht vom: 28 auf 29 April 1945 vom Wehrwolf [!] erhängt«. // G. G.

Lit.: Geiger, Gisela: Penzberg, 28. April 1945, Penzberg 2006 (Schriftenreihe des Stadtmuseums Penzberg)

135. Die Zeit des »Dritten Reichs«

Filmdokumente zur Zeitgeschichte

Bayerischer Rundfunk
Gestaltung: Georg Schmidbauer

> > ... ...

136. Deutscher Kleinempfänger DKE 1938

136. Gleichschalten – das Beispiel Rundfunk

Deutscher Kleinempfänger DKE 1938

Roland Brandt, Fabrik für Radiotelefonie
(gegr. 1908, seit 1924 Bau von Rundfunkempfängern)
Berlin, 1938–1942
2-Röhren-Geradeausempfänger (Röhrenbestückung: VCL 11, VY 2)
mit Allstrombetrieb für Lang- und Mittelwellenempfang
(automatische Bereichsumschaltung)
Pressstoff, industrielle Fertigung, 24 x 24 x 14, 1,8 kg
Deutsches Museum (70/78259)

Der als »Gemeinschaftserzeugnis« von der deutschen Rundfunkindustrie entwickelte und gebaute DKE 1938 spiegelt den Anspruch des nationalsozialistischen Regimes wider: »Rundfunk in jedes Heim«. Aufgrund des einfachen Schaltungskonzepts, des Material und Ressourcen sparenden Aufbaus und der massenhaften Produktion des DKE konnte der Bruttoendpreis gegenüber dem des bereits günstigen »Volksempfängers VE301« nochmals halbiert werden. Für diejenigen, die sich auch diese 35 RM nicht leisten konnten, wurden Ratenzahlungen und staatliche Zuschüsse gewährt, um möglichst alle »Volksgenossen« mit der staatlichen Propaganda erreichen zu können. Nicht original ersetzte Bauelemente und -teile verweisen darauf, dass dieser Radioempfänger auch in den durch Mangel und Not gekennzeichneten letzten Kriegs- und Nachkriegsjahren genutzt wurde. // P. A. L.

Lit.: Der Deutsche Kleinempfänger 1938, in: Funktechnischer Vorwärts 8 (1938), H. 15, S. 449–451; Der Deutsche Kleinempfänger, in: Holtschmidt, Dieter: Volksempfänger, Hagen 1981, S. 54–63

137. Ausschalten – das Beispiel Kolping

A) *Festprogramm zum Ersten Deutschen Gesellentag in München 1933*

Druck (R)
Kolpingverein München-Zentral

B) *»Völkischer Beobachter«, Münchner Ausgabe vom 12. Juni 1933*

Druck (R)
Kolpingverein München-Zentral

»Es muß als eine Herausforderung sondergleichen angesehen werden, wenn die Mitglieder einer Organisation, die noch vor wenigen Monaten jeden Nationalsozialisten als unwürdig aus ihren Reihen ausschloß, heute in der Öffentlichkeit eine Uniform zur Schau trägt, die eine verdammte Ähnlichkeit mit dem nationalsozialistischen Braunhemd hat ...«, kommentierte am 12. Juni 1933 der »Völkische Beobachter«, die offizielle Tageszeitung der NSDAP, die Auflösung einer mehrtägigen Großveranstaltung aller deutschen Kolpingvereine – des 1. Deutschen Gesellentages in München.
Am Ende der Weimarer Republik verfügte der Katholische Gesellenverein in Deutschland über 1980 Vereine, 370 Gesellenhäuser mit 20 000 Betten, ferner 1 000 angemietete Wanderheime. Dazu kam ein eigener freiwilliger Arbeitsdienst mit 90 Lagern und 6 000 dort Dienst leistenden Kolpingsöhnen. Angesichts dieser beeindruckenden Organisation hielt man, trotz der Machtübernahme der Nationalsozialisten im Jahr 1933, an einer Demonstration der eigenen Stärke fest.
Zur Eröffnung des Gesellentags am 8. Juni 1933 unter der Losung »Gott – Volk – Reich« sprach in der mit Hakenkreuzfahnen dekorierten Messehalle sogar NS-Oberbürgermeister Fiehler, fünf Wochen nach Auflösung der Gewerkschaften: »Ich glaube feststellen zu können, daß Sie, deutsche Jugend hier, nicht die Auffassung des Materialismus haben, sondern die des Idealismus. In diesem Sinne glaube ich, der ich selber Protestant bin, als derzeitiges Oberhaupt der Stadt München, Sie als katholische Männer hier willkommen heißen zu können als Träger einer nicht zerstörenden, sondern aufbauenden Lebensidee.«
An den folgenden Tagen wurden szenische Darbietun-

gen mit den Titeln »Gott und Volk«, »Volk und Stand« sowie »Stand und Staat« aufgeführt (»... Wir wollen Dich preisen / Der deutsche Klang / In aller Völker Dich preisenden Lied / Ehre sei Dir / In aller Treue / Unseres Volkes / Lebendigen Gott«). Ungeachtet solch völkischer Töne kam es zu Auseinandersetzungen zwischen der im Stil der Zeit paramilitärisch auftretenden Jugendorganisation und den Nationalsozialisten, bis der Gesellentag auf Druck der NSDAP vorzeitig abgebrochen werden musste. So marschierten am Sonntag, dem 11. Juni 1933, Tausende von SA- und SS-Männern demonstrativ durch München, während die katholischen Gesellen die Heimreise antraten.
Im Jahr 1936 wurde der »Katholische Gesellenverein« in »Kolpingwerk« umbenannt und in seinen Aufgaben – mit der Gründung der »Deutschen Arbeitsfront« (Kat.-Nr. 138) – drastisch beschnitten. Zwar blieb das Eigentum der Gesellenvereine unangetastet, doch wurde der Kurs des Staates gegenüber dem Kolpingwerk härter. Seine führenden Mitarbeiter standen unter Überwachung, eine ganze Reihe von ihnen litt auch in den Konzentrationslagern. // C. L.

Lit.: Gesellentagszeitung. Offizielles Festblatt zum 1. Deutschen Gesellentag 1933, Nr. 1–4 (8.–11. Juni); Gott –Volk –Reich. Das Buch vom ersten deutschen Gesellentag in München 1933, hg. vom katholischen Gesellenverein, Köln 1933; Kolpingsfamilie München-Zentral 1851–2001, München 2001

137. A) Festprogramm zum Ersten Deutschen Gesellentag in München 1933

Münchener Ausgabe

VÖLKISC BEOBACHTER

Neueste Sportmeldungen

Gesellentag infolge grober Disziplinlosigkeit abgebrochen

Ministerpräsident Siebert in Franken

Peinliches Versagen der Gesellentagsleitung – Amtseinsetzung des bayerischen Landesbischofs – Der Völkische Beobachter in Oesterreich auf ein Jahr verboten

München gegen die Uebergriffe der Gesellentagsteilnehmer

Frankens restloses Vertrauen zum neuen Staat

Wir lassen jedem seine Gesinnungsfreiheit

Dollfuß' Angst vor dem Völkischen Beobachter

Deutschland läßt nicht mehr mit sich spielen

137. B) »Völkischer Beobachter«, Münchner Ausgabe vom 12. Juni 1933

138. Der NS-Staat im Alltag

A) *Meisterbrief der Handwerkskammer für Oberbayern (1937)*

Papier / Druck und Handschrift, mit Rahmen, 44 x 57
Privatbesitz

B) *Arbeitsbuch für Reichsangehörige (1936)*

Papier / Druck, 15 x 10,5
Privatbesitz

C) *Mitgliedsbuch der Deutschen Arbeitsfront (1935)*

Pappe; Papier / Druck mit rotem Schutzumschlag, aufgeschlagen, 16 x 22,5
Privatbesitz

> > ... ...

D) *Broschüre: Der Sinn des Gesetzes zur Ordnung der nationalen Arbeit (1934)*

Papier / Druck, 18,5 x 12,5
Privatbesitz

E) *Bestimmungen über die Zugehörigkeit zur Deutschen Arbeitsfront (1937)*

Papier / Druck, 15 x 10,5
Privatbesitz

F) *Die DAF-Schulung – Schriftenreihe für die Schulungswalter der Deutschen Arbeitsfront, Folge C, Heft 1, Jg. 1937*

Heinrich Härtle: »Berufsständische Vereine als Machtinstrumente des politischen Katholizismus« (Vermerk: Nur für Schulungszwecke, nicht zur Veröffentlichung bestimmt!)
Papier / Druck, 21 x 15
Privatbesitz

G) *Rudolf Möller: Was jeder Handwerker wissen muss (1936)*

Elmsholm bei Hamburg, 15. Aufl. 1936
Papier / Druck, 23 x 15
Privatbesitz

Mit der Aufwertung des Meisterbriefs als Voraussetzung für die selbstständige Betätigung und die betriebliche Ausbildung von Lehrlingen durch den »Großen Befähigungsnachweis« erfüllte der NS-Staat 1935 eine alte Forderung des Handwerks. Ab 1900 durften Minderjährige nur beschäftigt werden, wenn sie mit einem amtlichen »Arbeitsbuch« versehen waren. 1935 wurde das Arbeitsbuch für alle beschäftigten Reichsangehörigen, also Arbeiter, Angestellte usw., einschließlich Lehrlingen und Volontären, verpflichtend.
Nach der Zerschlagung der Gewerkschaften am 1. und 2. Mai 1933 wurde an deren Stelle am 10. Mai die Massenorganisation »Deutsche Arbeitsfront« (DAF) gegründet. Sie sollte als nationalsozialistisch geführte Einheitsbewegung alle »Werktätigen der Stirn und der Faust« vereinigen. Dadurch wollte das Regime die Arbeiter gewinnen und kontrollieren. Die DAF war als ständische Einrichtung aufgebaut. Zu den beiden »Säulen« Arbeiter und Angestellte kamen Ende 1933 noch die industriellen Unternehmer und der gewerbliche und handwerkliche Mittelstand. Die DAF war zuständig für die soziale und kulturelle Betreuung ihrer Mitglieder, die Berufsausbildung und -förderung und für politischen Unterricht. Die Mitgliedschaft in der DAF war »freiwillig«, aber erwünscht und auch bei Nichtmitgliedschaft wurden zwangsweise 1,5 Prozent vom Lohn als Beitrag abgezogen. Zuletzt zählte die Deutsche Arbeitsfront rund 25 Millionen Mitglieder.
Das Buch »Was jeder Handwerker wissen muß« diente zur allgemeinen Vorbereitung auf die Meisterprüfung und als Lehr- und Nachschlagewerk für Handwerker aller Berufe. Erstmals veröffentlicht in der zweiten Hälfte der 20er-Jahre des letzten Jahrhunderts, wird es bis heute aktualisiert und weitergeführt. Für das NS-Regime hatte es natürlich propagandistische und politische Funktion: Vor dem praktischen handwerksrelevanten Teil stand eine ideologisch verbrämte Abhandlung über das deutsche Volk und die geschichtliche Bedeutung des Handwerks. Der Band, der jedem Gesellen nach der Freisprechung überreicht werden sollte, erlebte eine enorme Auflage.
Das nationalsozialistische Regime versuchte von Anfang an auch das Handwerk und seine Organisationen durch eine Politik von Zuckerbrot und Peitsche in seinen Volksstaat einzubinden und zu kontrollieren. War die Einführung der Pflichtinnung (1933) und des »Großen Befähigungsnachweises« (1935) das Zuckerbrot, so spürte das Handwerk mit der Durchdringung des Arbeits- und Alltagslebens durch die nationalsozialistische Indoktrination, der Gleichschaltung nach dem Führerprinzip innerhalb der Handwerksorganisationen, der Ablösung unliebsamer Amtsträger durch zuverlässige Parteigenossen und der »freiwilligen« Zwangsmitgliedschaft aller Werktätigen in der Deutschen Arbeitsfront auch die Peitsche. // W. SCH.

Lit.: Thamer, Hans-Ulrich: Wirtschaft und Gesellschaft unterm Hakenkreuz, in: Nationalsozialismus II. Führerstaat und Vernichtungskrieg, Bonn 2000 (Informationen zur politischen Bildung 266), S. 21–31

139. Von der Werkstatt in die Fabrik

Bürk Kartenapparat K29

Um 1960
Deutsches Museum (94/5)

Der gewöhnlich als »Stempeluhr« bezeichnete Kartenapparat wurde von der Firma Bürk in Schwenningen zwischen 1929 und 1974 in großer Zahl hergestellt und war in Fabriken und auch in größeren Handwerksbetrieben weit verbreitet. Erst das Aufkommen der elektronischen Computersysteme führte in den 1980er-Jahren zu ihrem Verschwinden. Für jeden »stempelpflichtigen« Beschäftigten gab es eine Stempelkarte. Bei Betreten des Betriebs musste er seine Karte aus dem Kartenkasten für Abwesende nehmen, sie in den Schlitz in der Stempeluhr stecken und den Hebel ziehen, mit dem die Zeit an die mit Datum versehene Stelle gestempelt wurde, und anschließend die Karte in den Kasten für Anwesende stecken. Beim Verlassen des Betriebs ging er umgekehrt vor. Kam er zu spät oder ging er zu früh, wurde die Zeit mit roter Farbe gestempelt.
Meist hatte ein Betrieb mehrere Eingänge und es gab an jedem eine Stempeluhr. Diese Stempeluhren wurden über elektrische Leitungen von einer Hauptuhr synchronisiert. // H. P.

140. Rationalisierung im Handwerkeralltag

Reise-Schreibmaschine »Triumph« Mod. I

Triumph Werke Nürnberg A.G., 1932
Metall, 32 x 29,8 x 12,5, 4,3 kg
Deutsches Museum (2005-341)

Die erste Reiseschreibmaschine der Triumph-Werke in Nürnberg ist entsprechend den Normen des allgemeinen Maschinenbaus für Schreibmaschinen ausgeführt, z. B. Verwendung nur einer einzigen Gewindestärke, hochstabiles Maschinengestell (aus dem Leichtmetall Elektron, einer Legierung aus Magnesium und Aluminium), normallanges Farbband. Der Verkaufspreis betrug mit 234 RM nur 60 Prozent des Preises einer großen Büroschreibmaschine. // W. G.

140. Reise-Schreibmaschine »Triumph« Mod. I

Lit.: Martin, Ernst: Die Schreibmaschine und ihre Entwicklungsgeschichte, Aachen 1981; Teichmann, Friedrich: Die Firmengeschichte von Triumph. 1896–1995 – ein Unternehmen der Zweirad-, Büromaschinen- und Computer-Branche, 2 Bde., Feucht 1995–1997

141. Zinngießerei Eisenhart

A) *Brief der Handwerkskammer Mittelfranken an den Zinngießer Eisenhart zur Zinnzuweisung von 1936, 21.11.1936 – Bedarfsbescheinigung für unedle Metalle (12 kg)*

Papier, Briefformular DIN A4

B) *Brief der Handwerkskammer Mittelfranken an den Zinngießer Eisenhart zur Zinnzuweisung von 1938, 17.5.1938 – Bedarfsbescheinigung für unedle Metalle (15 kg)*

Papier, Briefformular DIN A4

C) *Brief der Handwerkskammer Mittelfranken an den Zinngießer Eisenhart, 9.12.1939 – allgemeine Beendigung der Zuteilung von Zinn und Verbot der Herstellung von Zinngusswaren zum 1.1.40*

Papier, Briefformular DIN A4
Privatbesitz

Nach den Vorschriften der Anordnung Nr. 29 vom 27. April 1935 musste jeder Metall verarbeitende Betrieb bei der zuständigen Handwerkskammer seinen Bedarf an Metallen anfordern. Von der Handwerkskammer wurde dann eine Bedarfsbescheinigung ausgestellt. Metall war also auf dem freien Markt nicht mehr offiziell zu erhalten – eine Folge des Vierjahresplans und aus heutiger Sicht ein wichtiger Hinweis auf die Umbildung der Wirt-

> >

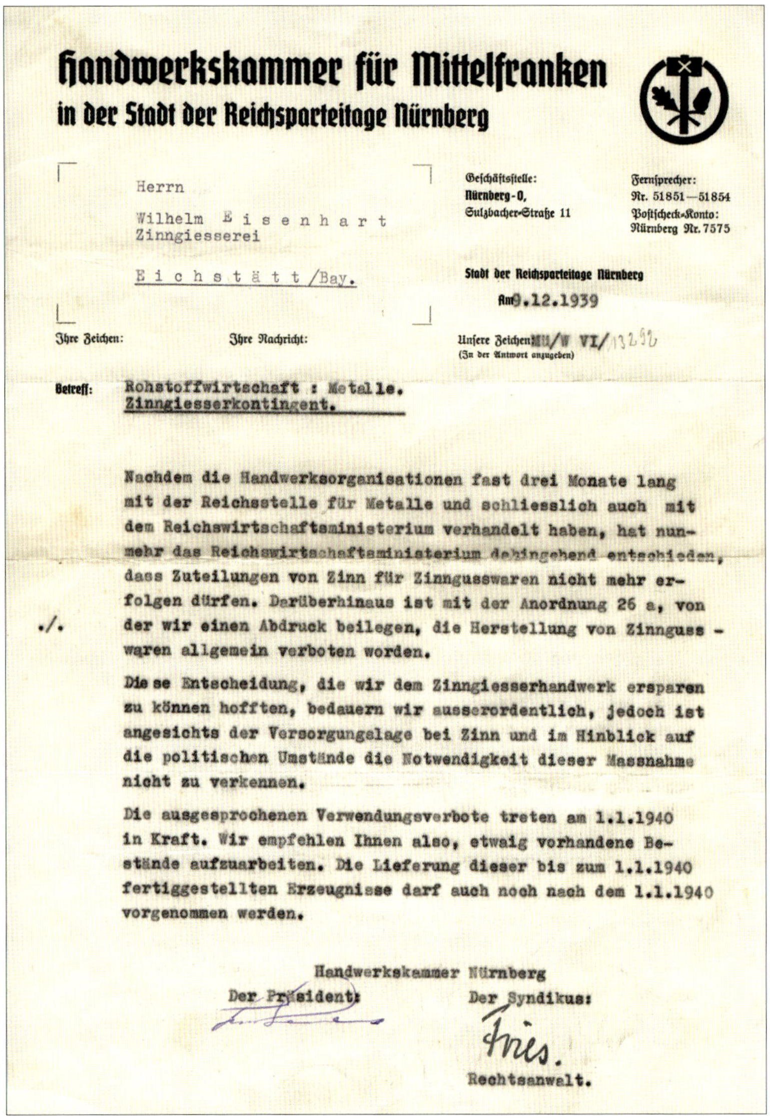

Handwerkskammer für Mittelfranken
in der Stadt der Reichsparteitage Nürnberg

Herrn
Wilhelm E i s e n h a r t
Zinngiesserei

E i c h s t ä t t /Bay.

Geschäftsstelle:
Nürnberg-O,
Sulzbacher-Straße 11

Fernsprecher:
Nr. 51851—51854
Postscheck-Konto:
Nürnberg Nr. 7575

Stadt der Reichsparteitage Nürnberg
Am 9.12.1939

Ihre Zeichen: Ihre Nachricht: Unsere Zeichen MH/W VI/
(In der Antwort anzugeben)

Betreff: Rohstoffwirtschaft : Metalle.
Zinngiesserkontingent.

Nachdem die Handwerksorganisationen fast drei Monate lang mit der Reichsstelle für Metalle und schliesslich auch mit dem Reichswirtschaftsministerium verhandelt haben, hat nunmehr das Reichswirtschaftsministerium dahingehend entschieden, dass Zuteilungen von Zinn für Zinngusswaren nicht mehr erfolgen dürfen. Darüberhinaus ist mit der Anordnung 26 a, von der wir einen Abdruck beilegen, die Herstellung von Zinnguss - waren allgemein verboten worden. ./.

Diese Entscheidung, die wir dem Zinngiesserhandwerk ersparen zu können hofften, bedauern wir ausserordentlich, jedoch ist angesichts der Versorgungslage bei Zinn und im Hinblick auf die politischen Umstände die Notwendigkeit dieser Massnahme nicht zu verkennen.

Die ausgesprochenen Verwendungsverbote treten am 1.1.1940 in Kraft. Wir empfehlen Ihnen also, etwaig vorhandene Bestände aufzuarbeiten. Die Lieferung dieser bis zum 1.1.1940 fertiggestellten Erzeugnisse darf auch noch nach dem 1.1.1940 vorgenommen werden.

Handwerkskammer Nürnberg
Der Präsident: Der Syndikus:
Fries.
Rechtsanwalt.

141. c) Brief der Handwerkskammer Mittelfranken an den Zinngießer Eisenhart, 9.12.1939

schaft zur Kriegswirtschaft. Der Vierjahresplan übte auf das Handwerk einen bis dahin nicht gekannten Druck zur Rationalisierung aus und förderte die Suche nach neuen Werkstoffen und die Optimierung des Rohstoff- bzw. Maschineneinsatzes.

Nach dem Kriegsbeginn verschärfte sich für den Zinngießer Wilhelm Eisenhart die berufliche Lage. Mit Wirkung vom 1. Januar 1940 durfte im ganzen Reich kein Zinn mehr zugeteilt werden, die Herstellung neuer Zinngusswaren wurde generell verboten. Neben seinem Ladengeschäft hielten Eisenhart während des Zweiten Weltkriegs vor allem Reparaturen über Wasser.

Interessant sind die Veränderungen an den vorliegenden Schreiben selbst: Zierte den Stempel der Handwerkskammer noch 1936 das bayerische Rautenwappen, so war nach der Gleichschaltung und der Aufhebung der Länder 1938 im Stempelbild der Reichsadler mit Hakenkreuz zu sehen. Das Zeichen der Handwerkskammern war nun der Hammer mit Kreuz und Eichenlaub und Eichel – jedoch ohne Hakenkreuz. Auch die offizielle Benennung Nürnbergs als »Stadt der Reichsparteitage«, entsprechend zu München als der »Hauptstadt der Bewegung«, zeigt einmal mehr die Durchdringung des Alltags mit nationalsozialistischer Propaganda. // W. SCH.

WIRTSCHAFTSWUNDER UND STRUKTURWANDEL 1945 BIS 2006

Das Ende des Zweiten Weltkriegs sah Bayern als Aufnahme- und Durchgangsland von Millionen Flüchtlingen, Vertriebenen, ehemaligen Hilfstruppen der Wehrmacht aus Osteuropa, ehemaligen Zwangsarbeitern und Häftlingen der Konzentrationslager. Hinzu kamen nach den Luftangriffen auf bayerische Städte Zehntausende von Obdachlosen. Die Infrastruktur des Landes war zerstört. Das Handwerk leistete einen wesentlichen Beitrag zur Versorgung der Menschen und zum Wiederaufbau. Die Heimatvertriebenen suchten rasch die Integration. Sie brachten spezielle Fertigkeiten nach Bayern, etwa im Musikinstrumentenbau, im Glashandwerk oder auch bei den Konditoren.

Persönlichkeiten aus dem Handwerk wie in München Karl Scharnagl und Thomas Wimmer standen oft in der ersten Reihe der Kommunalpolitiker. In der Verfassung des Freistaats Bayern von 1946 wurden erstmals die Förderung und der Schutz der selbstständigen Klein- und Mittelstandsbetriebe durch Gesetzgebung und Verwaltung als politische Aufgabe des Staates verankert. Eine Besonderheit der Verfassung war der Senat, die zweite Kammer neben der Abgeordnetenkammer, der die sozialen, wirtschaftlichen und kulturellen Körperschaften vertreten sollte. Von den 60 Mitgliedern des Bayerischen Senats stellte das Handwerk fünf. Der Bayerische Senat wurde 1999 aufgelöst.

Noch 1945 wurden die Handwerkskammern auf Anweisung des bayerischen Wirtschaftsministeriums sofort wieder eingerichtet. Ihr vorrangigstes Ziel war, neben dem Neuaufbau der Handwerksorganisationen, die Beendigung der 1949 von der amerikanischen Militärregierung eingeführten Gewerbefreiheit. 1953 wurde diese per Gesetz abgeschafft und der Zustand der Vorkriegszeit wieder hergestellt.

Das weitgehende Fehlen einer umfangreichen Industrie in Bayern erwies sich jetzt als vorteilhaft für die wirtschaftliche Neuorientierung. Der Aufbau bzw. die Erweiterung zukunftsträchtiger Industriezweige bot dem Handwerker in der Industrie selbst, vor allem aber als mittelständischer Zulieferer enorme Chancen.

Mitte der 1960er-Jahre erlebte die Bundesrepublik erstmals seit einem Jahrzehnt eine Wirtschaftskrise. Die Europäische Wirtschaftsgemeinschaft begann mit ihrer Umwandlung zu einer politisch wirkungsmächtigen Einheit. Das Reformklima nach dem Protestjahr 1968 führte unter allgemeinem Konsens zu einem erheblichen Ausbau der Arbeitnehmerrechte auch im Handwerk: Der Lehrling wurde zum Azubi, zum Auszubildenden.

In den frühen 1960er-Jahren begann zudem in ganz Bayern ein grundlegender Strukturwandel auf dem Land, mit erheblichen Auswirkungen auch für das dörfliche Handwerk. Ausdruck des Aufbruchs dieser Jahre waren neben den Gewerbegebieten am Ortsrand auch Großprojekte wie der Rhein-Main-Donaukanal und die Olympiabauten in München mit nachhaltiger Wirkung für die gesamte Region. Der anhaltende Bauboom jener Zeit förderte aber auch Schattenseiten im Handwerk: »Pfusch am Bau« wurde zum geflügelten Wort und das Thema Schwarzarbeit rückte immer wieder ins Rampenlicht.

Der bayerische Wirtschaftsminister Anton Jaumann legte 1974 als erster Politiker in der Bundesrepublik Deutschland ein Mittelstandsförderungsgesetz vor. Das Gesetz bewirkte ein anhaltendes neues Bewusstsein von der nicht nur ökonomischen, sondern vor allem gesellschaftspolitischen Bedeutung und Funktion der kleinen und mittleren Unternehmen.

Der Export und die ungebrochene Binnennachfrage ermöglichten in den 1980er-Jahren eine Reihe aufwändiger

sozialer Sicherungsmaßnahmen. Zu dieser Zeit begannen auch die ersten Ansiedlungen von Handwerksbetrieben außerhalb der Ortskerne in den neuen Gewerbegebieten. Betriebsgründungen oder Betriebsvergrößerungen fanden nun außerhalb der zu eng gewordenen Werkstatt im Ortsinnern ihren Platz auf dem freien Feld.
Das Ende der DDR und des Warschauer Pakts beendete die Rolle Bayerns als waffenstarrendes Grenzland. Dies bedeutete aber auch die Reduzierung der Grenzlandförderung, Verlagerung von Produktionsstätten in die neuen Bundesländer, bald schon nach Tschechien und Polen, und damit einen permanenten Anstieg der Arbeitslosigkeit. Die in den 1990er-Jahren geforderte kapitalintensive Umorientierung der Wirtschaft auf das Feld der Informationstechnologie zeigt keinen durchschlagenden Erfolg. Die vielfältigen Verflechtungen mit der Industrie und dem Dienstleistungsbereich wirken nun negativ auf die Lage im bayerischen Handwerk. Spürbar sind die steigende Einflussnahme der Europäischen Union in den wirtschaftlichen Alltag des Handwerks und eine europaweite, ja globale starke Konkurrenz mittelständischer Betriebe.
// Wolfgang Schuster

Lit.: Boyer, Christoph / Schlemmer, Thomas: Handwerkerland Bayern? Entwicklung, Organisation und Politik der bayerischen Handwerker 1945–1975, in: Schlemmer, Thomas / Woller, Hans: Bayern im Bund, Bd. 2, München 2002, S. 87–178; Scheybani, Abdolreza: Handwerk und Kleinhandel in der Bundesrepublik Deutschland. Sozialökonomischer Wandel und Mittelstandspolitik 1949–1961, München 1996 (Studien zur Zeitgeschichte 48)

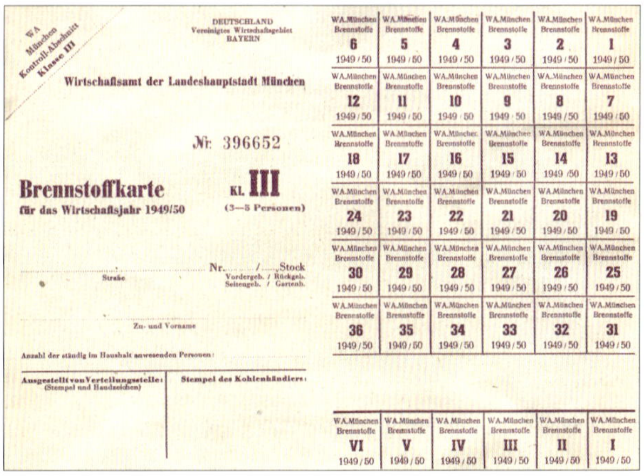

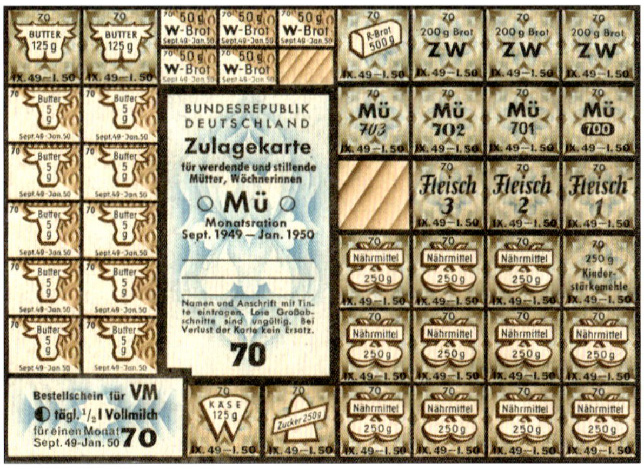

142. c) Lebensmittelkarten aus dem Jahr 1949

142. Bayern in der Nachkriegszeit

A) *Die Verfassung des Freistaats Bayern von 1946*

Bayerisches Gesetz- und Verordnungsblatt Nr. 23, 8. Dezember 1946
Papier / Druck (R)
Institut für bayerische Geschichte, München (R 275c)

Auf Initiative und unter Einflussnahme der amerikanischen Militärregierung entstanden ab 1946 in den Ländern der US-Besatzungszone Verfassungen und parlamentarisch legitimierte Regierungen. In Bayern erarbeitete bereits sehr früh ein neunköpfiger Ausschuss unter Leitung von Ministerpräsident Hoegner einen Entwurf. Die vom Volk gewählte Verfassunggebende Landesversammlung gestaltete ab Juli 1946 in oftmals zähen Verhandlungen die neue Verfassung. Diese wurde am 1. Dezember 1946 von den bayerischen Wählern mit fast 71 Prozent Zustimmung gebilligt und trat eine Woche später in Kraft.
In der Verfassung von 1946 wurden erstmals die Förderung und der Schutz der selbstständigen Klein- und Mittelstandsbetriebe durch Gesetzgebung und Verwaltung als politische Aufgabe des Staates verankert (Art. 153). Eine weitere Besonderheit der Verfassung war die Bildung des Bayerischen Senats als einer Kammer neben dem Landtag (Art. 34–42). Vorbild war die Zweite Kammer, die es von 1818 bis 1918 im Königreich Bayern gegeben hatte. Der Senat war die Vertretung der sozialen, wirtschaftlichen, kulturellen und kommunalen Körperschaften des Landes, der Landtag mit den gewählten Abgeordneten repräsentiert es in seiner politischen Gliederung.
Die Tätigkeit des Senats war vor allem beratender Art. Von den 60 Mitgliedern stellte das Handwerk fünf Senatoren. Das Verfassungsorgan Bayerischer Senat wurde mit den Stimmen von weniger als 30 Prozent der stimmberechtigten Bürger Bayerns per Volksentscheid zum 31. Dezember 1999 abgeschafft.
Ein Gremium, in dem die verschiedenen Körperschaften des Landes paritätisch vertreten sind, ist der Rundfunkrat, das Kontrollorgan des Rundfunks, gemäß Art. 111a der Verfassung. Zurzeit (2006) stellen die Handwerkskammern den Vorsitzenden des Rundfunkrats. // W. SCH.

> > … …

B) *Fragebogen*

US Military Government of Germany
Druck: Ludwig Storr, München, 1945
Papier / Druck (R)
Privatbesitz

Am Anfang der Entnazifizierung stand die Verhaftung tausender Nationalsozialisten in Führungspositionen oder von Mitgliedern der SA, SS und Gestapo. 1945 hatte die NSDAP ca. sechs Millionen Mitglieder, das heißt, jeder vierte bis fünfte erwachsene Mann in Deutschland war »Pg«. Mithilfe eines nicht weniger als 131 Einzelfragen umfassenden Fragebogens versuchte die amerikanische Militärregierung ab dem Sommer 1945 eine umfassende Überprüfung der öffentlichen Verwaltung und der Wirtschaft. 1946 wurde die Entnazifizierung den deutschen Behörden übertragen. Alle Erwachsenen wurden registriert und mussten auf einem – gegenüber 1945 verkürzten – Meldebogen Angaben zur Person machen. Diese wurden von den Spruchkammern ausgewertet. Etwa 70 Prozent der Befragten galten als entnazifiziert, die übrigen wurden in fünf Kategorien eingeteilt: 1. Hauptschuldige, 2. Belastete, 3. Minderbelastete, 4. Mitläufer, 5. Entlastete. In einem Spruchkammerverfahren wurden Hauptschuldige zu Strafen von bis zu zehn Jahre Arbeitslager und vollständigem Vermögensentzug verurteilt. Bis Ende 1949 waren in der US-Zone 1654 Personen als Hauptschuldige und 22122 als Belastete eingestuft worden. Mit dem Kalten Krieg verlor die Entnazifizierung an Bedeutung: 1950 wurde das zuständige Bayerische Staatsministerium für Sonderaufgaben aufgelöst und 1960 mit dem Dritten Abschlussgesetz zur politischen Befreiung in Bayern ein Schlussstrich gezogen. // W. SCH.

C) *Lebensmittelkarten aus dem Jahr 1949*

Landesernährungsamt bzw. Ernährungsamt der Stadt München
Papier / Farbdruck (R)
Staatsarchiv München

Die Einführung der D-Mark am 20. Juni 1948 war der Startschuss für das westdeutsche Wirtschaftswunder. Erstmals gab es wieder Lebensmittel und Konsumgüter in ausreichenden Mengen und guter Qualität regulär zu kaufen. Schwarzmarkt und Zigarettenwährung gehörten der Vergangenheit an. Doch es sollte noch zwei Jahre dauern, bis die Lebensmittelmarken, die mit Kriegsbeginn 1939 eingeführt worden waren, abgeschafft wurden. // W. SCH.

143. Modell einer ländlichen Schmiede um 1900 mit Kriegsschäden

Lit.: Der Bayerische Senat. Biographisch-statistisches Handbuch 1947–1997, bearb. von Helga Schmöger, Düsseldorf 1998 (Handbücher zur Geschichte des Parlamentarismus und der politischen Parteien 10); Die Protokolle des Vorbereitenden Verfassungsausschusses in Bayern 1946, eingeleitet und kommentiert von Karl-Ulrich Gelberg, München 2004; Kock, Peter Jakob: Ausstellung 50 Jahre Bayerische Verfassung, Bayerischer Landtag. Dokumentation, München 1996; Vollnhals, Clemens: Entnazifizierung, politische Säuberung und Rehabilitierung in den vier Besatzungszonen 1945–1949, München 1991; Niethammer, Lutz: Die Mitläuferfabrik. Die Entnazifizierung am Beispiel Bayerns, Berlin 1982

143. Trümmerzeit

Modell einer ländlichen Schmiede um 1900 mit Kriegsschäden

Emmy Rienäcker
Deutschland, um 1906
Holz, Gips, 37 x 37 x 33, 15 kg
Deutsches Museum (11102)

Das Deutsche Museum wurde 1944 und 1945 sechsmal von Bomben getroffen und machte gegen Kriegsende »einen trostlosen Eindruck«, so ein Augenzeuge. Ein Teil des Gebäudes, aber auch viele Sammlungsgegenstände, die nicht in Sicherheit gebracht werden konnten, waren zerstört oder beschädigt, wie etwa dieses Modell. Der Zustand des Modells spiegelt, gleichsam metaphorisch, auch den tatsächlichen Zustand der Arbeitsplätze von Handwerkern nach dem Krieg wider. // D. B.

146. F) Kinderspielzeug

Lit.: Mayr, Otto: Wiederaufbau. Das deutsche Museum 1945–1970, München 2003, S. 17–27; Füßl, Wilhelm / Trischler, Helmuth (Hg.): Geschichte des Deutschen Museums. Akteure, Artefakte, Ausstellungen, München 2003

144. Bayern in der Nachkriegszeit

A) *Sitzungshammer für die Münchner Ministerpräsidentenkonferenz 1947*

Karl Valentin
Planegg, 1947
Holz, L. 28,5
Valentin-Karlstadt-Musäum, München (V3962)

B) *Filmdokumente zur Zeitgeschichte*

Bayerischer Rundfunk
Gestaltung: Georg Schmidbauer

Im Sommer 1947 unternahm Bayerns Ministerpräsident Hans Ehard den ersten und zugleich letzten Versuch bis zur Deutschen Einheit, die Ministerpräsidenten aller deutschen Länder an einem Ort zu versammeln. Das Thema dieser Konferenz in München sollte die Verbesserung der Versorgungslage für die Menschen in den verschiedenen Teilen Deutschlands sein. Am 5. Juni trafen auch die Vertreter aller Länder in der Ostzone ein. In einer noch am gleichen Abend stattfindenden Vorkonferenz plädierten die Ministerpräsidenten aus der Sowjetischen Besatzungszone (SBZ) die Beratung einer deutschen Zentralverwaltung mit Sitz in Berlin als Hauptthema auf die Tagesordnung zu setzen. Als die Westländer diesen Antrag ablehnten, reisten die Delegationen aus der SBZ noch am gleichen Abend wieder ab. Die Konferenz fand dann am 6. und 7. Juni 1947 dennoch statt. Ministerpräsident Ehard, der Vorsitzende der Konferenz benutzte dabei als Ersatz für die Tischglocke einen kleinen Holzhammer, den der Münchner Künstler und gelernte Schreiner Karl Valentin in seiner Werkstatt in Planegg angefertigt hatte (Kat.-Nr. 130). // C. L.

145. Kochkiste mit Einsätzen

Deutschland, um 1920
Holz, Zink, Aluminium, 37,2 x 37,2 x 33, 11,1 kg
Deutsches Museum (1979–251)

Ein Kochbuch von 1908 erläutert sehr anschaulich die Funktion einer Kochkiste: »In neuerer Zeit hat die so genannte Kochkiste in Deutschland Eingang gefunden, die ganz außerordentliche Vorteile bietet. Man erhält sie in guten Küchengeschäften, aber man kann sie auch sehr leicht selbst herstellen … In die Kiste drückt man die heißen Töpfe, in denen die Speisen 10–15 Minuten auf Feuer gekocht haben … Da die Töpfe rings von schlechten Wärmeleitern umgeben sind, so bleibt die Wärme darin, und die Speisen werden gar. Es dauert nur etwas länger, als beim Kochen auf offenem Feuer … Die Vorteile der Kochkiste sind außerordentliche: es wird an Feuerungsmaterial gespart … die Speisen können nicht an-

> > … …

Fernsehens. Drei Jahre später, 1955, gab es bereits 100 000 gemeldete Teilnehmer. 1957 erreichte die Teilnehmerzahl im Bundesgebiet die erste Million. Manche Autoren konstatierten 1959 den »Durchbruch [des Fernsehens] zum Massenmedium«: »Täglich wurden 5 000 Geräte verkauft, Ende des Jahres gab es zwei Millionen Teilnehmer.« Max Grundigs Firma, bereits 1952 größter europäischer Hersteller der Branche, belieferte den rasch wachsenden Markt unter anderem mit diesem preisgünstigen Gerät. Ende der 1950er-Jahre beschäftigte das bayerische Unternehmen über 10 000 Mitarbeiter in weltweit 19 Produktionsstätten. // P. A. L.

Lit.: Grundig technische Informationen, 3. Juli 1958 (Schaltplan; Die Arbeitsweise der automatischen Scharfabstimmung); Grundig Prospekt 1958; Abele, Günter: Historische Radios, Bd. 1, Stuttgart 1996

148. A) Radio- / Phono-Kombinationsgerät »Luna Box«

148. B) Fernsehempfänger »Zauberspiegel 449«

149. Streit um die Gewerbefreiheit

A) *OMGUS Land Director Van Wagoner an Ministerpräsident Ehard*

München, 18. Dezember 1948
Papier / Schreibmaschine (R)
Bayerisches Hauptstaatsarchiv, München (StK 30826)

B) *Amtliche Übersetzung des OMGUS-Schreibens (vgl. A)*

München, 18. Dezember 1948, gez. Clarence M. Bolds
Papier / Schreibmaschine (R)
Bayerisches Hauptstaatsarchiv, München (StK 30826)

C) *Brief der Handwerkskammer Oberbayern an die Bayerische Staatskanzlei*

München, 14. Dezember 1948
Papier / Schreibmaschine (R)
Bayerisches Hauptstaatsarchiv, München (StK-GuV 92)

D) *Brief der Handwerkskammer Coburg an die Bayerische Staatsregierung*

Coburg, 14. Dezember 1948
Papier / Schreibmaschine (R)
Bayerisches Hauptstaatsarchiv, München (StK-GuV 92)

Ein Beispiel für die intensive Einflussnahme der amerikanischen Militärregierung in die bayerische Gesetzgebung ist die Einführung der Gewerbefreiheit im Jahr 1948. Mit der OMGUS-Direktive vom 29. November 1948 (OMGUS = Office of Military Goverment of the United States for Germany) wurden die deutschen Regierungen der Länder in der US-Zone angehalten, alle Zulassungsbeschränkungen in Handel und Gewerbe zu beseitigen und die Betriebsgründung nach anglo-amerikanischem Vorbild zu erleichtern. Ausgenommen waren nur Gewerbe »in matters of public health, safety or welfare«. Da diese Direktive von bayerischer Seite nur sehr zögerlich umgesetzt wurde, gab es einige scharfe Briefe der Führung der Militärregierung an Ministerpräsident Ehard vom »Land Director« (Leiter für Bayern) Murray D. Van Wagoner, vor allem aber von seinem Stellvertreter Clarence M. Bolds. Im bayerischen Handwerk brach ein Sturm der Entrüstung los und es war ein vorrangiges Ziel der 1945 wiedererrichteten Handwerkskammern, die Gewerbefreiheit zu beseitigen. 1953 wurden diese Bemühungen von Erfolg gekrönt: Per Gesetz wurde der Zustand der Vorkriegszeit mit Innungszwang und Großem Befähigungsnachweis wieder hergestellt. // W. SCH.

E) *Erstausgabe der »Bayerischen Handwerkerzeitung«*

München, 1. Februar 1949
Bayerische Staatsbibliothek, München (2 Eph. pd. 96v-1-2)

Am 1. Februar 1949 erschien erstmals die »Bayerische Handwerkerzeitung« als Presseorgan der bayerischen Handwerkorganisationen. Natürlich war die von der amerikanischen Militärregierung erzwungene Gewerbefreiheit ein Thema für die Titelseite. Die »Bayerische Handwerkerzeitung« wurde 1953 in »Bayerische Handwerks-Zeitung« mit Ausgaben für die einzelnen Regierungsbezirke umbenannt. Seit 1970 firmiert sie unter »Deutsche Handwerks-Zeitung« mit einer Auflage von über 460 000 Exemplaren. // W. SCH.

Lit.: Boyer, Christoph: Zwischen Zwangswirtschaft und Gewerbefreiheit, Handwerk in Bayern 1945–1949, München 1992 (Studien zur Zeitgeschichte 41)

BAYERISCHE
Handwerker-Zeitung
Das offizielle Organ des Bayerischen Handwerkstages

Versandort: Bad Wörishofen

Mitteilungsblatt der Handwerkskammern Augsburg, Bayreuth, Coburg, München, Nürnberg, Passau, Regensburg und Würzburg

Mitteilungsblatt der Arbeitsgemeinschaft der Bayerischen Landesinnungsverbände und sämtlicher Kreishandwerkerschaften

Nummer 1 | München, den 1. Februar 1949 | 1. Jahrgang

Gute Wünsche

Von Dr. Hans Ehard
Bayerischer Ministerpräsident

Glückhafter Start!

Ein Aufruf an alle Meister des bayerischen Handwerks

Nach Überwindung größter Schwierigkeiten ist es gelungen, für das bayerische Handwerk eine eigene Zeitung herauszugeben. Die „Bayerische Handwerker-Zeitung" ist das offizielle Organ des Bayerischen Handwerkertages, das lang ersehnte, bisher so sehr vermißte Sprachrohr von 200 000 bayerischen Handwerksbetrieben gegenüber der Öffentlichkeit, dem Parlament, der Regierung, den Behörden und anderen Körperschaften. […]

Bayerischer Handwerkstag

Wir lehnen ab

Das Rahmengesetz entspricht nicht unseren Forderungen

149. E) Erstausgabe der »Bayerischen Handwerkerzeitung«

150. Wandel in der Landwirtschaft

Traktor »Grabfeldkamel«

Fotografie (R)
Bezirk Unterfranken

Der als »Grabfeldkamel« bezeichnete Traktor geht auf eine Initiative aus dem Jahr 1954 zurück. Die »Kreisgenossenschaft zur Förderung der Landwirtschaft« des heutigen Landkreises Rhön-Grabfeld bestellte damals 22 Ruhrstahlträger und baute daraus die Plattform des Fahrzeugs. Angetrieben von einem Henschel-Motor mit 24 PS und mit der Möglichkeit, das spartanische Arbeitsgerät mit 30 Geräten zu erweitern, wurde das »Grabfeldkamel« zum unentbehrlichen Helfer der Bauern dieser Region. Seinen Namen erhielt es wegen des charakteristischen »Höckers« vor dem Lenkrad. Bis Ende der 1960er-Jahre wurden 350 Stück gebaut.

Als handwerklich erstelltes Arbeitsgerät ist dieser Traktor ein Beispiel für den Strukturwandel auf dem Land. Dieser grundlegende Wandel, bedingt vor allem durch die Mechanisierung und Motorisierung der Landwirtschaft ab den 1950er-Jahren, hatte erhebliche Auswirkungen auf das dörfliche Handwerk. Da die Bauern ihre Zugtiere durch Traktoren ersetzten und die hölzernen Wagenräder gegen Gummibereifung austauschten, mussten sich die Schmiede und Wagner (Kat.-Nr. 66) nach neuen Betätigungsfeldern umsehen. Vielen gelang dabei der Schritt in ein neues Handwerk, beispielsweise als Landmaschinentechniker, andere mussten ihren Betrieb aufgeben und gingen in die nun auch in Bayern expandierende Industrie. // W. SCH.

151. Bayerische Mittelstandspolitik

Anton Jaumann – Wirtschaftsminister von 1970 bis 1988

Augsburger Frühjahrsausstellung afa 1988
Fotografie (R)
Handwerkskammer für Schwaben, Augsburg

Der bayerische Wirtschaftsminister Anton Jaumann (1927 bis 1994) legte am 8. Oktober 1974 als erster Politiker in der Bundesrepublik Deutschland ein Mittelstandsförde-

> >

151. Anton Jaumann

rungsgesetz vor. Der Bayerische Senat nannte den Entwurf im Juni 1974 ein »Märchenbuch«. Das Gesetz bewirkte jedoch eine Grundsatzdebatte und hat darüber hinaus bundesweit zu einem anhaltenden neuen Bewusstsein von der nicht nur ökonomischen, sondern vor allem gesellschaftspolitischen Bedeutung und Funktion der kleinen und mittleren Unternehmen in der Wirtschaftsordnung geführt. 1977 folgte ein mittelständisches Außenwirtschaftsprogramm. Zehn Jahre nach dem Gesetz waren in Bayern 15 000 Existenzgründungen ermöglicht worden, wovon sich 94 Prozent als beständig erwiesen. // W. SCH.

Lit.: Wirtschaftsminister Anton Jaumann (1927–1994). Eine Ausstellung aus dem neu erworbenen Nachlass anlässlich seines 70. Geburtstages. Konzeption und Bearbeitung von Michael Stephan, München 1997 (Bayerisches Hauptstaatsarchiv – Kleine Ausstellungen 9)

152. Der Letzte seines Standes

Alte Handwerksberufe im Bayerischen Fernsehen
Bayerischer Rundfunk

»Es ist schon ein komisches Gefühl, zu erkennen, dass es nach dir diesen Beruf nicht mehr geben wird und auch dieses hölzerne Wagenrad eigentlich niemand mehr braucht«, so beschreibt der niederbayerische Wagner Friedrich Kaiser seine Empfindungen, als er den Film über sich und sein Handwerk sieht. Er ist der erste Protagonist der Reihe »Der Letzte seines Standes?«, die das Bayerische Fernsehen vor 15 Jahren ins Leben gerufen hat. Seither sind 66 Bilddokumente einer Berufs- und Lebenskultur entstanden, die im Begriff ist von der Bildfläche zu verschwinden: Dorfschmiede, Wagner, Schlittenbauer oder Spitzenklöpplerinnen und andere sind die »Letzten ihres Standes«, denen die Filmemacher bei ihrer Arbeit über die Schulter schauen. Sie erlebten mit, wie beispielsweise ein hölzerner Pferdeschlitten für den Holztransport entsteht, wie beim Schmieden filigrane Ornamente frei aus einem Stück herausgeformt werden oder wie ein »Blaupließter« Messerklingen freihändig schärft und danach fein poliert – Arbeiten mit Herz und Hand, auf das Augenmaß vertrauend und ein Gefühl für das Werk entwickelnd.

Die hier gezeigten Bilddokumente präsentieren elf Handwerksmeister und eine Meisterin, die stellvertretend für unterschiedliche Gewerke in den Regionen Bayerns stehen: Alfred Habermann, Schmied aus Simbach am Inn; Adolf Weiß, Sattler aus der Fränkischen Schweiz; Herbert

Vestner, Goldschläger aus Schwabach; Werner Schwendner, Stuckator aus Augsburg; Albert Wagner, Schlittenbauer aus dem Oberland; Franz Jahn, Erzgießer aus Nürnberg; Hannelore Marschall, Marionettenmacherin aus Augsburg; Rudi Feldl, Posamentenmacher aus München; Rudolf Ries, Xylograf aus Nürnberg und Josef Eder, Korbflechter aus Winzer. // B. ST.

153. Frauen im Handwerk

A) *Marlene Hackspacher – erste Konditormeisterin in Bayern*

Interview am 25. November 1997 in Dillingen
Bearbeitung: Georg Schmidbauer
Haus der Bayerischen Geschichte, Augsburg

Marlene Hackspacher wurde 1922 in Mähren geboren. Sie erlernte den Beruf der Konditorin in Marienbad / Böhmen und erlebte 1938 den »Anschluss« an das Deutsche Reich und ab 1939 den Zweiten Weltkrieg. 1946 wurden sie und ihr kleines Kind aus der Heimat vertrieben. In Schwaben machte die junge Witwe als erste Frau in Bayern ihren Konditormeister und gründete in Dillingen die inzwischen international bekannte Oblatenbäckerei »Wetzel Oblaten«.

B) *Statistik*

Anteil der Frauen und Männer im bayerischen Handwerk

JAHR	MÄNNER	FRAUEN
1949	80,5	19,5
1968	776,5	22,4
1994	69,4	30,6

Beiträge zur Statistik Nr. 161: Das Handwerk in Bayern: Ergebnisse der Handwerkszählung 1949 (1951), Nr. 273: Das Handwerk in Bayern: Ergebnisse der Handwerkszählung 1968 (1971), Nr. 503/504: Das Handwerk in Bayern: Ergebnisse der Handwerkszählung 1995 (1996/97), hg. vom Bayerischen Landesamt für Statistik und Datenverarbeitung

Der Anteil der Frauen in den Handwerksberufen ist in der Nachkriegszeit stetig gestiegen, von knapp 20 Prozent im Jahr 1949 auf über 30 Prozent im Jahr 1995. Vor allem bei Gesundheits- und Körperpflege, z. B. Friseurhandwerk, haben Frauen die Männer verdrängt, während sie weiterhin die klassischen Frauenhandwerke im Bekleidungs- und Textilgewerbe dominieren. Bau- und Elektrohandwerk aber bleibt mit ca. 81 Prozent überwiegend in Männerhand. Auch im Nahrungsmittelgewerbe haben die Frauen die Nase vorn, vor allem als Verkäuferinnen.
Aufschlussreich ist auch die Rolle der Frauen innerhalb des Betriebs. Die unbezahlten mithelfenden Familienangehörigen sind weiterhin überwiegend Frauen (80 Prozent), aber sie stellen nur 10 Prozent der Betriebsinhaber. Als kaufmännische und technische Angestellte bilden sie mit knapp 68 Prozent die Mehrheit. Neben den Verkäuferinnen sind das jetzt die Bürokräfte, die sich um Antragsannahme, die Rechnungen und die Buchführung kümmern.
Bei den Meisterprüfungen hat sich die Zahl der Frauen im Zeitraum von 1929 bis 1995 mit jährlich 421 Anmeldungen auf 1039 mehr als verdoppelt. Den höchsten Stand erreichte sie 1993 mit 1090. Seitdem fiel die Anzahl langsam aber stetig, ebenso wie die der männlichen Teilnehmer. Der Anteil der Frauen schwankt zwischen weniger als 7 Prozent im Jahr 1970 und mittlerweile über 15 Prozent (2003). Dabei lag die Quote der bestandenen Meisterprüfungen bei den Frauen immer höher als ihr Anteil an den Teilnehmern: Die Frauen waren erfolgreicher als die Männer! Das hat sich erst in den letzten Jahren ein wenig zu Gunsten der männlichen Meister verschoben.
// W. SCH.

Lit.: Statistisches Jahrbuch für den Freistaat Bayern (ab 1946 Statistisches Jahrbuch für Bayern), hg. vom Bayerischen Statistischen Landesamt (ab 1982 Bayerisches Landesamt für Statistik und Datenverarbeitung), München 1919ff.; Das Handwerk in Bayern. Ergebnisse der Handwerkszählung 1949, hg. vom Bayerischen Statistischen Landesamt, München 1950 (Beiträge zur Statistik Bayerns Heft 161); Das Handwerk in Bayern. Ergebnisse der Handwerkszählung 1968, hg. vom Bayerischen Statistischen Landesamt, München 1969 (Beiträge zur Statistik Bayerns Heft 294); Das Handwerk in Bayern. Teil I. Ergebnisse der Handwerkszählung 1995, hg. vom Bayerischen Landesamt für Statistik und Datenverarbeitung, München 1996. (Beiträge zur Statistik Bayerns Heft 503)

> > ... ...

154. Berufsausbildung im Handwerk

Informationsbörse für Handwerksberufe

Entwurf: Fritz Armbruster
Mit freundlicher Unterstützung des Bayerischen Handwerkstags

Die Berufswahl stellt eine wichtige Richtungsentscheidung im Leben eines jungen Menschen dar. Für die Jugendlichen und deren Eltern gilt es, einen Einstieg in das Berufsleben auszuwählen, der den Neigungen und Fähigkeiten entspricht und der Erfolg versprechende Zukunftsperspektiven eröffnet.
Das Handwerk bietet ein attraktives und breit gefächertes Angebot an Ausbildungsberufen. Mehr als jeder dritte Lehrling wird im Handwerk ausgebildet. Handwerksberufe zeichnen sich aus durch selbstständiges Arbeiten und kreative Entfaltungsmöglichkeiten. Nicht zuletzt stehen mit der Meisterprüfung vielfältige Karrierewege offen – von der gefragten Fach- und Führungskraft bis hin zur Unternehmerin bzw. zum Unternehmer. Einen Handwerksberuf zu erlernen lohnt sich. Aber welcher Handwerksberuf ist der richtige? Das elektronische Informationsangebot für Jugendliche im Rahmen dieser Ausstellung bietet hierfür eine wertvolle Unterstützung.
Am Anfang jeder Suche nach einem Ausbildungsplatz steht die Frage, welcher Beruf am besten zu einem passt. Auf der Seite www.handwerksberufe.de sind alle Ausbildungsberufe ausführlich beschrieben. Außerdem gibt es eine Checkbox, die dabei hilft, den richtigen Beruf zu finden. Anhand von elf Fragen werden persönliche Wünsche und Vorstellungen abgefragt. Als Ergebnis erhält man eine Liste mit Handwerksberufen, die zu einem passen könnten und die man sich daher näher anschauen sollte.
Sobald die in Frage kommenden Ausbildungsberufe feststehen, geht es darum, eine Lehrstelle zu finden. Auch hier können die Angebote der Handwerksorganisationen hilfreich sein. Direkt vom Internetportal www.handwerksberufe.de kommt man zu den Lehrstellenbörsen der bayerischen Handwerkskammern. Dort finden sich aktuelle Lehrstellenangebote, die nach der Wunschregion abrufbar sind. Auch auf die Datenbank der Agentur für Arbeit kann zugegriffen werden.
Natürlich kann man sich bei Fragen zur beruflichen Bildung auch direkt an die Handwerksorganisationen wenden. So gibt es bei den bayerischen Handwerkskammern Ausbildungsberater, die in allen Fragen der Aus- und Weiterbildung als kompetente Ansprechpartner zur Verfügung stehen.
Schüler und Eltern, die im Berufswahlprozess Informationen gezielt einholen, haben die besten Chancen, den passenden Beruf zu finden. Und den größten Erfolg mit der Aussicht auf eine steile Karriere hat man immer noch in dem Beruf, in dem man mit Spaß und Freude bei der Sache ist. // C. G.

155. Das Netz des Handwerks

Entwurf: Fritz Armbruster
Mit freundlicher Unterstützung der Firma Carl Stahl

Die Globalisierung und das Zusammenwachsen eines vereinten Europas mit freiem Marktzugang aller teilhabenden Länder bringen für das Handwerk große Herausforderungen. Eine hohe Regulierungsdichte und ebenso hohe Steuern und Abgaben schaffen wie die Wettbewerbssituation mit der zunehmenden Konkurrenz aus so genannten Billiglohnländern eine schwierige Ausgangslage. Das Handwerk hat aber schon immer eine große Anpassungs- und Entwicklungsfähigkeit bewiesen.
Hilfe bietet auch das Netzwerk der Handwerksorganisation mit Handwerkskammern, Fachverbänden, Kreishandwerkerschaften und Innungen. Eine wichtige Aufgabe dieser Organisationen ist die Vertretung der Anliegen des Wirtschaftsbereichs Handwerk gegenüber der Politik. Ziel ist es mittelstandsfreundliche Rahmenbedingungen zu gewährleisten. Weitere zentrale Aufgaben der Organisationen sind die öffentliche Darstellung des Handwerks, zahlreiche Leistungen im Bereich der Aus- und Weiterbildung sowie die Beratung in rechtlichen, technischen, betriebswirtschaftlichen und außenwirtschaftlichen Fragen. Zudem erfüllen vor allem die Handwerkskammern hoheitliche Aufgaben in Selbstverwaltung. Partner des Handwerks sind zahlreiche wirtschaftliche Einrichtungen wie Bayern Handwerk International, Kreditgarantiegemeinschaft des bayerischen Handwerks und die Gesellschaft für Handwerksmessen. // R. F.

156. Mobile Kleinbrauerei

156. Qualität und Innovation

Mobile Kleinbrauerei

Michael Buchner
Eichstätt, 2000
Verschiedene Metalle, Platte aus Juramarmor,
Sudanlage: 145 x 165 x 92, Kühler: 110, Ø 50
Brauerei Gutmann Titting / Metallmechanik Buchner Eichstätt

Das vollmechanische, direkt mit Gas befeuerte Zweigeräte-Sudwerk besteht aus Maischebottich / Würzepfanne und Läuterbottich mit einer Ausschlagmenge von 50 Litern. Die Bottiche sind aus Edelstahl gefertigt und mit Kupfer verkleidet. Sämtliche Hubgetriebe sind aus Baustahl handgefertigt. Die Anlage wurde von Michael Buchner im Jahr 2000 als Meisterstück im Metallbauerhandwerk gefertigt, mit dem Meisterpreis der Bayerischen Staatsregierung ausgezeichnet und steht in der ehemals fürstbischöflichen Brauerei Gutmann in Titting.
Zum Brauverfahren: Malz, Schrot und Wasser werden eingemaischt. Abhängig von den Rohstoffen werden bei verschiedenen Temperaturstufen Rasten eingehalten, um vor allem die im Malz enthaltene Stärke zu Malzzucker abzubauen. Nach vollständigem Abbau wird die Maische auf 78°C aufgeheizt und in den Läuterbottich übergeleitet. Hier findet die Trennung von festen und flüssigen Bestandteilen statt. Die festen Bestandteile (Treber) sickern zu Boden und bilden eine natürliche Filterschicht. Die Würze sickert hindurch und wird in die Würzepfanne abgeläutert. Dort kocht sie ca. eine Stunde und auch der Hopfen wird jetzt hinzu gegeben. Nach Beendigung des Kochvorgangs wird die Würze in Rotation gebracht, um einen Trubkegel, bestehend aus ausgefallenem Eiweiß und Hopfenfeststoffen, durch den so genannten Teetasseneffekt in der Pfanne zu erzeugen. Die klare Würze kann nach einer kurzen Rast in den Würzekühler geleitet werden, wo sie auf Anstelltemperatur gebracht wird. // R. T.

157. Nicht nur auf den Weltmeeren zuhause

Kite Surfer mit LIROS-Seilen

2005
Kitesurver: skywalk GmbH & Co. KG, Grassau
Seile: Rosenberger Tauwerk GmbH, Lichtenberg
Spannweite: 490, Flügeltiefe: 160, Tragfläche: 6,4 m
Verschiedene Kunststoffe
Rosenberger Tauwerk GmbH, Lichtenberg

Die Rosenberger Tauwerk GmbH wurde 1854 als kleine Seilerei gegründet. Heute ist der Handwerksbetrieb mit 140 Mitarbeitern ein weltweit führender Hersteller von Seilen, Leinen, Tauwerk, geflochtenen Schnüren, Gurten, Kordeln und Hohlgeflechten. Ausgangsmaterialien sind Chemische Fasern sowie Baumwolle, Sisal, Hanf und Latexgummi.
Internationalen Ruf hat sich Rosenberger mit den hochfesten LIROS-Seilen erworben. Sie werden von professionellen Seglern eingesetzt, finden aber auch Verwendung als Lenk- und Bremsleinen für Fallschirme, Gleitschirme und Kite Surfer. Die oberfränkische Firma fertigt unter anderem auch Spezialseile für das Entfalten der Sonnensegel von Satelliten im Weltraum oder Sisalkerne für die Aufzugdrahtseile der höchsten Wolkenkratzer. // C. L.

158. Früher Kutschen, heute Schlitten

A) *Rennschlitten Modell »Hillracer Ice«*

Buche, Stahl, 115 x 50 x 21, 4,2 kg

B) *Rennschlitten Modell »Hillracer Sun«*

Schwebheim, 2005
Leichtmetall, Kunststoff, 115 x 50 x 21, 5 kg
Ress-Kutschen GmbH
www.hillracer.de

158. A) Rennschlitten Modell »Hillracer Ice«

Bereits in der achten Generation wird in Unterfranken bei der Familie Ress das Wagnerhandwerk weitervererbt. Der »Hillracer« ist ein zusammenklappbarer, leicht transportabler Schlitten für jede Jahreszeit. Das Modell »Ice« ist eine technische Weiterentwicklung des klassischen Rodelschlittens für den Eiskanal. Mit breiten Kufen ausgerüstet hingegen ist das Modell »Snow«. Das Modell »Sun« ist eine innovative Idee des Wagnermeisters Michael Ress: Statt Kufen sorgen zehn einzeln gelagerte Inline-Rollen für Rodelspaß selbst im Hochsommer. Damit wird die Straße zur Piste – eine weitere Innovation in der mehr als 300-jährigen Geschichte des fränkischen Familienunternehmens. // J. K.

159. Aus Schwaben in alle Welt

Modell einer Achterbahn

Münsterhausen, 2004
Holz, Metall, Kunststoff, 167,2 x 70,2 x 55, 25 kg
Gerstlauer Elektro GmbH. Amusement Rides
www.gerstlauer-rides.de

Die Firma Gerstlauer liefert aus dem schwäbischen Münsterhausen Fahrgeschäfte in alle Welt. Das Modell zeigt die Achterbahn »Euro-Fighter Typhoon«, die die Firma Gerstlauer 2003/04 im belgischen Freizeitpark »Bobbejaanland« baute. Jeweils acht Fahrgäste rasen hier mit rund 80 km/h über insgesamt 670 m Schiene. Neben vier Überkopffahrten und einem 18 m hohen Looping erwartet die Besucher ein 26 m tiefer Absturz im 97°-Winkel – eine technische Meisterleistung, wenngleich nichts für schwache Nerven. // J. K.

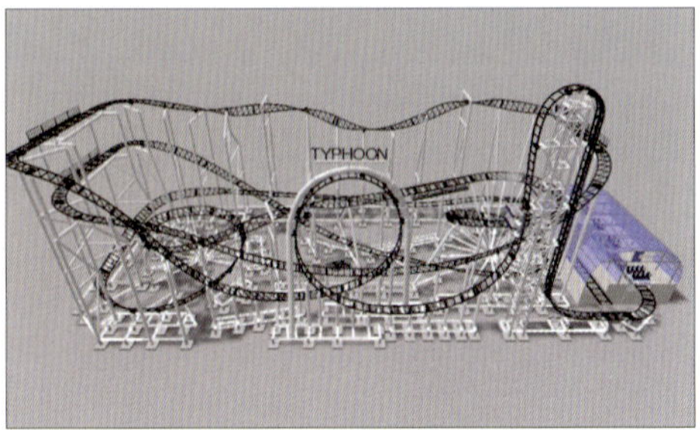

159. Modell einer Achterbahn

160. Lichttechnik

Infomodul

Nürnberg, 2006
Acrylglas, 50 x 50 x 50
Sauernheimer GmbH, Nürnberg

1926 als kleiner Elektrobetrieb mit einem Fachgeschäft im Zentrum von Nürnberg gegründet, montierte Georg Sauernheimer bereits Ende der 1920er-Jahre die ersten beleuchteten Schilder und Buchstaben – damals noch mit »Glühlampentechnik«. Nach dem Zweiten Weltkrieg etablierte sich das Handwerksunternehmen als Lichtwerbespezialist und wurde deutschlandweit tätig.

1995 entwickelte Sauernheimer eine neue umweltschonende, wartungsarme Lichtleit-Fasertechnik, FibreLogo®, die 1997 mit dem Bayerischen Staatspreis ausgezeichnet wurde. Heute sind die Aufgaben, die Werber und Marketingfachleute, Architekten und Statiker an die Lichtwerbung stellen, ungleich komplexer geworden. Digitale Lösungen, leichte und doch stabile Materialien, Umweltschutz, futuristisches Design sind die Stichworte, welche die sich schnell wandelnden Anforderungen beschreiben. Die Lösungen erfordern oft völlige Neuentwicklungen.

> >

161. A) Rennwagen AUDI R8 Prototyp

161. B) Fertigungsteile

Mit dem Knowhow und der Kreativität seiner Handwerker und Ingenieure gelang Sauernheimer die Konstruktion von gigantischen Medienwürfeln in Leichtbauweise für die neuen Sportarenen. Derzeit können z. B. in Frankfurt, Prag oder im Wembley-Stadion in London Videowürfel oder Videowände der Firma Sauernheimer, bestückt mit der neuesten LED-Technik, bewundert werden. Trotz ihres gewaltigen Gewichts von 23 bis 38 t schweben und bewegen sie sich scheinbar mühelos unter den Stadiondächern. Die derzeit größte Installation in einem europäischen Stadion mit 144 m Bildfläche befindet sich im Croke Park Stadium in Dublin / Irland. Sie wurde unter der Regie von Sauernheimer errichtet. Neben den Videowürfeln und dem Implementieren von Videomodulen gewinnt ein weiteres Geschäftsfeld an Bedeutung: Licht-Design bzw. Light Entertainment: Ob in Spielbanken, Gastronomie, Geschäftsräumen oder Privathäusern, das Zusammenspiel von Licht und Form gewinnt an Stellenwert. // J. KI.

161. Die Formen für die ultraleichte Karosserie des Audi R8 lieferte Schröter Modell- und Formenbau.

A) *Rennwagen AUDI R8 Prototyp*

Le Mans, 2005
Stahl, Magnesium, Carbonfaser, 180 x 465 x 200,
Startgewicht mindestens 950 kg
Audi AG, Ingolstadt

B) *Verschiedene Fertigungsteile*

Zorneding, 2005
Kunststoff
Schröter Modell- und Formenbau GmbH
www.modellbau-schroeter.de

Der Audi R8 schrieb Rennsportgeschichte. Der erfolgreichste Le Mans-Prototyp aller Zeiten erzielte innerhalb von vier Jahren bei insgesamt 60 Rennensätzen über 50 Siege. Entscheidenden Anteil bei der Fertigung des Wagens hatte der oberbayerische Handwerksbetrieb Schröter, der die Formen für diesen Rennwagen lieferte.

Die Geschichte von Schröter Modell- und Formenbau ist eine Erfolgsstory, die belegt, wie man als Partner der Industrie mit Kreativität, Modernität und einem hohen Maß an Flexibilität Erfolg haben kann. Derzeit wird das neue, für 4,5 Millionen Euro errichtete Entwicklungszentrum mit der schnellsten CNC-Fräse in Süddeutschland bezogen. Wichtiges Angebot und Bestandteil wird hier ein hermetisch abgeschlossener Studioraum sein, wo die Designer der großen Automobilfirmen die Autos von morgen entwerfen können. Selbst den Mitarbeitern von Schröter ist dieser Blick in die Zukunft des Automobils verwehrt.

Schröter erstellt für Kunden aus Rennsport, Automobilbau, Luftfahrt und Maschinenbau nicht nur Modelle von höchster Genauigkeit, sondern bietet auch die gesamte Dienstleistung um die Fertigung der Modelle an, vom Projektmanagement über die 3D-Konstruktionen bis hin zu den Modellen aus Kunststoff, Holz oder Metall. Ein originalgroßes Automodell kann innerhalb von 24 Stunden erstellt werden.

Schröter beschäftigt zurzeit 31 Mitarbeiter, davon 13 Meister und sechs Auszubildende. Ein hohes Maß an Eigen-

162. Zweitakt-Direkteinspritzer mit keramischen Motorenteilen

verantwortlichkeit der Mitarbeiter, flexible Arbeitszeit- und Entlohnungsmodelle garantieren an den Bedürfnissen der Kunden orientierte Leistung, wie sie die moderne Arbeitswelt auch im Handwerk verlangt. // J. KI.

162. Innovation ist keine Frage der Größe

Zweitakt-Direkteinspritzer mit keramischen Motorenteilen

Tirschenreuth, 2005
Edelstahl, Aluminium, Magnesium, Keramik, 30 x 20 x 15, 9 kg
Einzylinder-Zweitakt-Motor mit Wasserkühlung
Hubraum 124,8 ccm, Drehzahl max. 13 000 U/min
Kolben aus Kohlenstoff für ölfreien Betrieb
Völkl Motorentechnik GmbH
www.voelkl.net

Der Motor der Zukunft soll nicht nur leistungsfähig sein, sondern auch sehr viel weniger Emissionen produzieren. Dieser Zweitakt-Motor der Firma Völkl, geeignet für Zweiräder, Arbeitsmaschinen, Ultraleicht- und Bootsantrieb, ist ein Meilenstein auf dem Weg zum Null-Emissions-Motor: Aus modernsten keramischen Werkstoffen und mit innovativer Technologie haben die oberpfälzischen Tüftler eine Einspritzanlage konstruiert, die mit ihrem geringen Schadstoffausstoß Maßstäbe setzt. Dafür arbeiten zwölf Handwerker aus fünf verschiedenen Lehrberufen Hand in Hand. Der Betrieb hat viele Auszeichnungen erhalten, darunter den Bayerischen Staatspreis 2004 und den Bundesinnovationspreis. // J. K.

163. Partner der Industrie

A) *Palettierroboter KR 180 PA*

Augsburg, 2005
Stahl, Kunststoff, Carbonfaser, H. 237, Ø 320, 1200 kg
KUKA Roboter GmbH, Augsburg
www.kuka.de

B) *Arbeitsarm für PR 180 PA*

Gilching, 2005
Carbonfaser, geklebt, gepresst und beschichtet, L. 160
Avantgarde Technologie group GmbH, Gilching
www.avantgardetechnologie.de

C) *Schraubenschlüssel*

Gilching, 2005
Schaft aus Carbonfaser, Werkkopf mit Stahlauskleidung, L. 60
Avantgarde Technologie group GmbH, Gilching
www.avantgardetechnologie.de
www.kuka.de

Der Handwerksbetrieb von Wulfram Schmucker und seinen Mitarbeitern hat seine Wurzeln im Bootsbau. Dazu kamen der Prototypen- und Modellbau in Holz und Kunststoff sowie der Formen- und Vorrichtungsbau in Metall, Holz und Kunststoff, schließlich auch Entwicklung und Design. Die Arbeit mit den bei Bootsrümpfen verwendeten Glasfasermatten brachte die intensive Beschäftigung mit dem innovativen Material Carbonfaser

> > … …

164. Feuerlöschsystem SEMAT F 800

(CFK) mit sich, das eine besonders leichte Bauweise von mechanischen Bauteilen erlaubt. So entwickelte die Firma AT für den Roboter KR 180 PA, einem System für schnelle Verpackungsarbeiten, zunächst den Arbeitsarm und später auch den Steuerarm aus CFK, das fünf Mal leichter ist als die ursprünglichen Bauteile aus Stahl. AT liefert aus handwerklicher Fertigung diese Komponenten in Serie an KUKA. Mittlerweile gilt der KR 180 PA in seinem Design schon als moderner Klassiker.
Das Material CFK beschäftigt Wulfram Schmucker in vielfältiger Weise. Der Bayerische Stattspreis 2001 war hierfür eine Anerkennung. Neben Rahmen für Hochleistungsfahrräder hat der Betrieb auch einen extra ultraleichten Schraubenschlüssel mit CFK-Schaft entwickelt. // C. L.

164. Feuerlöschtechnik aus Augsburg

Feuerlöschsystem SEMAT F 800

Augsburg, 2005
Metall, Kunststoff, H. 145, Ø 95, Leergewicht 103 kg, Volumen 550 l
Autogenwerk Spegel GmbH & Co. KG
www.spegel.de

165. Energie-Modul-System (EMS)
EMS-Energiezentrale 1 HK

Mit dem »Semat« können Wasser und andere Flüssigkeiten vom Hubschrauber aus gezielt ausgebracht werden: Waldbrände und Ölteppiche lassen sich so mit bis zu 10 000 Litern Flüssigkeit ferngesteuert vom Cockpit aus bekämpfen. Der Apparat- und Behälterbauer Spegel produzierte in Augsburg seit 1946 zunächst Schweiß- und Schneidgeräte, heute nutzen Feuerwehren zwischen Stockholm und Singapur die innovative Löschtechnik des »Semat«. // J. K.

165. Moderne Heizsysteme prägen künftig das Installateurhandwerk.

Energie-Modul-System (EMS)
EMS-Energiezentrale 1 HK

Augsburg, 2005
Metall und andere Werkstoffe, 180 x 112 x 28, 92 kg
Eisenbeiß Solar AG, Augsburg
www.eisenbeiss-solar.de

Als Beispiel für eine moderne, zukunftsweisende Heizung präsentiert sich das System EMS. Eine Regeleinheit und ein Heizwasserspeicher bilden den Kern der Anlage. Daran angeschlossen werden können – alternativ oder auch in Kombination – neben den herkömmlichen Heizkesseln (Erdöl / Erdgas) als innovative Energieerzeuger beispielsweise ein Brenner für den nachwachsenden Rohstoff Holz (Hackschnitzel oder Pellets), eine Wärmepumpe und nicht zuletzt ein Solarmodul (Kat.-Nr. 166). // C. L.

166. Solartechnik im Handwerk

Demonstrationsanlage zur Photovoltaik

Regensburg, 2006
250 x 500 x 40
ILIOTEC Solar GmbH, Regensburg 2006
www.iliotec.de

Träger der Photovoltaik, also der Stromerzeugung aus Licht, sind Solarzellen, in denen sich stets das chemische Element Silizium befindet. Dieser Stoff wird durch starkes Erhitzen aus Quarzsand gewonnen. Je reiner das Silizium desto höher ist der Wirkungsgrad der Solarzelle; er liegt bei kristallinem Silizium derzeit bei etwa 15 Prozent, das heißt eine Lichteinstrahlung von 100 Watt auf das Solarmodul ergibt 15 Watt nutzbare Leistung. So genannte Wafer, das sind Scheiben aus kristallinem Silizium, werden im Solarmodul in Gruppen verschaltet. Durch die Lichteinstrahlung produzieren die Wafer elektrische Energie in Form von Gleichstrom. Nach Umwandlung in Wechselstrom kann Solarstrom auch in das öffentliche Netz eingespeist werden. Im Jahr 2005 war Bayern bei der Nutzung der Photovoltaik in Deutschland führend. // C. L.

167. Ökologie und Moderne im Bauwesen

A) *Modell »Terassen-Design-Haus«*

Entwurf: Stephan Rehm
Holz, Kunststoff, 30 x 60 x 60

B) *Modell »Der moderne Gutshof«*

Entwurf: Dagmar Fritz-Kramer
Holz, Kunststoff, 30 x 60 x 60
Baufritz, Erkheim
www.baufritz.com
www.econcept.org

Über mehrere Jahrzehnte hinweg prägte eine gewisse »Wollsockenästhetik« (Ursula Tischner) das Erscheinungsbild umweltbewusster Handwerksprodukte. Nachhaltige Güter für den täglichen Gebrauch ansprechender zu gestalten und so auch besser vermarkten zu können ist das

167. A) Modell »Terassen-Design-Haus«

167. B) Modell »Der moderne Gutshof«

Ziel des Forschungsprojekts »ecobiente«. Daran beteiligt sich auch das Unternehmen Baufritz im Allgäu mit seinen je nach Lebensstil unterschiedlich und modern gestalteten Fertighäusern, die seit 1979 ökologischen Ansprüchen besonders Rechnung tragen. Das 1896 von dem Zimmermann Sylvester Fritz gegründete Unternehmen hat bereits 1927 mit der seriellen Herstellung von Baufertigteilen aus Holz begonnen. // C. L.

168. Design und Handwerk

Falthocker »falter«

Entwurf: Gruppe »... 4!«
(Achim Hack, Wolfgang Kreser, Martin Bdel)
Entwicklung und Produktion: Appold Türelemente GmbH, Prichsenstadt
Beschichtete Holzwerkstoffplatte aus 3F-Board, maschinelle CNC-Fertigung, zusammengefaltet 40 x 35 x 3, aufgestellt 40 x 35 x 35
Appold Türelemente GmbH, Prichsenstadt

Der Falthocker wird in einem Stück aus einer speziellen Holzwerkstoffplatte gefertigt. Bei diesem Material, »3F-board« genannt, liegt zwischen zwei Platten eine Mittelschicht aus flexiblem Material wie z. B. Abfällen aus der

> > ... ...

168. Falthocker »falter«

Lederindustrie, gebunden mit Kautschuk. Bei der Bearbeitung kann diese Mittelschicht frei gelegt werden und so entstehen durch entsprechendes Falten dreidimensionale Strukturen ohne den Einsatz von zusätzlichen Beschlagteilen. Mithilfe von CNC-Maschinen wird der Hocker in einem einzigen Arbeitsgang gefertigt.
Der mit mehreren Preisen ausgezeichnete Entwurf der »Gruppe ...4!« aus dem Jahr 1999 wurde von dem unterfränkischen Handwerksbetrieb Appold maßgeblich durch Materialmuster, Verschleiß- und Belastungstests unterstützt. Seit 2002 produziert Appold den »falter« in Serie. // C. L.

Handwerk im Dienst der Wissenschaft

169. Medizintechnik

Skelett »Edgar« mit Implantaten

Weisendorf, 2005
Kunststoff, Titan, 180 x 200 x 70
Peter Brehm GmbH, Nürnberg

Die Firma Peter Brehm gehört zu den führenden Anbietern künstlicher Gelenke. Aus Titan und anderen Werkstoffen entwickelt und fertigt der Handwerksbetrieb Peter Brehm Medizintechnik mit modernsten Werkstoffen vor allem Implantate für die Wirbelsäule, künstliche Hüftgelenke und Knie sowie medizinische Instrumente. Die dabei eingesetzten hochwertigen Titanwerkstoffe sind biokompatibel und haben eine hohe Körperverträglichkeit. Die Elastizität des Materials garantiert zudem eine wesentlich längere Haltbarkeit der künstlichen Gelenke.
Die Philosophie des Unternehmens geht davon aus, dass Innovation nur bei gleichzeitig hoher Qualität der Produkte und Wirtschaftlichkeit in der Anwendung gelingen kann. Gerade die Medizintechnik befindet sich heute in einem ökonomischen Spannungsfeld, in dem die Kluft zwischen dem medizinisch Machbaren und dem ökonomisch Finanzierbaren immer größer wird. Die Firma Peter Brehm will den überproportional gestiegenen gesundheitspolitischen, ökonomischen und technologischen Anforderungen auch in Zukunft gerecht werden. Die enge Zusammenarbeit mit der Universität und den Forschungseinrichtungen im »Medical Valley« Erlangen und an anderen Standorten ist dabei ebenso selbstverständlich wie der Einsatz neuester Techniken und Fertigungsgeräte. Aber auch die Wahrung der Eigenständigkeit gehört zu den Leitlinien des aufstrebenden Unternehmens. // J. K.

170. Handwerker und Konstrukteur

Universalgreifer

Torsten Siedel (geb. 1981)
Bernried / Obb., 2003
Metall, Gummi, Kunststoff, H. 64, Radius 108, 40 kg
Torsten Siedel
www.sieto.de

Der »Universalgreifer«, entwickelt in den Jahren 2000 bis 2003, stellt ein neuartiges und gleichzeitig sehr leicht fern zu bedienendes Greifsystem dar. Es ahmt die menschliche Hand sowohl in ihrer Form als auch in sämtlichen Bewegungsmöglichkeiten ihrer Gelenke und Glieder, in ihrer Schnelligkeit und Kraft nach.
Anders als bei herkömmlichen, für Spezialzwecke entwickelten Greifer-Konstruktionen ist deshalb das Spektrum seiner Anwendungen denkbar umfangreich. Nahe liegend sind der Einsatz im Bereich Prothetik sowie die Verwendung in der immer mehr an Bedeutung gewinnenden Servicerobotik. // T. S.

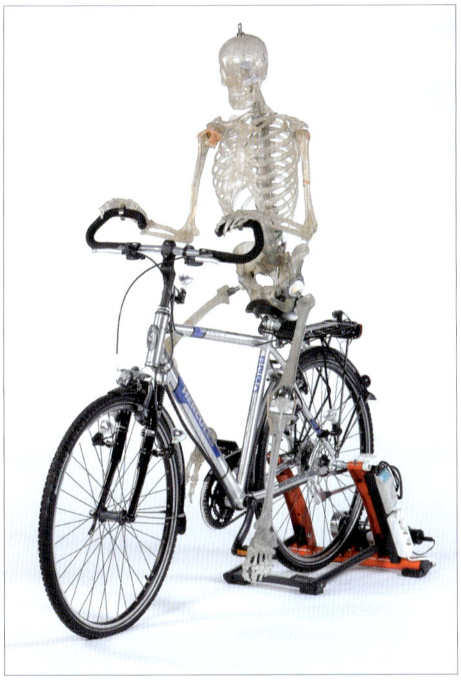

169. Skelett »Edgar« mit Implantaten

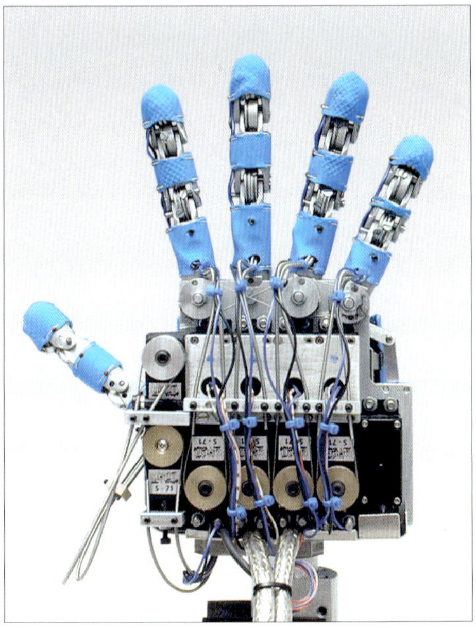

170. Universalgreifer

171. Für Industrie und Wissenschaft

Werkkopf einer Presse

Mainleus, 2005
Metall, H. 30, Ø 55
Voggenreiter GmbH
www.voggenreiter-gmbh.de

Die Maschinenbaufirma Max Voggenreiter GmbH mit Sitz in Mainleus wurde von Max Voggenreiter 1970 gegründet. Der Einmannbetrieb wurde kontinuierlich ausgebaut und den breit gefächerten Bedürfnissen angepasst. Mit staatlicher Unterstützung im Rahmen der Grenzlandförderung wurde der Kundenkreis kontinuierlich erweitert. Voggenreiter wurde zu einem wichtigen Partner der Industrie und vor allem von Universitäten, wenn es galt spezielle Maschinen für den Einsatz in den Labors und in der Fertigung zu entwickeln. Oft in enger Zusammenarbeit mit dem Kunden entstanden neue Lösungen. Heute beschäftigt der Betrieb 25 Mitarbeiter und besitzt ein hauseigenes Konstruktionsbüro, das für rund 80 Prozent des Umsatzes die Voraussetzungen schafft.
Beispielhaft für die Leistungsfähigkeit der Firma ist die Zusammenarbeit mit Universitäten, z. B. den Geologen und Umweltwissenschaftlern der Ludwig-Maximilians-Universität in München oder dem Bayerischen Geoinstitut an der Universität Bayreuth. Für den wissenschaftlichen Betrieb fertigt Voggenreiter hydraulische Spezialpressen, welche die programmierbare Steuerung beliebiger Kraft-Zeit-Kurven, auch über mehrere Tage, ermöglichen. Die von Voggenreiter gefertigten hydraulischen Prozesspressen arbeiten mit 30 bis 1750 t Presskraft.
Zurzeit entsteht bei Voggenreiter in Zusammenarbeit mit dem GeoforschungsZentrum in Potsdam eine 17,5 MN Prozesspresse mit servomotorisch angetriebenem Koordinationstisch. Die Presse mit ca. 30 t Gesamtgewicht kann Horizontal-, Vertikal- und Drehbewegungen mit einer Genauigkeit von 0,01 mm ausführen. Eingesetzt wird die Presse dann beim Deutschen Elektronen Synchroton DESY in Hamburg. // J. K.

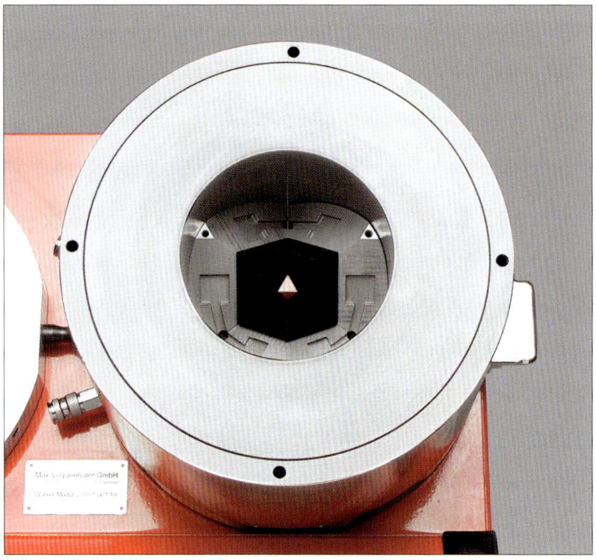

171. Werkkopf einer Presse

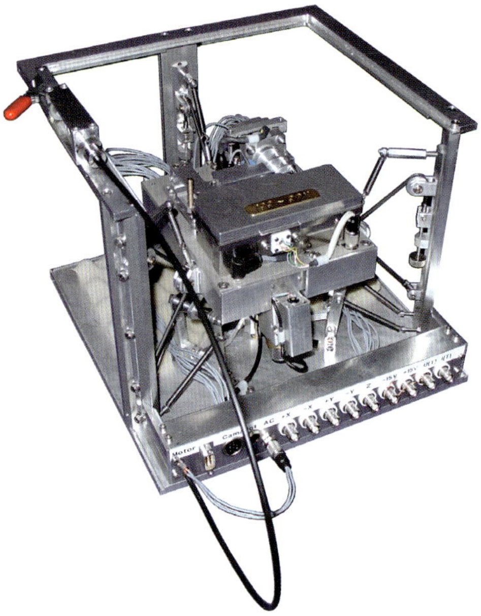

173. Rastertunnelmikroskop
für die Internationale Raumstation ISS

172. Aus der Werkstatt in das Weltall

Ankerharpune der Landesonde ROSETTA

Max-Planck-Institut für extraterrestrische Physik, Bereich Mechanik Garching, Entwicklung ab 1996, Bau 2000 bis 2003
Aluminium- und Titanlegierungen, 55 x 60 x 50, (Display mit Ankerharpune), 8 kg
Max-Planck-Institut für extraterrestrische Physik, Garching
www.dlr.de

Am 2. März 2004 startete auf der europäischen Weltraumbasis Kourou in Französisch Guyana mit einer Trägerrakete ARIANE 5 G die Weltraumsonde ROSETTA. Die Europäische Weltraumorganisation ESA will mit dieser Mission gezielt den Kometen Tschurjumow-Gerasimenko erkunden. Die Landung auf dem Kometen ist für November 2014 vorgesehen. Hierfür führt ROSETTA an Bord eine kleine autonome Tochtersonde PHILAE mit – die Landeeinheit, der so genannte ROSETTA LANDER, wurde unter Leitung des Deutschen Zentrums für Luft- und Raumfahrt (DLR) gebaut.
Eine wesentliche Komponente für den Erfolg dieses Missionsabschnitts ist das System zur Verankerung von PHILAE auf der Oberfläche des Kometen. Diese Ankerharpune wurde in Garching bei München in enger Zusammenarbeit von dem Ingenieur Markus Thiel und dem Techniker Christian Rohé, einem im Handwerk ausgebildeten Feinmechaniker, erdacht und gebaut. Nach Zündung einer Treibladung verankert sich die handspannenlange Harpune im Kometen und erlaubt zugleich die Übertragung von Messdaten. // C. L.

173. Handwerk und Nanotechnologie

Rastertunnelmikroskop für die Internationale Raumstation ISS

Thilo Bellinger und Paul Hix
Günter Hesberg und Wolfgang M. Heckl
München, 2003
Aluminium, Edelstahl, Superinvar, Macor, 35 x 30 x 45, 10 kg
Ludwig-Maximilians-Universität München, Sektion Kristallografie
www.nano.geo.uni-muenchen.de
www.ennab.de, www.nano-in-space.de

Die Untersuchung der Oberflächen neuer Materialien und biologischer Proben, die in der Schwerelosigkeit hergestellt worden sind, ist für die wissenschaftliche Forschung von großem Interesse. Für diese Aufgabe ist ein Rastertunnelmikroskop (STM) bestens geeignet. Durch Abtasten der Oberfläche des Präparats mit einer Sonde wird eine Auflösung im Nanobereich erreicht (zur Nanotechnologie vgl. den Beitrag von Wolfgang M. Heckl und Paul Hix in diesem Band).

Da kommerziell erhältliche Ratertunnelmikroskope für den Einsatz in der Schwerelosigkeit ungeeignet sind, entstand unter Förderung der ESA und in Zusammenarbeit mit der Firma Kayser-Threde GmbH ein Gerät für die Internationale Raumstation ISS in der Feinmechanikwerkstatt des Departments für Geo- und Umweltwissenschaften der Universität München. Weil die Arbeitsstunde eines Astronauten im All enorm teuer ist, galt es Aufbau, Bedienung und Justierung des Mikroskops zu vereinfachen und das Messen weitgehend zu automatisieren. Speziell für den Einsatz in der Schwerelosigkeit wurden eine neuartige Schwingungsisolierung mit Arretierungsmechanik entwickelt und eine elektronische Kamera zur Kontrolle von der Erde aus integriert. Im Frühjahr 2005 erhielt das Mikroskop den Bayerischen Staatspreis für besondere gestalterische und technische Leistung im Handwerk. // P. H.

174. Feierabend

Inszenierung

Entwurf: Fritz Armbruster
Haus der Bayerischen Geschichte, Augsburg

»Feierabend!« Dieser Ruf bedarf im Arbeitsleben keiner Erläuterung. »Feyerabend machen, aufhören zu arbeiten«, so hat Andreas Schmeller den Begriff in seinem berühmten Bayerischen Wörterbuch erläutert. Bis heute hat sich diesbezüglich wenig geändert. »Öitz machma Feieraomd«, so kann man im Bayerischen Wörterbuch unserer Tage den Sprachgebrauch etwa in Hohenburg im Landkreis Parsberg nachvollziehen. Mit dem Feierabend wird vor allem bäuerliche und handwerkliche Arbeit assoziiert, wenngleich der Begriff auch in anderen Bereichen des Arbeitslebens Verwendung fand und findet. Unter Feierabend versteht man in Bayern wie andernorts das Ende der Arbeitszeit oder die Tageszeit nach Arbeitsschluss.
Darüber hinaus bedeutet der Feierabend aber mehr, nämlich die nicht exakt bemessene kürzere Zeitspanne, in der die Kollegen nach Arbeitsschluss noch zusammensitzen oder -stehen, sich entspannen und nicht selten etwas trinken. Im Gespräch blickt man auf den Arbeitstag zurück, Privates kommt zum Austausch, Verabredungen für den Abend oder das Wochenende werden getroffen, Politik, Sport und Sonstiges werden kommentiert, bevor man den Arbeitsplatz verlässt und sich dem privaten Leben zuwendet.
Wie schon der Wortbestandteil »Feier« erkennen lässt, ist Feierabend ist ein überwiegend positiv besetzter Begriff. Im Volkslied wird er besungen und genauso wie im Volkstheater oder im modernen Schlager, etwa von Peter Alexander, mit angenehmen Emotionen stilisiert. Bevor die Uhr und künstliches Licht den Arbeitsrhythmus wesentlich bestimmten, war das am Tageslauf der jeweiligen Jahreszeit ausgerichtete Angelus- oder Gebetläuten das Signal für den Feierabend, an Werktagen am Abend, an Samstagen und vor Feiertagen meist in der Mitte des Nachmittage. // F. K.

Lit.: Schmeller, Johann Andreas: Bayerisches Wörterbuch, bearb. von G. Karl Fromann, 4 Teile 1827–1837, 2. mit des Verfassers Nachträgen vermehrte Ausgabe, München 1872–1877; Bayerisches Wörterbuch, hg. von der Kommission für Mundartforschung, Bd. 1, A–Bazi, München 2002 (Bayerisch-östereichisches Wörterbuch, II. Bayern) (Rowley, Antony R.: Artikel »Abend«, Spalte 19–31, hier Spalte 23f.)

AUFSÄTZE

...

NANOFORSCHUNG AUS BAYERN IN DER SCHWERELOSIGKEIT

von Wolfgang M. Heckl und Paul Hix

Die Nanoforschung aus Bayern könnte bald unsere gewohnte Umgebung verlassen und in die Erdumlaufbahn aufsteigen. Ein an der Ludwig-Maximilians-Universität München entwickeltes Rastersondenmikroskop für die Internationale Raumstation ISS wird es ermöglichen in der Schwerelosigkeit sowohl Grundlagen- wie auch angewandte Forschung auf einer Nanometerskala zu betreiben.

Was ist Nano?

In den letzten zwei Jahrzehnten hat sich ein interdisziplinäres Arbeitsfeld entwickelt, das sich mit der Erforschung neuer Eigenschaften im Bereich von sehr kleinen Dimensionen befasst: die Nanowissenschaften. An den Grenzen zwischen Physik, Chemie, Molekularbiologie und Materialwissenschaften haben sich verschiedenste Technologiefelder im Größenbereich von etwa einem halben bis hundert Nanometern, sprich Milliardstel Metern, entwickelt. Die Beherrschung des Aufbaus von Materie auf dieser Nanometerskala soll zu Produkten und Anwendungen führen, die neuartige Eigenschaften aufweisen. Die ersten Beispiele hierfür sind bereits auf dem Markt, wie etwa Schmutz abweisende Fassadenfarben und Textilien oder antibeschlagbeschichtete Glasprodukte.
Einfach gesagt sollen Nano-Bausteine, also Atome und Moleküle, dazu gebracht werden sich selber zu einer funktionellen Struktur zusammenzubauen. Die Natur macht uns solche Prozesse jeden Tag vor – das Wachstum aller Lebewesen geschieht in den einzelnen Zellen, wo auf molekularer Ebene Nährstoffe in Bausteine des Lebens umgewandelt werden. Bei diesen Prozessen arbeiten Ribosomen in den Zellen wie molekulare Baumaschinen, die, nach Ablesen der Instruktionen der Blaupause mRNA, aus einzelnen Aminosäuren neue Proteine synthetisieren. Es gibt aber auch komplexe natürliche Nanomaschinen wie zum Beispiel die Flagellen, die Antriebseinheiten von Bakterien, die molekulare Energie in Bewegung umsetzen. Um einen Einblick zu bekommen, auf welcher Größenordnung diese Prozesse ablaufen, eignet sich ein Vergleich: Wäre ein Atom so groß wie ein Fußball, so wäre ein Sandkorn so groß wie die Erde.
Bereits im Jahr 1959 hat Richard Feynman in seiner Rede »There's plenty of room at the bottom« vorgeschlagen Gegenstände Atom für Atom aufzubauen. Anstatt z. B. ein Bauteil aus einem Metallblock herauszufräsen, würde man dieses aus den einzelnen Metallatomen zusammenbauen. Dies würde nicht nur zu Materialeinsparungen führen, sondern auch die Effizienz und Lebensdauer von Produkten steigern, da Toleranzen verringert und Materialfehler eliminiert werden. Zudem würde sich die Umweltbelastung reduzieren, da kaum noch Abfälle produziert würden. Schon heute erhältliche Produkte wie Schmutz abweisende oder selbstreinigende Oberflächen schonen die Umwelt durch das Einsparen von Wasch- und Reinigungsmitteln. In nächster Zukunft sind Autos denkbar, die keine Waschanlage benötigen, Geschirr, das nur kurz abgebraust werden muss, oder Fenster, die nie wieder geputzt werden müssen. Genauso denkbar sind auch superschnelle Quantencomputer mit Speichermedien, die den Inhalt ganzer Bibliotheken auf der Fläche einer Briefmarke unterbringen können. Welche der an sie gestellten Erwartungen die Nanotechnologie wirklich erfüllen kann, wird die Zukunft zeigen. Auf jeden Fall hat sie das Potenzial unsere Lebensqualität zu verbessern und dabei noch unsere Umwelt zu schonen.

Vom Plattenspieler zum Rastersondenmikroskop

Um nun in der Nanodimension Forschung und Entwicklung zu betreiben sowie Innovationen zu ermöglichen, die letzten Endes zu Produkten führen, ist ein so genanntes Rastersondenmikroskop notwendig. Ausgehend von der Erfindung des Rastertunnelmikroskops durch Gerd Binnig und Heinrich Rohrer, die 1986 dafür mit dem Nobelpreis für Physik ausgezeichnet wurden, ist unter dem Überbegriff der Rastersondenmikroskope (englisch: Scanning Probe Microscope – SPM) ein breites Spektrum von Geräten entwickelt worden. Allen ist gemeinsam, dass sie, ähnlich wie ein Plattenspieler, die Oberfläche einer Probe mit einer sehr feinen Messspitze rasterförmig abtasten, wodurch ein Abbild der Probenoberfläche mit bis zu milliardenfacher Vergrößerung erzeugt wird. Bei all diesen Mikroskopen ist eine gute Schwingungsisolierung von entscheidender Bedeutung, da Messungen in der Größenordnung von Nanometern gegenüber Vibrationen aller Art störungsempfindlich wären. Die verschiedenen Sondenmikroskope machen sich unterschiedliche physikalische Eigenschaften zunutze, um dieses Abbild zu erzeugen:

- Beim Rastertunnelmikroskop (Scanning Tunneling Microscope – STM) wird eine Spannung zwischen Spitze und Probe angelegt. Bei einem geringen Abstand zwischen Spitze und Probe fließt dann der so genannte Tunnelstrom. Zum Abbilden ist es möglich entweder die Veränderungen des Tunnelstroms zu messen (constant-height mode) oder aber durch ein elektronisches Rückkoppelungssystem den Tunnelstrom konstant zu halten und so mit der Spitze der Oberflächentopografie nachzufahren (constant-current mode). Die Leistungsfähigkeit eines STM kann anhand der direkten Sichtbarmachung von einzelnen Atomen demonstriert werden. Als Werkzeug benutzt, kann sogar ein atomares Loch erzeugt werden (Guiness Book of Records 1993, »kleinstes Loch der Welt«, W. M. Heckl & J. Maddocks).
- Das Rasterkraftmikroskop (Atomic Force Microscope – AFM) misst mechanisch die Kräfte, die zwischen Spitze und Probe auftreten (van der Waals-Kraft, elektrostatische Abstoßung). Die Messspitze ist hierbei an einer kleinen Blattfeder befestigt. Ein Laser, der auf diese Feder fokussiert ist, registriert über einen Detektor alle Auslenkungen der Spitze und erzeugt so ein Abbild der Oberflächentopografie.
- Das Magnetkraftmikroskop (Magnetic Force Microscope – MFM) arbeitet ähnlich wie das AFM, nutzt aber die magnetischen Eigenschaften der Materie aus, um ein Abbild der Oberfläche zu generieren.
- Beim Optischen Nahfeldmikroskop (Scanning Nearfield Optical Microscope – SNOM) passiert ein Laserstrahl eine Blende mit einem Durchmesser, der kleiner ist als die Wellenlänge seines Lichts. Eine Probe, die nur wenige Nanometer unter dieser Apertur abgerastert wird, kann nun aufgrund optischer Nahfeldeffekte mit einer weit höheren Auflösung mikroskopisch untersucht werden, als dies mit einem normalen optischen Mikroskop möglich wäre.

Diese Rastersondenmikroskope sind für die Wissenschaftler, die sie bedienen, die Augen und Tastfinger für den Nanokosmos. Keine andere Mikroskopietechnik ist zur Zeit in der Lage Probenoberflächen mit einer so hohen Auflösung abzubilden. Zudem ist die Handhabung dieser Mikroskope relativ einfach, da sie in den meisten Fällen ohne aufwändige Probenpräparation auskommen und Messungen unter Normalbedingungen an der Luft durchgeführt werden können.

Das Nanoschnitzel

Es ist mit diesen Geräten auch möglich auf dieser Skala Materie zu manipulieren und Atome oder Moleküle gezielt anzuordnen. »In 100 Jahren werden die Menschen zurückblicken und sich fragen, warum Kühe gezüchtet wurden, um uns mit Fleisch zu versorgen. Anstelle der heutigen Methode wird man die Atome und Moleküle, die ein Schnitzel ausmachen, zusammen mit Wasser in eine Nanowelle – ein Gerät wie etwa eine Mikrowelle – geben und auf die ›Schnitzel-Taste‹ drücken. Dabei wird nicht etwas Neues erfunden, sondern es werden die Grundelemente so zusammengefügt, wie es die Natur auch macht.«

Obwohl das »Nano-Schnitzel« noch weit in der Zukunft liegen dürfte, gibt es zum gegenwärtigen Zeitpunkt bereits auf mittlere Sicht verschiedene viel versprechende Anwendungsmöglichkeiten für Nanotechnologien, etwa in den folgenden Bereichen:

- Biopharmazie, z. B. Drug Delivery Systeme (Deposition von Wirkstoffen, Umhüllung von Tabletten),
- medizintechnische Materialien und Verfahren, z. B. funktionelle Materialien (Wundverbände, Bakterien abtötende Textilien) und Oberflächen (inkl. Tissue Engineering), Prothetik, Implantate, künstliche Organe,
- Biochips, z. B. DNA-Chips (Diagnostik, differenzielle Genexpression, Qualitätskontrolle von synthetischen Genen),
- Biosensoren, z. B. Sensoren / Detektoren für Lebensmittel- und Abwässerkontrolle,
- Lebensmitteltechnologie, z. B. Zusätze und Funktionalisierung von Lebensmitteln auf naturnaher Basis (Emulgatoren, Haltbarkeitsverlängerung),
- Biokatalytik, z. B. enkapsulierte Enzymreaktionen, Verhinderung »thermischer Alterung« von Katalysatoren durch Nanopartikel.

Längerfristig wird sich das Spektrum der nanotechnologischen Anwendungen zunehmend verbreitern. In Bereichen wie der Bioelektronik und der Molekularelektronik sind biopolymere Drähte oder DNA-Computer vorstellbar. Durchbrüche wird es aber auch im Naturschutz und in der Energieerzeugung geben, etwa durch neue Metall-Recycling-Konzepte oder Anwendungen in der Photovoltaik oder künstlichen Fotosynthese. Darüber hinaus wird es wahrscheinlich auch Entwicklungen geben, die man heute nicht vorhersehen kann.

Forschung in der Schwerelosigkeit

Um diese Visionen in die Wirklichkeit umzusetzen, ist noch viel Grundlagenforschung notwendig. Hierbei ist die Forschung in der Schwerelosigkeit ein wichtiger Bereich, der für Nanowissenschaftler noch nicht erschlossen ist. Die meisten physikalischen, chemischen und biologischen Vorgänge auf unserer Erde werden grundlegend von der Schwerkraft beeinflusst. Wenn dieser Einfluss aufgehoben wird, wie es auf der Internationalen Raumstation der Fall ist, so lassen sich völlig andere Phänomene beobachten. Eine Kerze, zum Beispiel, brennt nicht mit gelber Flamme, sondern, aufgrund der Abwesenheit von Konvektionsströmen, mit einer sphärischen blauen Flamme. Ähnlich interessante Phänomene sind auch auf der Nanometerskala denkbar. Um diese zu untersuchen, bietet sich die ISS an, da sie eine stabile und zuverlässige o-g-Plattform bietet, in der Experimente auch über lange Zeiträume hinweg betrieben werden können. Zudem sind menschliche Eingrive und Auswertungen jederzeit möglich.

Auf einer Tagung zum Thema »Nanotechnology in Space« stellte W. Luther vom VDI fest, dass die Nanotechnologie von zukünftigen ISS-Projekten profitieren werde. Auf einer kleinen Skala würde es insbesondere sinnvoll sein, schwache Wechselwirkungen und Kräfte, deren Auswirkungen auf der Erde vom Einfluss der Schwerkraft unterdrückt werden, zu untersuchen. Aus diesem Grund plant nun eine Gemeinschaft von Wissenschaftlern aus München, Hannover und Florenz (Koordination: Wolfgang M. Heckl) eine Reihe von Experimenten auf der ISS. Diese sollen einen Anfangspunkt für die Nanowissenschaft in der Schwerelosigkeit markieren.

SONOS – das Rastersondenmikroskop für die ISS

Am Department für Geo- und Umweltwissenschaften der Ludwig-Maxilmilians-Universität München wurde im Auftrag der Europäischen Raumfahrtagentur ESA, in Kooperation mit den Münchner Luft- und Raumfahrtspezialisten der Firma Kayser-Threde und unter der Leitung von ENNaB, dem Excellence Network NanoBio-Technology, im Jahr 2003 der Prototyp eines SPM für den Einsatz in der Schwerelosigkeit entwickelt. Basis hierfür war ein erprobtes Laborgerät, das seit über zehn Jahren verwendet und weiterentwickelt wurde: das ebenfalls selbst konstruierte und selbst gebaute Pocket-Size STM. Unter dem Projektnamen SONOS (Scanning Probe Microscope for Bio and Nanotechnology Onboard the International Space Station ISS) waren die Hauptentwicklungsziele eine leichte Bedienbarkeit, einfacher Proben- und Spitzenwechsel sowie eine an die Schwerelosigkeit angepasste Schwingungsisolierung. Außerdem waren minimaler Platzbedarf und ein geringes Gewicht wichtig.

Es wurden zwei unterschiedliche Prototypen konstruiert und gebaut, wobei der erste SONOS-Prototyp bereits zahlreiche innovative Features aufwies, die zur Erfüllung der Konstruktionsvorgaben notwendig waren. Der Messkopf wurde zwar unverändert vom Pocket-Size STM übernommen, zur Grobannäherung der Probe wurde jedoch anstelle von Mikrometerschrauben ein Schrittmotor eingebaut. Die zum Messen notwendige Schwingungsisolierung des Geräts wurde durch eine 4-Punkt-Gummibandaufhängung realisiert. Dieses System ist an einen Arretierungsmechanismus gekoppelt, der die Schwingungsisolierung nur bei Bedarf freigibt. Durch diese Anordnung ist es möglich, das Gerät zu transportieren sowie problemlos Probe und Spitze zu wechseln. Zusätzlich wurde zur optischen Kontrolle der Probe und der Spitze eine manuell verstellbare Kamera eingebaut.

Das zweite SONOS-Gerät wurde in zahlreichen Details verbessert. Unter anderem wurde die Wartungsmöglichkeit durch den Einsatz eines Doppelbodenplattensystems verbessert, welches das gemeinsame Schwingungsdämpfungs- und Arretierungssystem vom eigentlichen Mikroskop trennt. Dies erleichtert Reparaturen oder Modifikationen des Geräts um ein Vielfaches. Eine weitere wesentliche Änderung betraf das Schwingungsdämpfungssystem, das von einer 4-Punkt- zu einer leichter zu justierenden 3-Band-Aufhängung umkonstruiert wurde. Außerdem hat man die Verstellung der Probenkamera durch den Einbau kleiner Motoren auf einen elektrischen Betrieb umgestellt, was die Fernbedienbarkeit des Geräts erheblich steigert. Zudem gelang es, die Ausmaße und das Gewicht des Mikroskops gegenüber dem ersten Prototypen weiter zu reduzieren.

Das SONOS-Gerät wird von der Erde aus ferngesteuert bedienbar sein, lediglich zum Proben- und Spitzenwechsel ist ein Astronaut an Bord der ISS erforderlich. Da die jeweilige Messkonfiguration an die experimentellen Bedürfnisse verschiedener Proben angepasst werden kann, wird es möglich sein ein breites Forschungsspektrum abzudecken. Eine Untersuchung von Nanobeschichtungen wird ebenso vorgenommen werden können wie die Erforschung mikrobiologischer Prozesse in der Schwerelosigkeit oder eine genauere Bestimmung der Newton'schen Gravitationskonstante.

Zusammen mit dem Elektroniksystem des SONOS-Geräts passt das Mikroskop in ein 8 (TBC)-PU Powered International Subrack Interface Standard (ISIS) Drawer oder in ein Middeck Locker (MDL). Die Elektronik wurde in enger Zusammenarbeit mit der Universität von einem externen Spezialisten entwickelt. Dieses System, das alle Funktionen des Mikroskops kontrolliert, kann sowohl vor Ort als auch über ein Uplink von der Erde aus bedient werden. Zudem ermöglicht eine integrierte Ethernet-Schnittstelle die problemlose Kommunikation mit dem Bordsystem der ISS.

Entwicklung und Bau von SONOS

Bei der Entwicklung und beim Bau des SONOS-Geräts war die enge Zusammenarbeit zwischen den Wissenschaftlern und den Feinmechanikern der Universitätswerkstatt von entscheidender Wichtigkeit. Ohne stetigen Ideenaustausch und Absprachen zwischen Diplomanden und Werkstattpersonal wäre es nicht möglich gewesen dieses Gerät zu entwickeln. Auf der einen Seite hat ein Student der Geowissenschaften wenig Erfahrung etwa mit Werkstoffen, Bohrtoleranzen oder maschinellen Fertigungsmethoden, andererseits bedeutet die Herstellung der wissenschaftlichen Geräte eine Herausforderung für die Feinmechaniker, die ihre Produktionsmethoden auf höchstes Niveau bringen müssen. Auch für die Lehrlinge, die in der Werkstatt ausgebildet werden, ist die Arbeit an Prototypen und Einzelstücken sowohl lehr- als auch abwechslungsreich, da sie mit neuen Materialien wie Glaskeramiken oder hoch spezifischen Sonderlegierungen konfrontiert werden, die sehr unterschiedliche Bearbeitungstechniken benötigen, welche die Auszubildenden sonst nur in der Theorie erlernen würden.

Auch der Einsatz von 3D-CAD Software war von unschätzbarem Wert. Diese Konstruktionshilfe hat viel dazu beigetragen eigene Ideen umsetzen und im Detail perfektionieren zu können. Die Kommunikation dieser Ideen und der daraus entwickelten Bauteile mit der Feinmecha-

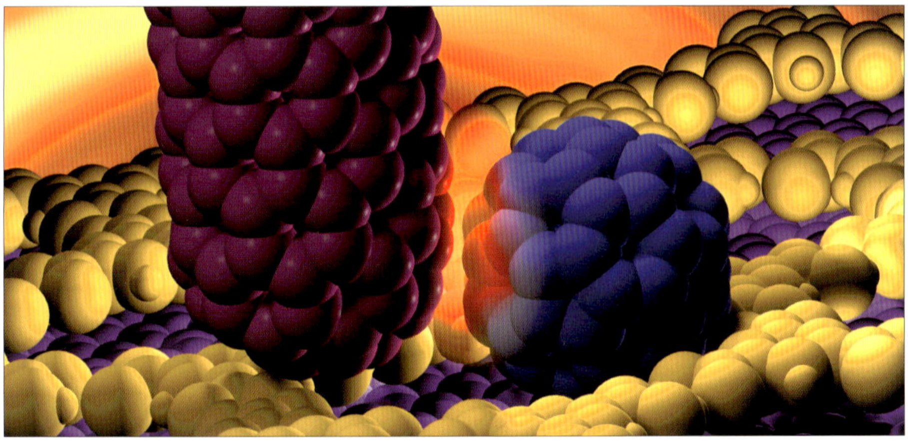

Fußball mit einem Molekül über 2 milliardstel Meter Distanz
Das kleinste Fußballspiel der Erde
Wolfgang M. Heckl, Deutsches Museum und LMU München, 2004

nikwerkstatt wurde dadurch wesentlich erleichtert. So konnte man anhand von 3D-Ansichten und Simulationen komplexe Teile und Baugruppen unmissverständlich präsentieren und auftretende Probleme gemeinsam erörtern.

Geplante Versuche auf der ISS

Wissenschaftler aus der ganzen Welt sollen Zugang zum SONOS-Mikroskop haben, um ihre eigene Forschung in der Schwerelosigkeit durch hoch auflösende Oberflächenbilder vor Ort auf der ISS zu ergänzen und zu vertiefen. Dies ist vor allem wichtig für Proben, deren Rücktransport zur Erde aufwändig oder gar unmöglich wäre, da sie unter Einfluss der Schwerkraft kollabieren würden. Man wird aber auch in der Lage sein, bei unerwarteten Ergebnissen die jeweiligen experimentellen Parameter an die neuen Erkenntnisse anzupassen, was eine höhere Flexibilität in der Forschung auf der ISS sicherstellt.
Neben den rein wissenschaftlichen Ergebnissen sollen die drei unten beschriebenen Versuche einen Anstoß dazu geben das Potenzial der Forschung auf atomarer Skala in der Schwerelosigkeit besser auszunutzen. Der volle Umfang dieses Gebiets kann zwar noch nicht überblickt werden, jedoch werden sich mit Sicherheit durch den Aufbruch der Nanowissenschaften in die Schwerelosigkeit neue Forschungsfragen mit vielfältigen Anwendungsmöglichkeiten auftun. Darüber hinaus werden neue Erkenntnisse über grundlegende physikalische, chemische und molekularbiologische Prozesse gewonnen. Und man darf davon ausgehen, dass auch neue Erkenntnisse über das Leben auf der Erde, seine Entstehung und die damit verbundenen biologischen Abläufe erlangt werden.

Ursprung des Lebens

Als erstes Experiment auf der ISS sollen mit dem SONOS-Gerät Nukleinsäurebasen in Hinblick auf ihre Funktion beim Ursprung des Lebens untersucht werden. Es wird vermutet, dass sich die größeren Bausteine des Lebens durch eine selbstorganisierende Ablagerung von Ursuppe-Molekülen an einer Mineraloberfläche gebildet haben könnten. Kurz gesagt, schwappte die Ursuppe auf einen Stein, wo sich dann beim Austrocknen komplexe Molekülstrukturen formten. Eine stetige Wiederholung dieses Prozesses, etwa durch Gezeitenwirkung, hat möglicherweise dazu geführt, dass sich die ersten Proteine gebildet haben. Auf der ISS soll der Einfluss der Konvektion bzw. Sedimentation auf diesen Vorgang untersucht werden. Es ist unter der Leitung von Prof. Heckl geplant diesen Prozess im Experiment nachzuahmen. Auf eine vorgeheizte Grafitoberfläche sollen verschiedene Lösungen mit DNA-Basen aufgetragen werden. Bei der Verdampfung des Lösungsmittels werden sich die Basen in einem Selbstorganisationsprozess in regelmäßigen Strukturen anordnen, wobei die Unterschiede dieser Strukturen zu denen auf der Erde erforscht werden sollen. Auf diese Weise will man neue Erkenntnisse über die grundlegenden Prozesse bei der Bildung von komplexen biologischen Molekülen erhalten. Zudem werden wir Aufschluss darüber gewinnen, ob ähnliche Prozesse im Weltraum, z. B. auf einem Kometen oder Asteroiden, stattgefunden haben könnten, was zu Spekulationen anregen würde, dass das Leben auf unserer Erde außerirdischen Ursprungs sein könnte.

Züchtung von Proteinkristallen

Eines der wichtigsten Forschungsziele der Biowissenschaften ist das strukturelle Verständnis von Proteinen, den grundlegenden Bausteinen des Lebens. Diese verrichten zahllose spezifische und komplexe Tätigkeiten innerhalb biologischer Zellen und deren Membranen. Es ist bekannt, dass die biologische Funktion und Wirkungsweise eines Proteins stark von seiner räumlichen Struktur abhängt. Viele Funktionen, wie etwa Molekültransport, Signalübertragung oder biophysikalische Katalyse, benötigen zudem komplexe strukturelle Bewegungen innerhalb des Proteins. Das Verständnis dieser Strukturen und Abläufe ist daher notwendig, um etwa neue Medikamente oder auch auf Proteinen basierende nanomechanische Motoren, Generatoren oder Ionenschleusen zu entwickeln. Hierfür ist es aber erforderlich die genaue funktionelle Anordnung der Aminosäureketten mit atomarer Genauigkeit zu bestimmen.
Diese Bestimmung geschieht häufig anhand speziell gezüchteter Proteinkristalle. Dies ist bereits ein wichtiges Forschungsgebiet auf der ISS, da die in Schwerelosigkeit erzeugten Kristalle eine sehr viel höhere Qualität aufweisen als die auf der Erde gezüchteten. Viele spezifische Proteinkristalle brechen unter Einfluss der Schwerkraft entweder leicht in sich zusammen oder lassen sich erst gar nicht züchten.
Unter der Leitung von Prof. Kolb von der Universität Hannover sollen nun die Prozesse beim Kristallwachstum mit dem SONOS-Gerät auf einer atomaren Skala beobachtet und analysiert werden. Ein Vergleich mit Ergebnissen erdgebundener Experimente wird dann zu weiteren Einsichten in die Kristallisationsprozesse und damit auch in die Struktur und den Aufbau einzelner Proteine führen. Zum einen wird dies dazu beitragen die Qualität von gezüchteten Proteinkristallen durch Verbesserung der Kristallisationsbedingungen zu steigern. Andererseits wird es, dank einem tieferen Verständnis vom Aufbau, Bildungsprozess und der Funktion einzelner Proteine, möglich sein neue Medikamente und Therapiemöglichkeiten zu entwickeln, zum Beispiel gegen Krebs, Diabetes oder die Alzheimerkrankheit.

Zelluläre Regeneration

Der bei Astronauten auftretende Muskelschwund ist, trotz verschiedener körperlicher Trainingsprogramme, bei der Durchführung längerer Weltraummissionen ein stark begrenzender Faktor. Schon nach einem kurzen Aufenthalt in der Schwerelosigkeit ist die Abnahme an Muskelmasse deutlich messbar. Im Hinblick auf längere Missionen im Weltraum, etwa eine bemannte Mission zum Mars, muss eine Lösung für dieses Problem gefunden werden. Aus diesem Grund wollen Prof. Francini und sein Team von der Universität Florenz im dritten geplanten Experiment die Auswirkungen von Sphingosin 1-Phosphat (S1P), einem bioaktiven Lipid, auf Muskelzellen in Schwerelosigkeit untersuchen.
Diese körpereigene Substanz kommt im Plasma von verletzten Zellen vor und trägt zum Heilungsprozess einer verwundeten Stelle bei. Es ist denkbar, dass dieses Lipid bei geeignetem Einsatz den Muskelschwund als eine Art Verletzung erkennt und einen Heilungsprozess einleitet, die dem entgegenwirkt. Man erhofft, durch die Bestimmung der genauen Funktion dieses Lipids unter Ausschluss der Schwerkraft ein Medikament gegen Muskelschwund entwickeln zu können. Davon würden nicht nur Astronauten im Hinblick auf die maximale Aufenthalts-

dauer im Weltall profitieren, sondern auch medizinische Anwendungen auf der Erde, etwa bei degenerativen Krankheiten, könnten entwickelt werden. Zudem könnte die Heilungsdauer bei Unfallverletzungen verkürzt und damit die Auswirkungen einer langen Bettlägerigkeit gemindert werden.

Vom Orbit auf die Erde

Obwohl bisher nur wenige Menschen unsere Erdkugel verlassen und in den Weltraum vorzudringen vermochten, sollten die wissenschaftlichen Ergebnisse, die in der Schwerelosigkeit gewonnen werden, allen zugute kommen. Daran soll auch die Forschung, die mit dem SONOS-Gerät durchgeführt wird, ihren Anteil haben. Der volle Umfang der Nanotechnologie in der Schwerelosigkeit kann zwar nur erahnt werden, sicher ist jedoch, dass sie unsere Zukunft wesentlich beeinflussen wird. Die prognostizierten Eckzahlen sprechen eine eindeutigere Sprache: Im Jahr 2015 wird die durch Nanotechnologieprodukte erzeugte Wertschöpfung im globalen Maßstab bereits auf ca. 18 Milliarden US-Dollar geschätzt.
Wie bei allen neuen Technologien ist ein gewissenhafter Umgang in der Forschung und bei der Umsetzung von Produkten erforderlich. Wir dürfen auch in der Nanowissenschaft, trotz aller finanziell und technologisch Erfolg verheißenden Prognosen, potenzielle Gefahren nicht verharmlosen und müssen mit den vielfältigen neu erschlossenen Möglichkeiten verantwortungsvoll umgehen. Die Internationale Raumstation, als multinationales Projekt, ist hierbei ein guter Anfang, da individuelle Interessen der einzelnen Staaten sich von Anfang an der Wissenschaft unterordnen müssen. Zudem werden alle Projekte in ihrem Inhalt und ihrer Durchführung von internationalen Wissenschaftsgremien überwacht. So gesehen steht der Nanoforschung in der Schwerelosigkeit nichts im Wege.

DAS BAYERISCHE HANDWERK – HEUTE UND MORGEN DIE ZUKUNFT DES HANDWERKS

von Heinrich Traublinger

1. Entwicklungstrends

Die Leistungen des Handwerks stellten einen maßgeblichen Faktor für den Aufstieg Bayerns an die wirtschaftliche Spitze in Deutschland dar. Das Handwerk gehört auch heute zu den wichtigsten Wirtschaftsbereichen in Bayern. Dies lässt sich anhand einiger Zahlen für 2005 aufzeigen:

- 850 000 Menschen finden im Handwerk eine Beschäftigung – das sind 14 Prozent aller Erwerbstätigen in Bayern.
- Mit einem Jahresumsatz von mehr als 84 Milliarden Euro erbringt das Handwerk 9 Prozent des bayerischen Bruttoinlandsprodukts.
- Auf 10 000 Einwohner kommen 135 Handwerksbetriebe, insgesamt sind es 176 000.
- Das Handwerk bildet 88 400 junge Menschen aus – das sind 34 Prozent aller Lehrlinge in Bayern.
- Das durchschnittliche Handwerksunternehmen beschäftigt knapp fünf Personen, von denen jede jährlich einen Umsatz von knapp 100 000 Euro erwirtschaftet.

Der Weg des Handwerks in die Zukunft wird nicht zuletzt von den wirtschaftlichen und politischen Rahmenbedingungen bestimmt, die einem ständigen Wandel unterworfen sind. Ein Beispiel ist hier die Wettbewerbsstruktur. Der geschlossene Markt von Nationalstaaten wie Deutschland gehört der Vergangenheit an. Die Internationalisierung der Wirtschaftsbeziehungen führt dazu, dass Unternehmen aus aller Welt mit ihren Produkten und Dienstleistungen miteinander konkurrieren. Globalisierung und fortschreitende Arbeitsteilung machen weltweite Wirtschaftsbeziehungen immer mehr zur Norm. Wertschöpfungsketten und Warenaustauschnetze werden neu strukturiert.

Durch die Vertiefung des Europäischen Binnenmarktes und die Erweiterung der Europäischen Union nach Osten wachsen Wirtschaftsräume heran, die immer weniger von nationalen Grenzen bestimmt werden, sondern aus ökonomischen, gesellschaftlichen und kulturellen Verflechtungen entstehen. Gleichzeitig verändern neue Informations- und Kommunikationstechnologien Produktion, Warenfluss und Konsumverhalten in der ganzen Welt und lassen Entfernungen zunehmend an Bedeutung verlieren.

Ein Vorteil der Globalisierung ist das höhere volkswirtschaftliche Gesamtergebnis der Weltwirtschaft aufgrund der verbesserten internationalen Arbeitsteilung und der steigenden Produktivität. Der Abbau von Handelsschranken und niedrigere Transaktionskosten erleichtern den internationalen Handel. Die gemeinsame europäische Währung hilft Devisenmanagementkosten zu senken. Es entstehen Einsparungen durch den Wegfall von Zöllen, Gebühren und sonstigen administrativen Eingriffen. Kostensenkungen ergeben sich auch in den Bereichen ehemals staatlicher Monopole, in denen sich nach Privatisierungen die Marktkräfte entfalten konnten. Dieser Veränderungsprozess betrifft vor allem den Infrastruktur- und Kommunikationsbereich wie Post, Telekommunikation, Bahn und Flugverkehr.

Für das Handwerk entstehen durch die Globalisierung neue Beschaffungsmöglichkeiten und Absatzchancen. Der Anteil exportierender Handwerksbetriebe stieg in den letzten Jahren an. Inzwischen verkauft etwa jeder zehnte Handwerksbetrieb ins Ausland. Berücksichtigt man den »indirekten« Export des Handwerks durch Zulieferungen an die Exportindustrie, so dürfte die tatsächliche Exporttätigkeit jedoch noch höher liegen. An den Faktormärkten verbessern sich die Rahmenbedingungen für die Finanzierung durch den weltweiten Wettbewerb der Banken und Versicherungen sowie für die Arbeitskräfteversorgung durch verbesserte Chancen, den Fachkräftebedarf am europäischen Arbeitsmarkt zu decken.

Den Vorteilen der Globalisierung stehen gerade für das Handwerk einige gravierende Nachteile gegenüber. Als binnenwirtschaftlich orientierter Wirtschaftsbereich sind die heimischen Handwerksbetriebe an die inländischen Standortbedingungen gebunden, während Großkonzerne sich international ausrichten können. In der weltweiten Konkurrenz leidet das Handwerk unter den unzulänglichen Standortbedingungen in Deutschland. Deutschland hat mit die höchsten Arbeitskosten aller Industrieländer. 2004 waren es 27,60 Euro je Stunde. Die Lohnzusatzkosten liegen weltweit sogar an der Spitze. Die hohen Arbeitskosten treffen zusammen mit einer ebenfalls überdurchschnittlichen Unternehmenssteuerlast und strengen Umweltauflagen auf im internationalen Vergleich niedrige Arbeits- und Maschinenlaufzeiten.

Darüber hinaus verschärfen illegale Ausländerbeschäftigung, Scheinselbstständigkeit und Billiglohnarbeit durch die Einschaltung osteuropäischer Subunternehmer die Konkurrenzsituation. Besonders im Zuge der EU-Osterweiterung nimmt trotz mehrjähriger Übergangsfristen der Wettbewerbsdruck stark zu. Der verstärkte Preiswettbewerb kann aufgrund des sinkenden Innovationsvorsprungs in Deutschland immer weniger ausgeglichen werden. Zunehmende Belastungen des Mittelstands ergeben sich als negative Begleiterscheinungen des europäischen Integrationsprozesses. Industriefreundliche aber mittelstandsfeindliche Richtlinien der Brüsseler Entscheidungsträger bewirken ungleiche Chancen im Wettbewerb.

Nicht unterschätzt werden darf schließlich die Tatsache, dass die Chancen von Europäisierung und Globalisierung nur mit merklichen Kosten der Auslandsmarkterschließung ergriffen werden können. Gerade das kleinbetrieblich organisierte Handwerk sieht hierin das größte Hemmnis für stärkere Auslandsaktivitäten.

In den letzten Jahren entwickelte sich allerdings ein Gegentrend zur Globalisierung in der Rückbesinnung auf die eigene Region. Produkte und Leistungen, die aus der Region stammen, erlangen eine neue Wertschätzung. Da das Handwerk überwiegend regional bzw. lokal produziert und wohnortnah die Märkte bedient, kann es von dieser Nachfrage auch überdurchschnittlich profitieren. Ein weiterer Trend, der den Stärken des Handwerks entgegenkommt, ist der Umweltschutz. Mit zunehmender Knappheit der natürlichen Ressourcen und nicht zuletzt aufgrund der steigenden Preise für Rohstoffe und Energieträger wächst in unserer Gesellschaft die Sensibilität für alle Belange des Umweltschutzes und des sparsamen Umgangs mit Energie und Material. Im Handwerk stellen ökonomisches Handeln und technischer Fortschritt keinen Widerspruch zum Umweltschutz dar, deshalb eröffnen sich hier neue Marktpotenziale gerade beim energiebewussten Bauen oder einer energiesparenden Gebäudeinstallation. Handwerkliche Produkte sind langlebig und recyclebar. Handwerkliche Dienstleistungen wie Wartung und Reparatur tragen zu einer wirkungsvollen Schonung der natürlichen Lebensgrundlagen bei. Außerdem erspart das flächendeckende Netz der Handwerksbetriebe weite Fahrten beim Einkauf.

Auch vom Trend zu einem zunehmenden Service- und Qualitätsbewusstsein kann das Handwerk profitieren. Je selbstbewusster der Verbraucher geworden ist, umso mehr sind sein Qualitätsbewusstsein und sein Wunsch nach individuellen Leistungsangeboten ausgeprägt. Mit wachsender Vielschichtigkeit und Unübersichtlichkeit des Produktangebots erhöht sich die Nachfrage nach Serviceleistung, Beratung und Betreuung vor Ort. In all diesen Wettbewerbsparametern hat das Handwerk deutliche Vorteile. Es kann mit optimaler Kundenbetreuung, direktem persönlichen Kontakt und hohem Servicebewusstsein punkten.

Dieser Trend ist ein Zeichen dafür, dass sich die Anbietermärkte immer stärker zu Nachfragermärkten entwickeln. Die Kunden sind nicht mehr mit vorgefertigten Standardlösungen »von der Stange« zufrieden, sondern haben persönliche Vorstellungen. Wichtig wird hier zunehmend, was der Bequemlichkeit, Sicherheit, Gesundheit dient und Ausdruck individueller Vorstellung ist. Von diesem Trend profitieren bei entsprechender Marktpositionierung Handwerksbereiche wie Bau- und Ausbau, Gesundheit, Ernährung sowie das Kunsthandwerk.

Der beschriebene Wertewandel hat seinen Ursprung in der zunehmenden Individualisierung unserer Gesellschaft. Mit allen Produkten und Dienstleistungen, welche die Privatsphäre verschönern oder funktioneller gestalten, gewinnt die Wohnung oder das Haus als »sicheres Naherholungsgebiet der Gestressten« an Bedeutung. Von diesem Trend profitieren alle Anbieter haushalts- bzw. freizeitbezogener Leistungen. Intelligentes Wohnen ist das Stichwort der Zukunft: Anbieter maßgeschneiderter Individuallösungen der gebäudetechnischen Funktionen Licht, Wärme, Sicherheit, Komfort und Information gewinnen an Bedeutung. Computergesteuerte Heimmanagement-Systeme, mobile Wohnlandschaften, Schmutz abstoßende Fenster, das Badezimmer als Fitnessraum mit Düften, Dampfduschen und Musik sind nur einige Beschreibungen künftigen Nachfrageverhaltens, von denen das Handwerk profitieren kann.

Ein wesentlicher Veränderungsfaktor ergibt sich durch den demografischen Wandel. In Deutschland vollzieht sich derzeit eine Überalterung der Bevölkerung bei gleichzeitigem Bevölkerungsrückgang. Der Anteil der über 60-Jährigen wird von derzeit 22,4 Prozent auf 25,5 Prozent im Jahr 2010 und weiter auf rund 37 Prozent im Jahr 2050 ansteigen. Gleichzeitig wird die Einwohnerzahl von 81 Millionen auf 65 Millionen sinken.

Diese Veränderungen wirken sich auf die Absatzbereiche des Handwerks aus. Einer quantitativen Abnahme der Verbraucherzahl steht eine qualitative Verbesserung im Nachfrageverhalten zugunsten des Handwerks gegenüber. Wohlhabende ältere Menschen werden – trotz der finanziellen Probleme, die auch Rentner verstärkt treffen – in Zukunft zu den wichtigsten und finanziell am besten ausgestatteten Nachfragergruppen für handwerkliche Güter und Dienstleistungen gehören. Die »neuen Alten« legen ein wesentlich intensiveres Konsumverhalten an den Tag. Sie werden per saldo ihr angespartes Geldvermögen eher verbrauchen als vererben.

Darüber hinaus sind Senioren in handwerksrelevanten Konsumbereichen aktiv. Trendforscher haben als Interessenschwerpunkte Freizeit, Mode, Gesundheit, Essen und Trinken ausgemacht. Ältere Menschen verbringen mehr Zeit in ihrer Wohnung, also fragen sie auch mehr haushaltsbezogene Handwerksleistungen mit den Schwerpunkten Sicherheit und Bequemlichkeit nach. Neue Konsumbereiche entstehen damit im Marktsegment »Seniorengerechte Produkte, Güter und Dienstleistungen«. Technische Neuerungen werden den Senioren das Leben erleichtern. Jetzt schon nutzen die technisch Interessierten verstärkt moderne Kommunikations- und Informationsmedien. Seniorengerechte Produkte beinhalten große Marktchancen: 70 Prozent der heutigen Senioren sind mit der aktuellen Produktgestaltung und 63 Prozent mit den Einkaufsmöglichkeiten unzufrieden. Viele Produkte und Dienstleistungen zur Pflege und Betreuung älterer Menschen sind noch gar nicht auf dem Markt.

Ein weiterer demografisch bedingter Nachfrageeffekt besteht in der absinkenden durchschnittlichen Haushaltsgröße. Diese hat sich im Lauf des vergangenen Jahrhunderts auf inzwischen 2,17 Personen mehr als halbiert. Die Zahl der Single-Haushalte hat sich dagegen von 1970 bis 2000 auf mehr als 11 Millionen verdoppelt. Prognosen zufolge soll bis 2020 die Zahl der Ein-Personen-Haushalte um 5 Prozent, die der Zwei-Personen-Haushalte um 10 Prozent zunehmen, während die Zahl der größeren Haushalte ab drei Personen abnimmt. Der Flächenbedarf pro Bundesbürger steigt dabei kontinuierlich: Kam er 1990 noch mit 35 m^2 Wohnfläche aus, so soll bis 2015 diese Zahl bis auf 42 m^2 angewachsen sein. Sinkende Haushaltsgrößen in Verbindung mit einem steigenden Flächenbedarf lassen trotz der langfristig schrumpfenden Gesamtbevölkerung einen erheblichen Bedarf an haushaltsbezogenen Handwerksleistungen wie Reparatur, Instandhaltung und Wohnungsausstattung erwarten. Positive Impulse sind zusätzlich durch die anstehenden Vermögensübergänge im Wege der Erbschaft zu erwarten. In den nächsten Jahren ist von einem durchschnittlichen jährlichen Erbschaftsvolumen von 130 Milliarden Euro auszugehen – Tendenz steigend. Rechnet man die häufig vorgezogenen Schenkungen hinzu, hat dies eine erhebliche Stärkung der Gesamtkonsumnachfrage im Allgemeinen und einen verstärkten Wunsch der jüngeren Erbfolger nach Wohneigentum im Besonderen zur Folge.

2. Herausforderungen

Industrie und Handel dringen heute in Bereiche ein, die früher dem Handwerk vorbehalten waren und erhöhen damit den Konkurrenzdruck. Die Sättigung von Teilmärkten des Handwerks lässt den Kampf um Marktanteile an

Intensität zunehmen. Das Handwerk kann sich aber durch innovative Produkte mit hoher Qualität und Kundennähe behaupten. Doch wird dies zunehmend schwieriger. Großkonzerne betreiben eine aggressive Preispolitik und beschleunigen dadurch den Konzentrationsprozess im Einzelhandel. So hat sich im deutschen Lebensmittel-Einzelhandel der Anteil der zehn führenden Branchenriesen am Gesamtumsatz in den letzten 15 Jahren auf knapp 90 Prozent verdoppelt. Ordnungspolitische Maßnahmen wie die Liberalisierung des Ladenschlusses oder die Abschaffung des Rabattgesetzes verstärken diesen Negativprozess und stellen Herausforderungen dar, denen handwerkliche Betriebe mit ihren begrenzten Ressourcen nur schwer begegnen können.

Eine weitere Herausforderung ist das Vordringen neuer Vertriebsformen wie Factory-Outlet-Center. Auch entwickelt sich die öffentliche Hand in einigen Bereichen zum Gegenspieler der Handwerkswirtschaft. Viele Städte und Gemeinden versuchen das Tätigkeitsfeld ihrer im kommunalen Besitz befindlichen Unternehmen zu Lasten des Handwerks zu erweitern und treten so in eine unfaire Konkurrenz. Im Bereich der öffentlichen Auftragsvergabe werden verstärkt Generalunter- bzw. -übernehmer zwischengeschaltet. Ebenfalls nehmen Anstrengungen zu, die Verdingungsordnung für Bauleistungen (VOB) über Scheinprivatisierungen ehemaliger kommunaler Eigenbetriebe auszuhöhlen. Für einen fairen Leistungswettbewerb sind aber bewährte Wettbewerbssicherungsinstrumente wie die VOB unerlässlich.

Die Schwarzarbeit entzieht dem Handwerk in großem Umfang Aufträge und bedroht bzw. vernichtet damit Arbeitsplätze und Betriebe. Hohe Löhne, Lohnzusatzkosten sowie Steuer- und Abgabenbelastungen sind dabei die Hauptursachen. Nach wissenschaftlichen Untersuchungen belief sich 2004 der Umsatz der Schwarzarbeit in Deutschland auf rund 356 Milliarden Euro, was einer Quote von 15,5 Prozent des Bruttoinlandsprodukts entspricht. 1975 lag dieser Anteil noch bei 6 Prozent.

Negative Konsequenzen drohen dem Handwerk auch aus der stark an Bedeutung zunehmenden »Heimwerkerbewegung«. Der Umsatz des Do-it-yourself-Sektors lag 2004 bei 36,6 Milliarden Euro und bezieht sich auf rund 30 Millionen Heimwerker. In der Do-it-yourself-Branche geht der Trend zu großflächigen Heimwerkermärkten. 2004 hatten 72 Prozent aller neu eröffneten Geschäfte mehr als 5 000 m² Verkaufsfläche. Auch hier muss sich das Handwerk mit überlegener Qualitätsarbeit und seinen Serviceleistungen positionieren.

Die größten Herausforderungen werden sich durch den demografischen Wandel ergeben. Dieser hat absehbare Auswirkungen auf die Entwicklung der Arbeitskosten. Keine wesentlichen Entwicklungsbrüche vorausgesetzt, werden sich die Sozialversicherungsbeiträge weiter erhöhen und damit die Lohnzusatzkosten im Handwerk anwachsen lassen. Besonders ansteigen dürften die Kosten der gesetzlichen Krankenversicherung. Prognosen gehen von einem Beitragssatz von bis zu 30 Prozent aus.

Der demografische Wandel wird aber auch die Arbeitswelt erheblich verändern. Die Zahl der Erwerbsfähigen in Deutschland wird drastisch zurückgehen – eine Entwicklung, die durch die niedrige Erwerbstätigenquote zusätzlich an Brisanz gewinnt. Das bedeutet, dass in den Jahren 2015 bis etwa 2030 ein wachsender Arbeitskräftemangel einsetzen wird. Gleichzeitig wird sich die Struktur der Alterszusammensetzung verändern. Die Altersgruppe der 15- bis 34-Jährigen wird in der Gesamtproportion an Bedeutung verlieren. Das Handwerk wird von diesem demografischen Strukturbruch unmittelbar betroffen. Bei unveränderter Wirtschaftsstruktur würde eine gesamtwirtschaftliche Arbeitskräftelücke von 500 000 Personen in Bayern einen Arbeitskräftemangel im Handwerk von 70 000 Beschäftigten bedeuten. Dieser Entwicklung kann das Handwerk nur durch eine Nutzung des Reservoirs der älteren und erfahrenen Mitarbeiter sowie einer erhöhten Frauenbeschäftigung entgegenwirken. Dazu ist es notwendig, dass die Arbeitsorganisation in den Betrieben verstärkt den Bedürfnissen dieser Gruppen Rechnung trägt. Bei der Versorgung mit jungen Fachkräften zeichnet sich eine solche Konstellation heute schon ab. Sind schon jetzt in Teilbereichen des Handwerks Lehrstellen unbesetzt, kann sich der Mangel an jugendlichem Berufsnachwuchs bald zur ernsthaften Entwicklungsbremse auswirken. Der quantitative Rückgang wird bei den Schulabgängern durch qualitative Mängel verschärft, die bei den Grundfertigkeiten Lesen, Schreiben und Rechnen auftreten, die aber auch fehlendes Wissen über wirtschaftliche Zusammenhänge und mangelhafte soziale Kompetenzen wie Teamfähigkeit, Zuverlässigkeit und Leistungsbereitschaft betreffen. Schon immer hat das Handwerk über den errechneten eigenen Bedarf hinaus und damit auch für andere Wirtschaftsbereiche ausgebildet. Viele hoch qualifizierte Arbeitskräfte wechseln erfahrungsgemäß in andere Wirtschaftsbereiche. Die schon jetzt spürbare Entwicklung, dass höher qualifizierte Jugendliche in vermeintlich prestigeträchtigere Büroberufe gehen und dass ausgebildete Fachkräfte abgeworben werden, wird sich mit sinkenden Schulabgängerzahlen und steigendem Fachkräftemangel verstärken. Das Handwerk kann diesem Wechsel nur durch intensive Informationsarbeit über die beruflichen Chancen in seinen vielen verschiedenen Berufen sowie durch attraktive Arbeits- und Ausbildungsbedingungen gegensteuern.

3. Technologischer Wandel

Wissen und Kommunikation verändern den Arbeitsalltag. Die Arbeitsteilung wird insbesondere durch die neuen Informations- und Kommunikationstechnologien erleichtert, der interne und externe Austausch von Daten wird auch für Handwerksbetriebe schneller und spart damit Zeit und Wege. Investitionen in Computer und Telekommunikationseinrichtungen gewinnen für den Handwerker deshalb eine immer größere Bedeutung. Das Internet ist dabei, auch die Arbeitswelt des Handwerks grundlegend zu verändern. Die Art und Weise der geschäftlichen Beziehungen zu Kunden, Lieferanten und Kooperationspartnern, die Informationsbeschaffung, die Selbstdarstellung des Unternehmens nach außen und die Koordination der betrieblichen Abläufe nach innen – all diese Kommunikationswege werden immer stärker vom Internet beeinflusst. Auch der Handwerker muss neben seiner realen Marktpräsenz die virtuelle Marktpräsenz aufbauen und festigen. Zum einen erwarten die Kunden ihren Handwerker mit einer eigenen Homepage im Internet zu finden, zum anderen gewinnt auch der zwischenbetriebliche E-Commerce an Bedeutung. Die Zahl der Internetnutzer hat sich in vier Jahren mehr als verdoppelt. Schon mehr als drei Viertel aller bayerischen Handwerker sind online. Drei von vier Internetnutzern im Handwerk haben eine eigene Homepage.

Umfragen zeigen, dass vor allem der Informationsbeschaffung per Internet, der E-Mail-Korrespondenz mit Kunden und Lieferanten sowie dem elektronischen Zahlungsverkehr von den Internetnutzern im Handwerk eine hohe Bedeutung zugemessen wird. Auch das E-Mailing mit Institutionen wie Behörden, Kammern, Innungen, Steuerberatern sowie der Direkteinkauf per Internet werden weiter zunehmen. 2004 hatten weltweit 856 Millionen Menschen Zugang zum Internet. Bereits im Jahr 2006 wird die Milliarden-Grenze überschritten. Deutschland macht mit rund 30 Millionen Usern weltweit 3,5 Prozent aller Internetnutzer aus. Dabei wächst die Zahl der Internetnutzer in Deutschland überdurchschnittlich. Für den Zeitraum von 1999 bis 2008 ist von einer jährlichen Wachstumsrate von rund 15 Prozent auszugehen. War das Internet bisher vor allem ein Medium der jungen Generation, findet es zunehmend Zuspruch bei den über 40-Jährigen, die auch über höhere Kaufkraft verfügen. Seit 1996 überwiegen die Internetnutzer mit höherem Einkommen. Die Bereitschaft, über das Internet einzukaufen, nimmt kontinuierlich zu. Im elektronischen Handel zwischen Unternehmen und Endverbrauchern liegen große Geschäftspotenziale. In Deutschland wurden hier 2003 bereits 15,4 Milliarden Euro umgesetzt. Zwar entfallen bislang lediglich etwa 2 Prozent des gesamten Einzelhandelsvolumens auf das Internet. Dieser Anteil wird jedoch voraussichtlich bis zum Jahr 2020 auf 20 bis 25 Prozent ansteigen. Die neuen Informations- und Kommunikationstechnologien stellen für Handwerksbetriebe eine umfassende Unterstützung dar. In zunehmendem Maße leisten sie Hilfestellung bei der Informationsbeschaffung und -verarbeitung, bei Service und Kundenpflege, bei Rationalisierungsmaßnahmen, Lagerhaltung, Produktion sowie bei betrieblichen Kooperationen. Im Verfahrensbereich werden neue Informations- und Kommunikationstechnologien immer mehr zur Voraussetzung von Qualität, Flexibilität, Termintreue und Wirtschaftlichkeit. Je umfassender und anwenderfreundlicher hier die technologische Weiterentwicklung betrieben wird, umso mehr können die kleinen und mittleren Betriebe Wettbewerbsnachteile gegenüber Großunternehmen abbauen. Mit Eigenentwicklungen eröffnen sich zudem neue Perspektiven für die Zusammenarbeit mit der Industrie.

> >

tralen Faktor handwerklicher Zukunft wird. Ein Handwerksunternehmer muss interessante Arbeitsplatzprofile zeichnen, laufend in die Weiterbildung der Mitarbeiter investieren und eine moderne Mitarbeiterführung betreiben. Motivationsanreize durch Aufstiegsmöglichkeiten, Entlohnungssysteme und mehr Eigenverantwortung sind Schwerpunkte eines modernen Personalwesens. In Zukunft wird es noch mehr als bisher darauf ankommen Facharbeiter im Betrieb zu halten, insbesondere diejenigen, die im eigenen Betrieb ausgebildet wurden. Der Handwerksbetrieb von morgen muss in seinen Arbeitsplätzen Frauen die Vereinbarkeit von Familie und Beruf erleichtern. Auch wird er verstärkt auf ausländisches Personal bauen. Für die Erreichung dieser Ziele werden die Anforderungen an eine integrative und kommunikative Mitarbeiterführung zunehmen.

Maßnahmen zur Verbesserung der Finanzsituation sind ein weiteres Gebiet betrieblicher Zukunftsstrategie. Der Abbau der Lager, ein funktionierendes Mahnwesen sowie eine sinnvolle Nachkalkulation können für eine reibungslose und damit schnellere Auftragsabwicklung bei geringerer Kapitalbindung sorgen. Auch eine professionelle Zusammenarbeit mit den Kreditinstituten zur Sicherung der Versorgung mit Fremdkapital gewinnt immer größere Bedeutung.

Zur Bewältigung der anstehenden Herausforderungen erhalten die Handwerksbetriebe die aktive Unterstützung durch ihre Handwerksorganisationen. Die Handwerkskammern sind Partner der Mitglieder im überfachlichen allgemeinen Bereich, die Innungen und Fachverbände auf fachlicher Ebene. Die Handwerksorganisationen sind eine leistungsstarke Gemeinschaft, die ihre Strukturen auch in Zukunft ständig an die aktuellen Herausforderungen anpassen wird, um die Handwerksbetriebe in vielen Bereichen zu unterstützen. Sie bringen deren Belange in den politischen Entscheidungsprozess ein und engagieren sich damit für handwerksfreundliche politische Rahmenbedingungen. Die Handwerksorganisationen leisten zudem umfangreiche Hilfe zur Selbsthilfe, um den Betrieben die Anpassung an die Anforderungen der Märkte zu erleichtern. Mit einem vielseitigen Angebotsspektrum an Beratungsdienstleistungen in Rechtsfragen, betriebswirtschaftlichen Fragestellungen, aber auch technischen Problemlagen sorgen sie für einen Ausgleich betriebsgrößenbedingter Wettbewerbsnachteile. Ein Handwerksbetrieb hat in der Regel keine eigenen Stäbe und Fachexperten für verschiedene Wissensgebiete und ist damit auf externen Sachverstand angewiesen. Ebenso nehmen Umfang und Komplexität der Bildungsanforderungen ständig zu. Dieser Entwicklung begegnen die Handwerksorganisationen durch eine ständige Aktualisierung und Weiterentwicklung des Bildungsangebots. Insbesondere zielt ihre Wissensvermittlung darauf ab, den Herausforderungen der wirtschaftlichen und technologischen Entwicklung zu begegnen.

Auch die Imagepflege des Handwerks in Wirtschaft, Politik und Gesellschaft ist ein Anliegen der Kammern. Im Zentrum des handwerklichen Selbstverständnisses steht der Wertbegriff Meisterarbeit. Auch und gerade in den Branchen, in denen die Meistervoraussetzung abgeschafft wurde, ist die meisterliche Qualitätsarbeit ein entscheidender Wettbewerbsvorteil. Deshalb ist es die Aufgabe einer intensiven Informationsarbeit diesen großen Wettbewerbsvorteil noch akzentuierter und umfassender zur Geltung zu bringen.

Schließlich nehmen die Handwerkskammern zahlreiche hoheitliche Aufgaben wahr, die ihnen vom Staat übertragen worden sind, damit sie kompetent, effizient und betriebsnah erfüllt werden. Hierzu zählen unter anderem das Führen der Handwerksrolle und des Verzeichnisses der Gewerbe, die als zulassungsfreie Handwerke oder handwerksähnliche Gewerbe betrieben werden können, die Regelung und Überwachung der Berufsausbildung, die Durchführung von Prüfungen sowie die Bestellung und Vereidigung von Sachverständigen. Diese Selbstverwaltung ist damit praktizierte Subsidiarität und Entbürokratisierung, die in Zukunft noch an Bedeutung gewinnen wird.

6. Rahmenbedingungen für eine Stärkung des Handwerks

Damit die Handwerksbetriebe in einem fairen Leistungswettbewerb bestehen können, brauchen sie leistungsfördernde Rahmenbedingungen. Es ist im Interesse des Handwerks, dass die marktwirtschaftlichen Kräfte gestärkt werden, um mehr Chancengleichheit im Wettbewerb herzustellen. Dafür müssen Privatisierung und Entstaatlichung vorangetrieben und strukturkonservierende Subventionen abgebaut werden. Mittelstandsfeindliche Maßnahmen von der hohen Belastung mit Steuern, Abgaben und Lohnzusatzkosten bis zur immer weiteren Aufweichung der Ladenschlusszeiten benachteiligen und belasten das Handwerk. Im Umweltbereich sind marktwirtschaftliche Anreize den Verboten vorzuziehen, wie die guten Erfahrungen mit dem Umweltpakt Bayern zwischen der Bayerischen Staatsregierung und der Wirtschaft zeigen. Durch die Konsolidierung der öffentlichen Haushalte muss die Grundlage für die Stärkung von Wachstum und Investitionstätigkeit auch im Handwerk gelegt werden. Ein einfacheres und mittelstandsfreundliches Steuersystem würde den Betrieben mehr von ihrem verdienten Geld lassen und es ihnen damit erleichtern, zu investieren und neue Märkte zu erobern. Diese Forderungen sind bisher aber nur ansatzweise erfüllt worden.

Zu einer bedarfsgerechten Ausstattung mit Kapital und liquiden Mitteln gehört ein ausgewogener Finanzierungsmix aus einer hohen Eigenkapitalquote, dem ungehinderten Zufluss von Mitteln aus fälligen Rechnungen und einer guten Versorgung mit Fremdkapital. Dazu sind neben Entlastungen bei Steuern und Abgaben auch Maßnahmen notwendig, die sicherstellen, dass Zahlungsforderungen von Handwerkern gegenüber öffentlichen und privaten Kunden besser durchgesetzt werden können. Dazu sollte das immer wieder verschobene Forderungssicherungsgesetz, unter anderem mit der erleichterten Durchsetzung von Abschlagsrechnungen und der Einführung eines gerichtlichen Verfahrens zur schnelleren Durchsetzung von berechtigten Forderungen, endlich verwirklicht werden. Die Kreditvergabe der Banken muss wieder mehr auf die Bedürfnisse der Handwerksbetriebe, die eine bedeutende, aber oft vernachlässigte Kundengruppe darstellen, zugeschnitten werden. Nicht zuletzt muss der Meisterbrief ein Plus in der Bonitätsbewertung und im Kreditrating bedeuten. Hier haben zahlreiche Kreditinstitute bereits Zustimmung signalisiert.

Kleinere Betriebe, wie sie im Handwerk die Regel sind, werden überdurchschnittlich stark von der Bürokratie belastet. Ein hervorragendes Mittel, diese Belastung abzubauen, könnte die Einführung von Kleinbetriebsregelungen mit vereinfachten oder reduzierten Anforderungen sein. Diese sind unter anderem im Kündigungsschutz erprobt und sollten zukünftig nicht nur im Arbeitsrecht, sondern auch bei Umweltschutzauflagen verstärkt angewandt werden.

Für das Handwerk wäre es wichtig, dass die Finanzierung der Sozialversicherungen vom Faktor Arbeit abgekoppelt werden kann. Um die hohen Lohnzusatzkosten zu senken, ist unser Sozialsystem durch Ausgliederung aller versicherungsfremden Leistungen versicherungsorientierter und durch Stärkung der Eigenvorsorge zielgenauer zu machen. Die Beitragslast ist dauerhaft auf deutlich unter 40 Prozent abzusenken. Die Bundesregierung hat dieses Ziel in den Koalitionsvertrag aufgenommen. Nun muss es auch umgesetzt werden.

Am Arbeitsmarkt müssen Verkrustungen aufgebrochen, Anreizstrukturen verbessert und eine Balance zwischen Beschäftigungsinteressen und Schutzrechten gesichert werden. Weil der zweite Arbeitsmarkt reguläre Betriebe und Arbeitsplätze verdrängt, ist er so weit wie möglich abzubauen. Eine Entlastung von arbeitsrechtlichen Normen für kleine und mittlere Betriebe, z. B. beim Kündigungsschutz, bis zu einem Schwellenwert von 20 Arbeitnehmern könnte große Beschäftigungsimpulse auslösen. Hier ist noch viel politische Überzeugungsarbeit zu leisten.

Der Bausektor ist eine zentrale Säule des Handwerks. Handwerksfreundliche Rahmenbedingungen in der Baupolitik sind daher eine wichtige Voraussetzung für ein Prosperieren vieler Handwerksbranchen. Die VOB ist als Garant eines fairen Leistungswettbewerbs bei der öffentlichen Auftragsvergabe zu erhalten. Untersuchungen haben ergeben, dass die Ausschreibung eines öffentlichen Auftrags über die VOB die wirtschaftlichsten Ergebnisse bringt und damit im Sinne der öffentlichen Auftraggeber, der Steuerzahler und auch der Wirtschaft ist.

Bei der europäischen Integration müssen die beiden Prinzipien Subsidiarität und Regionalität besser beachtet werden. Gerade im Bereich von Mittelstandspolitik und Wirtschaftsförderung kennt man vor Ort die Bedürfnisse der Betriebe in der Regel besser. Die Umgehung der Übergangsregelungen bei Arbeitnehmerfreizügigkeit und Dienstleistungsfreiheit im Rahmen der EU-Osterweiterung durch Arbeitnehmer aus den Beitrittsländern, die hier als Quasi-Selbstständige tätig werden, muss durch verstärkte Kontrollen unterbunden werden. Mittelstandsfeindliche Vorhaben, wie sie mit dem Herkunftslandprinzip im ersten Entwurf der Dienstleistungsrichtlinie – wonach Betriebe auch in anderen EU-Staaten nach den Vorschriften ihres Heimatlandes hätten tätig werden dürfen – geplant waren, müssen der Vergangenheit angehören. Eine mittelstandsfreundliche Ausgestaltung der Bildungspolitik beinhaltet die Verbesserung der Bildungsvoraussetzungen sowie der Ausbildungsreife, aber auch der Motivation der Schulabgänger. Schüler sollten besser auf eine spätere Berufsausbildung und auf die Anforderungen der Wirtschaft hingeführt werden, etwa durch Ausbau der wirtschafts- und arbeitsfeldbezogenen Fächer zur Vorbereitung auf die Anforderungen in den Ausbildungsberufen. Die Gleichwertigkeit von beruflicher und allgemeiner Bildung muss weiter vorangebracht werden. Die Erleichterung des Zugangs für Meister an Fachhochschulen war hierzu ein wichtiger Schritt.

In den letzten Jahren wurden bereits einige wichtige handwerkspolitische Erfolge erzielt, etwa im Bereich des Bürokratieabbaus oder bei den Übergangsregelungen zur Arbeitnehmerfreizügigkeit und zur Dienstleistungsfreiheit im Rahmen der EU-Osterweiterung. Gezielte Gesetzesinitiativen zugunsten des Handwerks, wie die teilweise Abzugsfähigkeit von Handwerkerrechnungen für Modernisierungs- und Erhaltungsmaßnahmen im Wohnungsbereich, deuten in der aktuellen politischen Situation auf ein Umdenken in der deutschen Wirtschaftspolitik hin. Es wird immer mehr erkannt, dass nur über eine Stärkung der am heimischen Standort gebundenen mittelständischen Betriebe die bestehende Lähmung der Binnennachfrage überwunden wird. Natürlich können nicht alle Wünsche und Forderungen des Handwerks an die Politik sofort und vollständig umgesetzt werden. Es besteht die begründete Hoffnung, dass die berechtigten Argumente handwerkspolitischer Interessenvertretung Schritt für Schritt Eingang in die deutsche Wirtschaftspolitik finden.

Die anstehenden wirtschaftlichen, technischen und gesellschaftlichen Herausforderungen beinhalten erhebliche Chancen und Marktpotenziale für das Handwerk. Neue handwerksorientierte Nachfragergruppen wachsen ebenso heran wie neue handwerksbezogene Marktsegmente. Es kommt für eine erfolgreiche Positionierung des Handwerks darauf an Entwicklungsperspektiven frühzeitig und umfassend zu erkennen und Chancen schnell und entschlossen zu ergreifen.

Das Handwerk hat seit jeher ein Gespür für neue Strömungen und eine große Entwicklungsfähigkeit bewiesen. Das Handwerk von heute ist moderner und wirtschaftlich wie gesellschaftlich, aber auch als Faktor unserer Lebenskultur wichtiger denn je. Der Besinnung auf seine reiche Geschichte und auf die Lebenstüchtigkeit und Erfindungsgabe bayerischer Handwerker dient die Ausstellung »Bayerns Weg in die Moderne. Das bayerische Handwerk von 1806 bis 2006«. Ich hoffe, dass diese viele Besucher findet und so einen Beitrag zur Anerkennung einer wichtigen Bevölkerungsgruppe leistet und zum Ansporn für unsere Handwerker wird, die Zukunft erfolgreich zu meistern.

ANHANG

DER BAU DER AUSSTELLUNG ALS VISITENKARTE FÜR DAS BAYERISCHE HANDWERK

...

Der qualitativen Ausfertigung des Ausstellungsbaus wurde bei diesem Projekt eine besondere Bedeutung zugemessen. Innovative Materialien und Techniken sowie hochwertige Ausfertigung waren die Grundlagen für die Vergabe an die verschiedenen Gewerke. Die Einbauten sind zugleich ein zentrales Exponat der Ausstellung und geben Zeugnis ab von der Leistungsfähigkeit des bayerischen Handwerks.

INSBESONDERE DANKEN WIR FOLGENDEN FIRMEN:

Einbau der Empore:

Hinter dem Unternehmen Huber & Sohn steht ein Familienbetrieb in der 3. Generation mit über 200 Mitarbeitern. Die Produktion mit den Sparten Holzingenieurbau, Holzhausbau, Schalungsbau und Holzverpackung gehört zu den innovativsten und modernsten in Bayern. Huber & Sohn erhielt für seine herausragenden Leistungen mehrfach Auszeichnungen. www.huber-sohn.de

Gewölbesysteme:

Das von der Firma Peter Adler entwickelte diArco Gewölbesystem besteht aus völlig neuartigen Bauelementen für den Massiv- und Trockenbau. www.diarco.de

Elektoinstallationen:

Elektro Seidinger ist ein seit 30 Jahren im lokalen und regionalen Bereich agierender bayerischer Elektro-Handwerksbetrieb. www.seidinger.de

Huber & Sohn BACHMEHRING

diArco Gewölbesysteme

elektro SEIDINGER

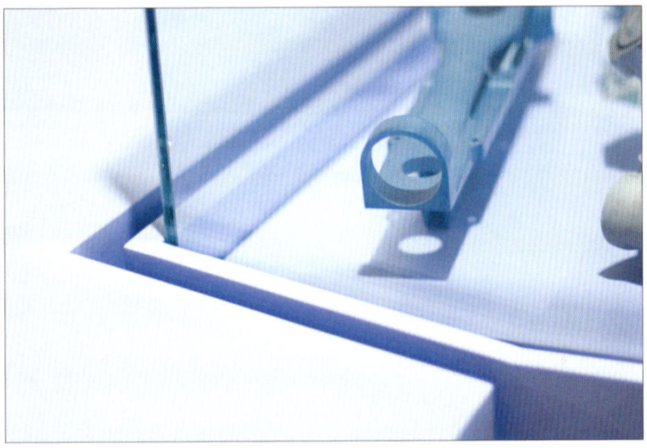

Schreinerarbeiten:

Innenausbau Reisinger / www.reisinger-innenausbau.de
Hubert Achatz / hubert.achatz@t-online.de
Jürgen Knagge / j.knagge@freenet.de
Konrad Berger, Schreinerei / www.schreinerei-konrad-berger.de
Matthias Held / matt.held@t-online.de
Möbel Bau, Schreinerei + Planungsbüro / kbrindl@t-online.de
Schreinerei Simmeth / www.schreinerei-simmeth.de

Modelle:

Schröter Modellbau / www.modellbau-schroeter.de

Metallverarbeitung:

Carl Stahl / www.carlstahl.com
Numberger / info@numberger-gmbh.de

Drucke:

Ledin Mediencenter / www.ledin.de

Kulissenbau:

Knagge und Reihofer, Kunst am Bau / j.knagge@freenet.de